Airline Service

항공서비스에 대한 체계적인 지식 제공의 지침서

항공서비스론

김경숙 저

 백산출판사

항공교통의 세계화, 대형화, 여행자유화 그리고 주5일 근무제의 본격화에 따른 여가환경의 변화로 우리의 관광여행 활동은 급증하고 있다.

특히 국외 관광활동의 경우 97% 이상을 항공여행에 의존하는 우리나라 지정학적 환경을 감안하여 본서는 관광여행과 관련된 항공서비스에 대한 체계적인 지식을 제공하고자 한다.

본서는 세계 항공운송업계의 동향, 국내 취항항공사의 현황 및 실태, 향후 전망과 과제를 살펴보고 항공여객 운송서비스에 대한 전반적인 사항을 다루어 항공실무자, 항공사 및 여행업무에 대한 지식체계를 세우고자 갈망하는 학도들을 위한 필독서 및 대학교재로 활용하고자 하는 마음에서 정리하였다.

본서는 19년여 동안 대학에서 강의해 온 내용을 정리한 것으로, 관광학과에서 전문인력을 양성하는 데 필요한 연구논문, IATA, ICAO, ACI, Airline Business, Business Traveller, OAG, 국토교통부, 인천국제공항공사, 한국공항공사, 한국관광공사, 한국항공진흥협회, 대한항공, 아시아나항공, 노스웨스트항공, 독일항공, 유나이티드항공, 일본항공, 싱가포르항공, 전일본공수 등이 제공하는 각종 자료를 참조하였다.

본서가 결실을 맺기까지에는 대학에서 호텔관광학을 수학하고 졸업과 동시에 대한항공 여승무원 공채 22기로서 국제여객운송과에 근무한 경험과 수년간의 대학교육경험이 큰 도움이 되었다. 그러나 이러한 기반을 바탕으로 실용학문을 실천하고자 노력했음에도 불구하고 여전히 부족한 것은 본인의 천학비재 때문이다.

앞으로 끊임없는 수정·보완작업을 통하여 보다 나은 내용이 되도록 최선의 노력을 다하고자 한다.

본서를 준비하면서 많은 분들의 도움이 있었다. 학문의 길로 이끌어 주신 고마우신 은사님, 특히 본서의 출판에 수고를 아끼지 않았던 백산출판사 진욱상 사장님과 편집부 여러분께 깊은 사의를 표한다.

2014년

강릉 연구실에서

김 경 숙

제1장 **세계 항공운송업의 동향**

제2장 **국내취항 항공사의 현황 및 실태**

제5장 항공사 마케팅

제6장 공항의 운영 및 관리

제7장 항공예약서비스

제9장 항공운송서비스

제10장 **항공객실서비스**

제11장 항공운송관련 기구

제**1**장

세계 항공운송업의 동향

제1절 세계 항공운송업의 현황

제2절 세계 항공운송업의 동향

제1장
세계 항공운송업의 동향

1978년 미국에서 비롯된 규제완화 이래로 세계의 항공운송업은 국내외적인 환경의 변화로부터 민감한 영향을 받고 있다. 더욱이 항공자유화로 인하여 초대형 항공사가 출현하게 되었고, 국경을 초월한 다국적화의 현상으로부터 격심한 변화의 시기를 맞고 있다.

이렇듯 세계의 항공운송업은 국내외 항공사 간의 시장경쟁이 불가피한 상황에 직면하게 됨으로써 이러한 변화에 적극적으로 대처하기 위해서는 항공업계의 효율적인 방안이 요구되고 있는 시점이다.

제1절 세계 항공운송업의 현황

1. 항공여객 및 화물 운송실적

1990~2011년 동안 191개국 국제민간항공기구(ICAO) 가맹국에 가입된 항공사들이 실현한 세계의 항공여객 및 화물 운송실적은 〈표 1-1〉과 같다.

표 1-1 세계의 항공여객 및 화물 운송실적 (단위 : 백만, %)

구분 연도 및 연평균증가	세계 정기편(국제선 + 국내선)			국제선 정기편		
	여객 수	여객 · Km	화물톤 · Km	여객 수	여객 · Km	화물톤 · Km
1990	1,165	1,894,000	58,800	280	894,000	46,320
1995	1,304	2,248,000	83,130	375	1,249,000	70,340
2000	1,672	3,037,530	118,080	542	1,790,370	101,560
2005	2,054	3,795,450	150,665	719	2,265,679	125,836
2006	2,169	4,032,230	160,617	786	2,448,438	134,324
2007	2,360	4,363,409	168,335	868	2,660,158	141,065
2008	2,395	4,450,580	166,717	902	2,742,593	139,885
2009	2,385	4,403,712	151,918	914	2,707,610	127,573
2010	2,593	4,753,984	181,958	1,011	2,937,898	155,367
2011	2,738	5,061,711	181,814	1,081	3,147,595	155,451
'90~'95	2.3	3.5	7.2	6.0	6.9	8.7
'95~'00	5.1	6.2	7.3	7.6	7.5	7.6
'00~'05	4.2	4.6	5.0	5.8	4.8	4.4
'05~'11	4.9*	4.9	3.2	7.0	5.6	3.6
연평균 증감률	4.2	4.8	5.5	6.6	6.2	5.9

주 : *는 각 기간의 연평균 증감률임.
자료 : ICAO(1991~2012), Annual Report of the Council을 토대로 분석함.

지난 20여 년 동안 세계 정기편(국내+국제)의 여객 수, 여객·km, 화물톤·km
의 연평균 증감률은 4.2%, 4.8%, 5.5%를 각각 기록함으로써 지속적인 성장세를 보
이고 있다. 또한 국제선의 연평균 증감률도 6.6%, 6.2%, 5.9%를 각각 기록함으로
써 꾸준히 증가하는 추세이다. 이러한 성장세에 힘입어 2011년의 경우 27억 380만
명, 5조 617억 1,100만인·킬로(km), 1,818억 1,400만 톤·킬로(km)를 달성하였고,
국제선도 10억 8,100만 명, 3조 1,475억 9,500만인·킬로(km), 1,554억 5,100만 톤
·킬로(km)를 달성하는 성과를 거두었다.

한편, 1990년 초반에는 전 세계적인 경기침체, 페르시아만 사태로 여객 운송실적이 다소 하락되었으나, 1995년 이후 다시 회복하여 예년 수준의 증가율을 유지하였다. 그러나 2001년 이후 세계 경제의 전반적인 경기불황, 뉴욕 9·11 테러사건 등은 항공업계를 심각한 침체의 늪으로 몰아넣는 주요인이 되었다. 그로 인해 2000~2005년의 국제선 증감률은 5.8%, 4.8%, 4.4%로서 전체 연평균 증감률에 비해 다소 하회하는 현상을 초래하였다. 그러나 2005년 이후, 미국의 금융위기, 장기적인 유럽의 경기침체에도 불구하고 다시 회복세를 보이고 있다. 이와 같이 세계적인 경기침체, 돌발적인 변수로 인한 위기상황에도 불구하고 세계 항공운송은 안정적인 증가 추세를 나타내고 있다. 그러므로 향후에도 세계 항공운송시장은 지속적인 성장세로 인해 호황을 맞이할 것으로 본다.

2. 항공사의 영업실적

지난 20여 년(1990~2011년) 동안 세계 정기 항공사의 영업성과는 〈표 1-2〉와 같이 영업수입, 영업비용, 영업손익, 순손익 항목으로 구분할 수 있으며, 순손익을 제외한 연평균 증감률은 5.7%, 5.4%, 0.3%이다. 영업수입은 90년대 이후 하락하다가, 2005년 이후 다시 회복세에 있다. 또한 영업비용은 상승하는 반면에 영업이익 및 순이익은 1990년대, 2000년대 초반 현저한 하락세를 보이다가 2005년 이후부터 상승세에 있다. 부언하면, 영업수입은 전반적으로 꾸준히 증가하고 있으나, 실질적으로 항공사 경영의 최종 성과라 할 수 있는 순손익 면에서는 단지 미미한 성과를 얻고 있는 실정이다. 이를 극복하기 위해 각 항공사들은 세계경기의 호전, 세계 운송량의 신장과 더불어 연료비 절감 등 영업비용에 대한 절감 노력이 절실히 요구되고 있다.

표 1-2 정기항공사의 영업성과　　　　　　　　　　　　　　　　(단위 : 백만$, %)

구분 연도 및 연평균 증가	영업수입 금액	영업비용 금액	영업손익 금액	순손익 금액
1990	199,500	206,000	-1,500	-4,500
1995	267,000	253,500	13,500	4,500
2000	328,500	317,800	10,700	3,700
2005	413,300	409,000	4,400	-4,100
2006	465,200	452,200	15,000	5,000
2007	509,800	489,900	19,900	14,700
2008	569,500	570,600	-1,100	-26,100
2009	475,800	473,900	1,900	-4,600
2010	579,300	550,400	28,900	19,200
2011	635,600	621,500	14,100	8,400
'90~'95	6.0	4.2	-	-
'95~'00	4.2	4.6	-4.5	-3.8
'00~'05	4.7	5.2	-16.3	-
'05~'11	7.4*	7.2	21.4	-
연평균 증감률	5.7	5.4	0.3	

주1 : ICAO 가맹국 정기항공사의 영업성과임.
주2 : *는 각 기간의 연평균 증감률이며, 영업손익의 연평균 증감률은 1995~2011년의 기간을 계산함.
자료 : ICAO(1991~2012), Annual Report of the Council을 토대로 분석함.

제2절 세계 항공운송업의 동향

1. 규제완화와 항공자유화의 확산

　　미국이 1978년 규제완화라는 항공계의 새로운 변화를 통해 세계 항공시장을 제패하려는 시도를 보이자, 세계 각국은 국내적으로 항공운송업에 대한 진입과 가격규제를 철폐하는 자유화조치를 시행하였다. 특히 일본과 영국을 비롯하여 대만과

호주에서는 시장진입에 대한 규제를 대폭 완화하여 자유경쟁에 의한 국적 항공사의 경쟁력 향상에 정책의 초점을 맞추고 있다.

각국의 항공운송업에 대한 규제완화는 신규 항공사의 진입을 증대시켜 공급을 증가시켰고, 가격규제 폐지로 자유시장가격에 의한 경쟁을 심화시키고 있으며, 이러한 변화는 결과적으로 항공사들의 채산성을 크게 악화시키고 있다.

이러한 경쟁의 주원인인 규제완화의 결과는 다음과 같이 요약할 수 있다.[1]

① 개방적인 시장진입으로 인한 항공사 간의 경쟁심화
② 다수의 항공사 파산
③ 합병(소유 및 운영의 변화)
④ 연계운항시스템(hub and spoke system)의 이용
⑤ 항공시장의 집중화
⑥ 정기항공사의 증가
⑦ 항공여행의 증가
⑧ 요금구조의 변화
⑨ 항공사 수익의 불안정
⑩ 항공로 체계의 수용능력 문제
⑪ 서비스질의 저하
⑫ 노동문제 증가
⑬ 안전에 대한 공공관심의 증가

한편, 경쟁력을 갖춘 미국 대형 항공사들은 세계시장으로 적극 진출하여 각국에 항공시장의 개방 압력을 가함으로써 개방 압력 추세는 현재의 양국 협정체제에서

---

1) R.J. Sampson, M.T. Farris, and D.L. Shrock, Domestic Transportation, Boston : Houghton Mifflin Company, 1990, pp. 313-320.

다자간 협정체제로 변화되고 있으며, 이러한 변화는 세계 항공업이 전면 개방되어 항공자유화가 이루어질 때까지 계속될 전망이다.

국제적으로 다자간 항공운행 자유화도 진전을 보이고 있어, 1993년 12월 15일 타결된 우루과이 서비스 일반협정(GATS)에는 항공운송 보조 서비스업 가운데 전산 예약시스템(Computer Reservation System : CRS), 항공기 수리 및 유지 서비스가 개방 대상으로 포함되어 있다. 또한 지역 내의 국가에 국한되지만, EU와 북미, 호주, 뉴질랜드에서의 항공자유화가 대표적인 사례일 것이다.

이러한 연장선상에서 많은 국가들이 자국의 시장을 개방하지 않을 수 없는 현상은 다음과 같다.[2]

① 양국 간 협정에 의해 부과된 제한을 피하기 위해 항공사들 자체에 의해 주도되고 있는 자본 및 마케팅 제휴를 통한 다국적 항공사 그룹의 출현
② 이미 개방한 인접국으로의 교통량 전환(traffic diversion)
③ 보다 많은 협상상의 우위를 얻기 위한 국제선 블록의 형성
④ 항공사들로부터 지지받고 있는 시장경제에 기초한 경영기법과 항공사의 민영화
⑤ 정부의 통제를 완화하려는 소비자집단으로부터의 압력

2. 항공업의 민영화 추세

각국에서 항공자유화가 진전됨에 따라 소비자의 다양한 욕구, 서비스 향상 도모, 경영기반 및 국제경쟁력을 강화하기 위하여 국영 항공사의 민영화가 추진되고 있다. 따라서 과거 국영 항공사 체제를 유지하던 세계 각국은 자국 항공사의 효율성 제고와 국제경쟁력 강화를 위해 국영 항공사를 전면 혹은 부분적으로 민영화하는 조치를 단행하고 있다.

2) 이광현, 「항공산업의 이슈」, 『항공운송산업의 구조와 전략』, 박영사, 1991, p. 226.

3. 세계적 초대형 항공사 그룹의 형성

최근 민간 항공사들의 다국적화 체제로의 전환 움직임으로 세계 대형 항공사들의 항공사 간 제휴와 연합에 의한 활발한 그룹화가 추진되고 있다.

마케팅 능력강화를 통해 증가추세인 국제 항공교통량의 효과적 흡수 및 각국의 보호주의에 대처하기 위한 세계화전략—아메리칸, 델타, 유나이티드 등의 초대형 항공사가 출현한 이래 단일 대륙에서 형성된 거대 항공사들—은 대륙 간 항공사와의 연합과 제휴를 통해 네덜란드(KLM)와 노스웨스트(NWA)항공, 영국(BAW)과 유에스(US)항공과 같이 세계 항공시장의 지배를 꾀하고 있으며, 각 항공사들은 이들이 보유한 거대한 노선망, 전 세계적인 연계운항 시스템의 구축, 최첨단 CRS의 위력과 공동마케팅 등을 통해 세계 각국의 군소 국제선 항공사들에게 큰 위협이 되고 있다.[3] 따라서 장래의 항공운송업은 규제완화, 자유화, 민영화, 구조개편 등이 계속될 전망이다.[4]

---

3) 이영혁, "세계 항공운송산업의 최신 동향과 국적 항공사의 대응방안," 제1회 국제항공운송세미나, 1994. 10, p. 288.
4) Stephen Wheatroft, *Op. cit.*, pp. 12–17 ; P. Hannappel, *Op. cit.*, p. 257.

Airline Service

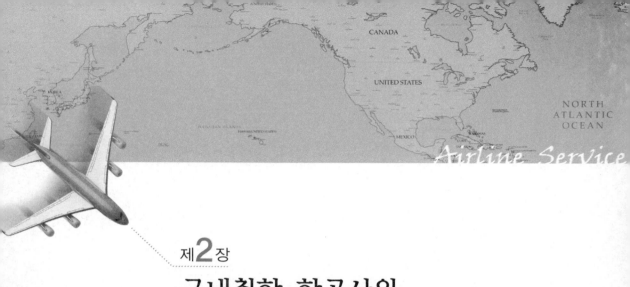

제**2**장

국내취항 항공사의
현황 및 실태

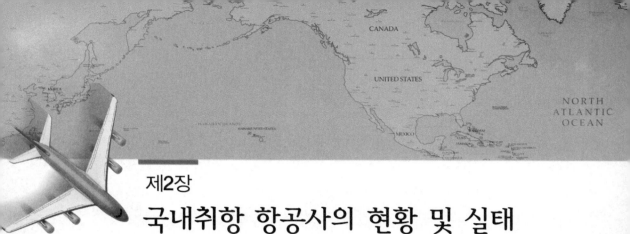

제2장
국내취항 항공사의 현황 및 실태

1946년 9월 1일 외국 항공사로는 최초로 노스웨스트 동양항공사(Northwest Orient Airlines)가 국내에 취항하였다. 그 후 북방정책의 성공, UN가입 등 한국의 국제적인 지위향상과 국외 관광자유화를 계기로 많은 외국 항공사들이 서울에 취항한 이래, 2013년 7월 31일 현재 국내외 51개국 77개 항공사가 국내 항공운송시장에서 국제승객을 대상으로 치열하게 경쟁하고 있다.

제1절 운영실적

1. 국내 취항 항공사의 운송실적

〈표 2-1〉, 〈표 2-2〉는 세계 국제선 항공사들의 운송실적을 평가하기 위해서 IATA가 제시한 여객 수, 유상여객킬로미터[1] 지표로서 2009~2012년 동안 세계 20위권 내 항공사들의 순위를 제시하고 있다.

---

1) 유상여객킬로미터(revenue passenger·km) : ICAO(국제민간항공기구)의 통계기준치로서 정상운임(normal fare)의 25% 이상을 지급하는 탑승객 수에 각 탑승객이 실제 비행한 거리를 곱한 것으로 실질적으로 항공수송의 생산능력을 표시하는 지표이다.

1) 여객 수

세계 20위권 항공사의 실적 중에서 여객 수는 〈표 2-1〉과 같다.

표 2-1 세계 20위 항공사의 여객 수　　　　　　　　　　　　　(단위 : 천 명)

순위	2009년		2010년		2011년		2012년	
	항공사	여객 수	항공사	여객 수	항공사	여객 수	항공사	여객 수
1	American	85,720	Delta	111,159	Delta	113,731	Delta*	116,726
2	Delta	67,935	American	86,129	American	86,042	Southwest	112,234
3	China Southern	65,959	China Southern	76,078	China Southern	80,545	United*	92,619
4	United	56,024	Lufthansa	56,693	Lufthansa	63,012	American	86,335
5	Lufthansa	53,223	United	54,015	China Eastern	53,933	China Southern*	86,277
6	US	50,975	US	51,814	US	52,921	Ryanair	79,649
7	France	47,965	China Eastern	50,336	United	50,473	China Eastern*	79,611
8	Continental	44,032	Air France	47,029	France	49,769	Lufthansa*	64,393
9	China Eastern	43,382	China	46,008	China	48,575	US	54,238
10	All Nippon	41,921	Continental	43,603	Qantas	47,161	France*	50,636
11	Japan	41,826	All Nippon	43,585	Continental	45,180	easyJet	50,522
12	Northwest	40,865	Qantas	42,381	All Nippon	41,911	China	49,278
13	China	39,665	Japan*	36,959	TAM	35,506	Qantas	47,533
14	Qantas	38,316	TAM	33,000	Gol	34,588	All Nippon*	44,668
15	British	32,281	Gol	31,478	British	34,031	Turkish*	38,154
16	TAM	28,956	Emirates	30,848	Berlin	33,774	Emirates*	37,733
17	Emirates	25,921	British	30,485	Emirates	32,730	TAM	36,895
18	Turkish	24,495	Turkish	28,401	Turkish	31,589	British*	36,710
19	KLM	22,333	JetBlue	24,250	JetBlue	26,353	Gol	33,897
20	Canada	22,166	Canada	23,615	KLM	25,066	ExpressJet	32,376

주1 : *는 2012년 현재 국내 취항 항공사.

주2 : 2009~2012년의 경우 대한항공은 20,413천 명(24위), 22,389천 명(23위), 22,870천 명(25위), 23,881천 명(31위)이며,
　　　아시아나는 12,391천 명(34위), 13,105천 명(39위), 14,006천 명(43위), 15,420천 명(54위)의 실적을 각각 달성함.

자료 : IATA(2010~2013), WATS(World Air Transport Statistics)를 토대로 정리.

델타항공은 2009~2012년 동안 매년 6,793만 5천 명, 1억 1,115만 9천 명, 1억 1,373만 1천 명, 1억 1,672만 6천 명 이상을 수송함으로써 4년 연속 1~2위를 차지하였고, 상위권 타 항공사들의 순위도 별다른 변동은 보이지 않고 있다. 2012년의 경우, 최근 연속 1위를 차지한 델타항공에 이어 사우스웨스트, 유나이티드, 아메리칸, 중국남방항공 등의 순으로 상위수준을 유지하고 있다. 특히 국내 취항 항공사 중 무려 10개의 항공사가 20위권 내에 포함되어 있을 뿐 아니라 중국의 남방항공, 동방항공, 중국항공 등이 5위, 7위, 12위를 각각 차지함으로써 중국 항공사들이 눈부신 성장을 하고 있다. 반면에 국적기인 대한항공은 최근 4년 동안 약 2,041~2,388만 명 정도를 수송하여 23~31위를 기록함으로써 순위 측면에서 중국에 비해 열세에 있다. 이러한 성과는 2012년 1위인 델타항공과 비교해 볼 때, 약 9,248만 5천 명의 엄청난 차이를 보이고 있다. 더구나 12위인 중국항공과도 2,539만 7천 명의 차이를 보임으로써 열세에 있다.

2) 유상여객킬로미터

〈표 2-2〉와 같이 유상여객킬로미터(km)는 2009~2012년에 1,969억 3,900만~2,715억 6,700만 킬로미터의 실적을 달성함으로써 4년 연속 1~2위를 차지한 델타항공을 비롯하여 유나이티드, 아메리칸, 에미레이트, 루프트한자항공 순으로 1~5위를 차지하고 있다. 이들 항공사들은 전년도와 비교해 볼 때, 특별한 순위 변동 없이 상위권을 유지하고 있다. 더욱이 국내 취항 항공사 중에서 유나이티드항공을 포함한 무려 14개의 항공사가 20위권 내에 포진되어 있다는 점에 주목해야 할 것이다. 한편, 2012년의 경우 대한항공은 678억 300만 킬로미터로서 21위에 머무르고 있으며, 이는 929억 4,400만 킬로미터 실적으로 16위를 기록한 싱가포르항공에 비해서도 약 251억 4,100만 킬로미터의 격차를 보이고 있다.

표 2-2 세계 20위 항공사의 유상여객킬로미터

(단위 : 백만)

순위	2009년		2010년		2011년		2012년	
	항공사	여객킬로	항공사	여객킬로	항공사	여객킬로	항공사	여객킬로
1	American	196,939	Delta	266,990	Delta	269,724	United*	288,282
2	Delta	161,904	American	201,881	American	203,485	Delta*	271,567
3	United	161,436	United	164,662	United	160,270	American	203,336
4	France	126,415	Emirates	143,660	Emirates	153,264	Emirates*	180,880
5	Continental	125,048	Lufthansa	129,671	Lufthansa	140,972	Lufthansa*	142,512
6	Lufthansa	123,083	Continental	128,141	France	133,035	Southwest	137,708
7	Emirates	118,284	Air France	125,173	Continental	131,583	France*	135,821
8	British	111,995	China Southern	110,545	China Southern	121,944	China Southern*	135,021
9	Northwest	100,152	British	105,554	British	116,864	British*	124,318
10	Qantas	97,488	Qantas	99,912	Qantas	108,851	Qantas	108,051
11	US	93,110	US	94,867	US	97,766	China Eastern*	101,507
12	China Southern	92,370	Cathay Pacific	87,332	China	92,842	US	100,431
13	Singapore	81,552	Air China	85,485	Cathay Pacific	91,990	Ryanair	96,991
14	Cathay Pacific	81,086	Singapore	84,910	Singapore	86,400	China	95,736
15	KLM	73,472	Air Canada	77,458	KLM	82,047	Cathay Pacific*	93,842
16	China	72,908	KLM	76,065	Canada	80,675	Singapore*	92,944
17	Japan	72,727	China Eastern	72,743	China Eastern	80,352	KLM*	86,281
18	Canada	70,988	Japan	63,246	Korean	63,888	Canada*	82,591
19	China Eastern	59,932	Korean	59,723	Qatar	61,603	Turkish*	72,853
20	Korean	54,763	All Nippon	56,075	Turkish	56,823	Qatar*	71,945

주1 : *는 2012년 현재 국내 취항 항공사.
주2 : 아시아나는 24,418백만km, 27,181백만km, 29,491백만km, 32,711백만km를 각각 달성함으로써 40위, 40위, 42위, 41위임.
주3 : 2012년의 대한항공은 678억 300백만km로서 21위임.
자료 : IATA(2010~2013), WATS(World Air Transport Statistics)를 토대로 정리함.

2. 국내 취항 항공사의 영업실적

2009~2010년 동안 세계 50대 및 10대 항공사의 매출액, 순이익부문의 영업실적은 〈표 2-3〉과 같다.

1) 매출액

2011년 현재 세계 50대 항공사의 매출은 총 5,491억 달러를 달성하였다. 그중에서 10대 항공사가 차지하는 매출액 비중은 약 2,703억 달러로서 49.2%를 보이고 있다. 특히 루프트한자, 유나이티드, 델타, 프랑스, 전일본항공, 에미레이트항공 등 국내에 취항 중인 항공사가 6개나 포함되어 있다.

루프트한자항공은 최근 3년 연속 약 7.3% 이상의 비중을 보이면서 1위를 고수하고 있다. 반면에 2011년 국적기인 대한항공과 아시아나항공은 107억 달러(20위), 아시아나 48억 달러(34위)의 실적을 각각 달성함으로써 국내 취항 중인 상위권의 항공사 실적 등에 비해 매우 낮은 수준을 보이고 있다.

2) 순이익

50대 항공사의 순이익은 2011년 현재 약 157억 7,700백만 달러를 기록하였는데 그중 10대 항공사가 차지하는 비중은 2009년 60.5%, 2010년 55.3%이며 2011년은 전년도에 비해 4.5%나 증가한 60.8%를 차지하고 있다. 특히 일본항공은 2011년 23억 6,600만 달러로 약 15%의 비중을 보이면서 명실공히 세계 최고의 수익성을 자랑하고 있다. 반면에 대한항공과 아시아나항공은 -2억 7,200만 달러, 1,500만 달러의 순손익으로 국내 취항 외항사에 비해 크게 뒤지는 실정이다.

표 2-3 세계 10대 항공사의 영업실적

순위	2009년			2010년			2011년		
	항공사	실적	구성비	항공사	실적	구성비	항공사	실적	구성비
매출액(백만$, %, %p)									
1	Lufthansa	31,013	7.6	Lufthansa	36,067	7.4	Lufthansa*	40,164	7.3
2	Air France KLM	29,664	7.3	United-Continental	34,013	7.0	United-Continental*	37,110	6.8
3	Delta*	28,063	6.9	Delta*	31,755	6.6	Delta*	35,115	6.4
4	FedEx	21,555	5.3	Air France-KLM	31,276	6.5	Air France KLM*	34,109	6.2
5	American	19,917	4.9	FedEx	24,581	5.1	FedEx**	26,515	4.8
6	Japan	16,421	4.0	AMR	22,170	4.6	AMR	23,979	4.4
7	United	16,335	3.9	International	19,533	4.0	International	22,839	4.2
8	ANA	13,282	3.3	Japan	16,018	3.3	ANA*	17,897	3.3
9	British	12,784	3.1	ANA	15,963	3.3	Emirates*	16,958	3.1
10	Continental	12,586	3.1	Emirates	14,807	3.1	Southwest	15,658	2.9
10대 계		201,620	49.3	10대 계	246,183	50.8	10대 계	270,344	49.2
50대 총계		408,607	100	50대 총계	484,785	100	50대 총계	549,126	100
순이익(백만$, %, %p)									
1	Emirates	963	11.9	Cathay Pacific	1832	8.9	Japan*	2,366	15.0
2	China	711	8.8	China	1825	8.9	China	1,095	6.9
3	TAM Linhas	680	8.4	Lufthansa	1,493	7.3	China Southern*	944	6.0
4	Cathay Pacific	606	7.5	Emirates	1,463	7.2	Delta*	854	5.4
5	GOL	451	5.6	China Southern	857	4.2	United-Continental*	840	5.3
6	Ryanair	431	5.3	United-Continental	854	4.2	International	776	4.9
7	Turkish	313	3.9	Singapore	824	4.0	Ryanair	774	4.9
8	Copa	240	3.0	Air France KLM	812	3.9	Cathay Pacific*	729	4.4
9	LAN	231	2.8	China Eastern	734	3.6	China Eastern*	689	4.6
10	Thai	214	2.6	Delta	593	2.9	Aeroflot*	526	3.3
10대 계		4,840	60.5	10대 계	11,287	55.3	10대 계	9,593	60.8
50대 총계		8,111	100	50대 총계	20,407	100	50대 총계	15,777	100

주1 : *는 2011년 현재 국내취항 항공사이며, **는 항공화물항공사임.
주2 : 2011년 매출액의 경우 대한항공 10,676백만$(20위), 아시아나 4,821백만$(34위)이며, 순이익의 경우 -2억 7,200백만$, 1,500백만$의 순손익을 각각 기록함.
자료 : Airline Business(2010. 8.~2012. 8.)를 토대로 분석함.

위의 현황을 종합해 볼 때, 세계 항공여객의 약 45%를 수송하고 있는 북미지역의 초대형 항공사인 유나이티드, 델타항공 등은 여객 수, 유상여객킬로미터, 영업수입 등 영업실적 면에서는 최상위 순위이나, 순이익 측면에서는 초과공급 및 과다운임경쟁으로 인해 그 수준에는 미치지 못하고 있다.

국적기인 대한항공은 여객 수에 있어서는 아시아지역의 싱가포르, 캐세이패시픽, 타이항공에 비해 다소 우위에 있으나, 순이익에서는 매우 부진한 실적이다. 특히 동북아 지역의 경쟁 항공사인 일본항공, 중국항공, 중국남방항공, 캐세이패시픽, 중국동방항공 등이 10위권의 상위를 차지하고 있다는 사실을 주목해야 할 것이다. 따라서 순이익부문에서의 부진을 탈피하기 위해서는 감량경영, 양 민항의 과다경쟁 자제, 경영합리화 등의 방안 모색이 필요하다.

3. 국제선 여객운송 시장의 점유율

우리나라의 국제 항공운송시장은 1988년 서울올림픽을 계기로 미국 항공사를 비롯한 외국의 대형 항공사들의 취항, 제2민항의 출현, 활발한 노선 확대, 저비용 항공사들의 진출 등으로 인하여 국제선 여객시장의 점유율은 하락과 성장을 반복하였다. 한국 취항 항공사별 국제여객의 수송현황은 〈표 2-4〉와 같으며, 국적 대형 항공사들의 점유율은 저비용 항공사들이 본격적으로 진출하는 2009년 67.6%를 기점으로 2010년 66.6%, 2011년 64.1%, 2012년 61.7%로 하락국면에 접어들고 있다.

또한 일본항공, 캐세이패시픽항공, 유나이티드항공 등 대형 외항사들의 점유율도 2008~2012년 점차 하락하는 추세이다. 그러나 최근 한류열풍, 월드컵 등과 같은 한·중 간의 활발한 교류에 중국국제항공, 동방항공 등을 비롯한 중국항공사들의 한국진출에 따른 성장세는 괄목할 만하다. 이렇듯 우리나라 대형 항공사들은 노선확대, 운항횟수 증대에도 불구하고 항공시장의 점유율은 다소 하락세를 보이고 있다. 반면, 저비용 항공사들은 엔저와 경기침체 등 국내외적인 악재 속에서도 중국을 중심으로 한 국제선 운항 확대, 신규 항공기 도입에 힘입어 고공비행을 하고 있다. 그렇지만 향후 우리나라가 동북아 항공시장의 중심지로서의 가능성이 더욱 높아짐에 따라 개방과 경쟁의 압력은 더욱 거세질 것이다. 그에 따른 외국 항공사들의 취항, 노선 확대 및 운항횟수는 점진적으로 증가할 것이므로 그들의 점유율은 더욱 높아질 것으로 예상되고 있다.

표 2-4 한국 취항 항공사별 국제여객 수송현황　　　　　　　　　　(단위 : 천 명)

항공사 \ 연도		2008년		2009년		2010년		2011년		2012년		연평균 증감률
		수송인원	점유율(%)	수송인원	점유율(%)	수송인원	점유율(%)	수송인원	점유율(%)	수송인원	점유율(%)	
국적 항공사												
대한항공 KAL		11,352	38.4	11,498	40.9	12,915	39.2	13,145	38.1	14,058	36.7	5.5
아시아나항공 AAR		7,596	25.7	7,504	26.7	9,025	27.4	8,981	26.0	9,603	25.0	6.0
제주항공		3	0	136	0.5	272	0.8	439	1.3	791	2.1	302.9
진에어		–	–	4	0	199	0.6	365	1.1	655	1.7	447.1
티웨이항공		–	–	–	–	–	–	19	0.1	301	0.8	1,484.2
이스타항공 ESR		–	–	–	–	50	0.2	112	0.3	464	1.2	204.6
외국 항공사												
일본	전일본공수 ANA	286	1.0	306	1.1	331	1.0	263	0.8	258	0.7	-2.5
	일본항공 JAL	1,088	3.7	862	3.1	464	1.4	250	0.7	283	0.7	-28.6
	스타플라이어 SFJ	1	0	4	0	6	0	4	0	3	0	31.6
	에어아시아재팬 WAJ	–	–	–	–	–	–	–	–	14	0	–
	피치항공 APJ	–	–	–	–	–	–	–	–	70	0.2	–
아시아 중국	중국 국제항공 CCA	768	2.6	743	2.6	811	2.5	786	2.3	753	0.2	-0.5
	중국 동방항공 CES	1,024	3.5	704	2.5	910	2.8	959	2.8	978	2.6	-1.1
	중국 남방항공 CSN	944	3.2	930	3.3	1,183	3.6	1,179	3.4	1,158	3.0	5.2
	중국 하문항공 CXA	41	0.1	23	0	41	0.1	36	0.1	46	0.1	2.9
	하이난항공 CHH	56	0.2	–	–	–	–	–	–	–	–	–
	사천항공 CSC	9	0	–	–	4	0	15	0	27	0.1	31.6
	산동항공 CDG	141	0.5	78	0.3	105	0.3	96	0.3	93	0.2	-9.9
	상하이항공 CSH	34	0.1	34	0.1	47	0.1	50	0.1	66	0.2	18.0
	심천항공 CSZ	48	0.2	30	0.1	53	0.2	59	0.2	96	0.3	18.9
	마카오항공 AMU	81	0.3	63	0.2	84	0.3	75	0.2	85	0.2	1.2
	캐세이패시픽항공 CPA	912	3.1	820	2.9	930	2.8	989	2.9	1,046	2.7	3.5
	홍콩엑스프레스 HKE	15	0	2	0	12	0	25	0	24	0	12.5

항공사	연도	2008년 수송인원	점유율(%)	2009년 수송인원	점유율(%)	2010년 수송인원	점유율(%)	2011년 수송인원	점유율(%)	2012년 수송인원	점유율(%)	연평균 증감률
대만	원동항공 FEA	6	0	—	—	—	—	—	—	—	—	—
대만	만다린항공 MDA	5	0	45	0.2	47	0.1	52	0.2	39	0.1	69.1
대만	에바항공 EVA	151	0.5	177	0.6	164	0.5	174	0.5	225	0.6	10.5
대만	중화항공 CAL	183	0.6	194	0.7	211	0.6	218	0.6	259	0.7	9.1
말레이시아	말레이시아항공 MAS	134	0.5	117	0.4	170	0.5	209	0.6	169	0.4	6.0
말레이시아	아시아엑스항공 XAX	—	—	—	—	37	0.1	195	0.6	229	0.6	148.8
싱가포르	싱가포르항공 SIA	505	1.7	393	1.4	441	1.3	488	1.4	598	1.6	4.3
인도네시아	가루다항공 GIA	117	0.4	110	0.4	140	0.4	198	0.6	229	0.6	18.3
베트남	베트남항공 HVN	305	1.0	280	1.0	390	1.2	403	1.2	418	1.1	8.2
미얀마	바간항공 JAB	3	0	—	—	—	—	—	—	—	—	—
몽골	몽골항공 MGL	108	0.4	96	0.3	98	0.3	114	0.3	141	0.4	6.9
아시아 / 필리핀	필리핀항공 PAL	332	1.1	249	0.9	395	1.2	480	1.4	464	1.2	8.7
필리핀	세부퍼시픽 CEB	197	0.7	191	0.7	217	0.7	306	0.9	317	0.8	12.6
필리핀	아시안스피릿항공 RIT	14	0	—	—	—	—	—	—	—	—	—
필리핀	제스트항공 EZD	—	—	3	0	90	0.3	162	0.5	254	0.7	339.1
태국	타이항공 THA	731	2.5	742	2.6	787	2.4	725	2.1	856	2.2	4.0
태국	스카이스타 SKT	175	0.6	—	—	—	—	—	—	—	—	—
태국	오리엔트타이항공 OEA	69	0.2	—	—	1	0	81	0.2	4	0	-50.9
태국	피시항공 PCA	—	—	—	—	—	—	—	—	18	—	—
태국	유항공 ULG	—	—	—	—	—	—	—	—	4	—	—
태국	비즈니스에어 BCC	—	—	2	—	184	0.6	300	0.9	310	0.8	437.2
캄보디아	톤렌삽항공 TSP	—	—	—	—	—	—	2	0	27	0.1	12
캄보디아	스카이윙스아시아 SWM	—	—	—	—	—	—	31	0.1	77	2.0	148.4
캄보디아	프로그레스항공 PMT	36	0.1	—	—	—	—	—	—	—	—	—
터키	터키항공 THY	56	0.2	74	0.3	108	0.3	142	0.4	175	0.5	33.0
인도	인디아항공 AIC	37	0.1	—	—	25	0.1	75	0.2	48	0.1	0.7
아랍에미리트	에미레이트항공 UAE	213	0.7	210	0.7	301	0.9	281	0.8	279	0.7	7.0
아랍에미리트	에티하드항공 ETD	—	—	—	—	2	0	74	0.2	117	0.3	664.9
이란	이란항공 IRA	7	0	7	0	—	—	—	—	—	—	—
카타르	카타르항공 QTR	41	0.1	36	0.1	120	0.4	151	0.4	168	0.4	42.3
몰디브	메가몰디브항공 MEG	—	—	—	—	—	—	—	—	4	0	—

항공사 \ 연도			2008년		2009년		2010년		2011년		2012년		연평균 증감률
			수송 인원	점유 율(%)	수송 인원	점유 율(%)	수송 인원	점유 율(%)	수송 인원	점유 율(%)	수송 인원	점유 율(%)	
아 시 아	키르기 스스탄	비쉬켁항공 EAA	–	–	–	–	–	–	–	–	6	0	–
	카자흐 스탄	아스타나 KZR	21	0.1	19	0.1	19	0.1	21	0.1	24	0.1	3.4
	우즈베 키스탄	우즈베키스탄항공 UZB	41	0.1	20	0.1	36	0.1	33	0.1	28	0.1	−9.1
미 주	미국	노스웨스트항공 NWA	169	0.6	114	0.4	8	0	–	–	–	–	–
		유나이티드항공 UAL	319	1.1	318	1.1	371	1.1	380	1.1	376	1.0	4.2
		델타항공 DAL	91	0.3	61	0.2	203	0.6	234	0.7	266	0.7	30.8
		유니항공 UIA	44	0.1	–	–	3	0	1	0	–	–	–
		하와이언항공 HAL	–	–	–	–	–	–	77	0.2	108	0.3	40.3
		콘티넨탈항공 CMI	7	–	–	–	–	–	3	0	–	–	–
	캐나다	캐나다항공 ACA	171	0.6	128	0.5	134	0.4	137	0.4	140	0.4	−4.8
유 럽	러시아	블라디보스토크항공 VLK	64	0.2	50	0.2	54	0.2	64	0.2	72	0.2	3.0
		사할린항공 SHU	29	0.1	28	0.1	31	0.1	30	0.1	29	0.1	0
		에어로플로트항공 AFL	71	0.2	43	0.2	67	0.2	87	0.3	124	0.3	14.9
		야쿠티아항공 SYL	2	0	–	–	–	–	–	–	1	0	–
		달라비아극동 KHB	24	0.1	–	–	–	–	–	–	–	–	–
		시베리아 SBI	5	0	–	–	–	–	–	–	–	–	–
	영국	영국항공 BAW	–	–	–	–	–	–	–	–	8	–	–
	프랑스	프랑스항공 AFR	175	0.6	160	0.6	165	0.5	167	0.5	176	0.5	0.1
	독일	루프트한자항공 DLH	270	0.9	251	0.9	213	0.6	261	0.8	248	0.6	−2.1
	네덜 란드	네덜란드항공 KLM	154	0.5	110	0.4	137	0.4	163	0.5	174	0.5	3.1
	핀란드	핀에어 FIN	61	0.2	73	0.3	105	0.3	131	0.4	123	0.3	19.2
대 양 주	호주	콴타스항공 QFA	5	0	–	–	–	–	–	–	–	–	–
	뉴칼레 도니아	칼린항공 ACI	19	0.1	34	0.1	35	0.1	40	0.1	43	0.1	22.7
기 타			–	–	3	0	–	–	3	0	2	0	–
합 계			29,563	100	28,080	100	32,950	100	34,538	100	38,351	100	6.7

주 : 수송인원은 백단위에서 반올림한 수치이며, 천 명 이하의 항공사는 기타로 처리함.
자료 : 인천국제공항공사(2008~2012) 자료를 토대로 정리 · 분석함.

4. 국제선 운항현황

2013년 7월 현재 국토교통부 자료에 의하면 국적 항공사의 국외 운항현황은 〈표 2-5〉와 같다.

표 2-5 국적 항공사의 취항국가 및 도시

구 분	국가 및 도시	비고
대한항공	일본(가고시마, 고마스, 니가타, 아오모리, 오카야마, 아키타, 오이타, 삿포로), 중국(곤명, 무한, 제남, 하문, 심양, 목단강, 정주), 태국(치앙마이), 몽골(울란바토르), 인도네시아(덴파사, 자카르타), 인도(뭄바이), 네팔(카트만두), 이스라엘(텔아비브), 아랍에미리트(두바이), 사우디아라비아(리야드, 제다), 스리랑카(콜롬보), 몰디브(말레), 미국(라스베이거스, 워싱턴, 오클랜드, 괌), 캐나다(토론토, 밴쿠버), 브라질(상파울루), 네덜란드(암스테르담), 덴마크(코펜하겐), 스웨덴(스톡홀름), 스위스(취리히, 바젤), 스페인(사라고사, 마드리드), 이탈리아(로마), 체코(프라하), 호주(브리즈번), 피지(나디), 케냐(나이로비), 러시아(이르쿠츠크), 우즈베키스탄(나보이)	27개국, 48개 도시
아시아나	일본(구마모토, 다카마쓰, 마쓰야마, 도야마, 센다이, 요나고, 오키나와, 히로시마), 중국(계림, 연대, 장춘, 하얼빈, 중경), 필리핀(클라크), 미국(사이판, 포틀랜드), 인도(델리), 카자흐스탄(알마티), 러시아(사할린, 하바로프스크)	7개국, 20개 도시
대한항공/아시아나 (복수취항)	일본(나고야, 동경, 오사카, 시즈오카, 후쿠오카), 중국(광저우, 항주, 대련, 북경, 상해, 서안, 심천, 웨이하이, 연길, 창사, 천진, 청도, 성도, 황산, 남경), 홍콩, 말레이시아(쿠알라룸푸르, 코타키나발루, 페낭), 베트남(하노이, 호치민), 싱가포르(싱가포르), 캄보디아(씨엠립, 프놈펜), 태국(방콕, 푸켓), 필리핀(마닐라, 세부), 미얀마(양곤), 인도네시아(덴파사, 자카르타), 대만(타이베이), 미국(뉴욕, 댈러스, 로스앤젤레스, 시애틀, 시카고, 샌프란시스코, 애틀랜타, 마이애미, 앵커리지, 호놀룰루), 노르웨이(오슬로), 독일(프랑크푸르트), 벨기에(브뤼셀), 영국(런던), 오스트리아(비엔나), 이탈리아(밀라노), 터키(이스탄불), 프랑스(파리), 호주(시드니), 팔라우(코로르), 러시아(모스크바), 우즈베키스탄(타슈켄트), 러시아(상트페테르부르크, 블라디보스토크)	26개국, 61개 도시
에어부산	필리핀(세부), 홍콩, 마카오, 대만(타이베이), 일본(동경, 오사카, 후쿠오카), 중국(청도, 서안)	6개국, 9개 도시
이스타	말레이시아(코타키나발루), 태국(방콕), 일본(동경, 오사카), 중국(심양)	4개국, 5개 도시
제주항공	태국(방콕), 필리핀(세부, 마닐라), 홍콩, 일본(오사카, 후쿠오카, 나고야), 중국(청도), 미국(괌)	6개국, 9개 도시
진에어	태국(방콕), 필리핀(클라크), 라오스(비엔티안), 홍콩, 마카오, 대만(타이베이), 일본(삿포로, 오키나와), 중국(상해, 연대), 미국(괌)	9개국, 12개 도시
티웨이	태국(방콕), 일본(후쿠오카)	2개국, 2개 도시
계	총 47개국 132개 도시	

주1 : 홍콩, 마카오 등 별도의 항공협정을 체결하는 행정구역 별도표기.
주2 : 2013년의 하계스케줄 기준.
자료 : 국토교통부 국제항공과 자료(2013) ; 한국항공진흥협회(2013), 포켓항공현황을 토대로 정리함.

1) 국적기의 국제선 취항현황

대한항공의 경우 148대의 항공기를 보유함으로써 44개국 10개 도시 149개 노선을 주 943회 운항하고 있다. 아시아나항공은 79대 항공기로 27개국 81개 도시, 82개 노선을 주 708회 운항하고 있다. 이와 더불어 저비용 항공사인 에어부산, 이스타항공, 제주항공, 진에어, 티웨이항공 등 7개의 국적 항공사는 47개국, 132개 도시, 212개 노선을 주 1,909회 운항함으로써 전 세계를 누비고 있다.

2) 국내 취항 항공사의 운항현황

국내 취항 중인 국제항공노선의 현황은 〈표 2-7〉에서와 같이 30개국 88개 항공사가 437개 노선에 여객 2,190회, 화물 332회를 분담하며, 주당 2,522회를 운항하고 있다. 이 중에서 외국 항공사 29개국 81개 항공사가 196개 노선을 주당 886회 운항하고 있는 것으로 나타났다.

한편, 항공사의 운항횟수 순위측정에서는 88개 항공사 중에서 국적기인 대한항공, 아시아나항공이 상위 1, 2위를 차지하고 있으며, 중국 남방항공, 제주항공, 중국 동방항공, 중국 국제항공, 타이항공 순으로 취항하고 있다. 특히 15개의 중국 국적의 항공사가 국내 항공시장에 진입하여 활발한 영업활동을 하고 있음으로 볼 때 장차 한·중 간 항공여행시장의 규모는 더욱 확대될 것으로 보인다.

항공업계는 이라크전 및 SARS와 같은 심각한 침체의 늪에서는 일단 벗어났지만 아직도 세계경기의 불황, 원유가 상승, 테러 등과 같은 부정적인 요소가 곳곳에 산재해 있다. 이에 대응하여 국토교통부는 인천공항 허브화 및 동북아 통합항공시장 구축을 위한 방안을 모색할 목적으로 네트워크 확충을 위한 국제항공노선의 추진계획을 〈표 2-6〉과 같이 추진하고 있다.

표 2-6 국제항공노선의 추진계획

연도	국가명	내용
2013년	이탈리아/호주/스리랑카	항공자유화, 공급력 확대, Code-share 관련 사항
	몰디브/남아공/아르헨티나	
	태국/터키/폴란드/룩셈부르크	

자료 : 국토교통부 국제항공과 내부자료(2013).

표 2-7 국제선 취항 항공사별 운항현황

항공사	구분	순위	운항횟수(회)			취항노선 수(개)
			합계	여객	화물	
대한항공 KAL		1	834	729	105	116
아시아나항공 AAR		2	625	561	64	86
제주항공 JJA		4	75	75	0	13
진에어 JNA		8	42	42	0	13
티웨이항공 TWB		21	16	16	0	4
이스타항공 ESR		10	39	39	0	9
에어인천 AIH		52	5	0	5	－
국적 항공사(1개국 7개 항공사)			1,636	1,462	174	241
외국 항공사(29개국 81개 항공사)			886	728	158	196
아 시 아	일본	전일본항공 ANA*	－	0	0	0	4
		일본항공 JAL	23	14	14	0	4
		에어아시아재팬 WAJ	34	8	8	0	1
		피치항공 APJ	17	21	21	0	1
		에어재팬 AJX	26	12	0	12	2
		일본화물항공 NCA	62	3	0	3	4
		계		58	43	15	16
	중국	중국 국제항공 CCA	6	59	59	0	8
		중국 동방항공 CES	5	73	73	0	13
		중국 남방항공 CSN	3	93	93	0	13
		중국 하문항공 CXA	55	4	4	0	1
		사천항공 CSC	62	3	3	0	1

항공사		구분	순위	운항횟수(회)			취항노선 수(개)
				합계	여객	화물	
아시아	중국	산둥항공 CDG	29	10	10	0	2
		상하이항공 CSH	37	7	7	0	2
		장성항공 GWL*	–	0	0	0	–
		중국우정항공 CYZ	55	4	0	4	2
		중국화물항공 CKK	47	6	0	6	1
		순풍항공 CSS	69	1	0	1	–
		제이드카고인터내셔널 JAE*	–	0	0	0	–
		양쯔강익스프레스항공 YZR	55	4	0	4	–
		그랜드스타 GSC*	–	0	0	0	–
		심천항공 CSZ	37	7	7	0	1
		마카오항공 AMU	37	7	7	0	1
		캐세이패시픽항공 CPA	9	40	36	4	2
		에어홍콩 AHK	47	6	0	6	2
		홍콩엑스프레스 HKE*	–	0	0	0	1
		계		324	299	25	50
	대만	만다린항공 MDA	52	5	5	0	1
		에바항공 EVA	30	9	9	0	2
		중화항공 CAL	28	11	11	0	3
		유니항공 UIA*	–	0	0	0	–
		계		25	25	0	6
	말레이시아	말레이시아항공 MAS	37	7	7	0	3
		아시아엑스항공 XAX	37	7	7	0	1
		계		14	14	0	4
	싱가포르	싱가포르항공 SIA	12	35	35	0	2
	인도네시아	가루다 인도네시아항공 GIA	26	12	12	0	2
	베트남	베트남항공 HVN	18	19	19	0	2

항공사		구분	순위	운항횟수(회)			취항노선 수(개)
				합계	여객	화물	
아 시 아	라오스	라오항공 LAO	62	3	3	0	–
	몽골	몽골항공 MGL	47	6	6	0	2
	필리핀	필리핀항공 PAL	19	18	18	0	3
		세부퍼시픽 CEB	13	28	28	0	3
		제스트항공 EZD	16	23	23	0	4
		계		69	69	0	10
	태국	타이항공 THA	7	43	43	0	5
		오리엔트 타이항공 OEA*	–	0	0	0	–
		피시항공 PCA*	–	0	0	0	1
		유항공 ULG*	–	0	0	0	1
		비즈니스에어 BCC	21	16	16	0	3
		계		59	59	0	10
	캄보디아	톤렌삽항공 TSP*	–	0	0	0	2
		스카이윙스아시아 SWM	55	4	4	0	1
		계		4	4	0	3
	터키	터키항공 THY	30	9	7	2	2
	인도	인디아항공 AIC	55	4	4	0	2
	아랍 에미리트	에미레이트항공 UAE	34	8	7	1	1
		에티하드항공 ETD	37	7	7	0	1
		계		15	14	1	2
	카타르	카타르항공 QTR	30	9	7	2	1
	몰디브	메가몰디브항공 MEG*	–	0	0	0	1
	키르키스스탄	비쉬켁항공 EAA*	–	0	0	0	–
	카자흐스탄	아스타나항공 KZR	66	2	2	0	1
미 주	미국	유나이티드항공 UAL	23	14	14	0	5
		델타항공 DAL	25	13	13	0	4
		월드항공 WOA*	–	0	0	0	2
		하와이언항공 HAL	37	7	7	0	1
		유피에스항공 UPS	10	39	0	39	14

항공사		구분	순위	운항횟수(회)			취항노선 수(개)
				합계	여객	화물	
미주	미국	아틀라스항공 GTI	62	3	0	3	2
		폴라에어카고 PAC	14	26	0	26	5
		에버그린항공 EIA*	–	0	0	0	–
		칼리타항공 CKS*	–	0	0	0	–
		미국남부화물항공 SOO	55	4	0	4	6
		FedEx항공 FDX	15	24	0	24	11
		계		130	34	96	50
유럽		캐나다항공 ACA	37	7	7	0	2
	러시아	블라디보스토크항공 VLK	30	9	9	0	3
		사할린항공 SHU	55	4	4	0	1
		에어로플로트항공 AFL	47	6	5	1	1
		에어브리지화물항공 ABW	66	2	0	2	1
		계		21	18	3	6
	영국	영국항공 BAW	47	6	6	0	1
	프랑스	프랑스항공 AFR	34	8	7	1	2
	독일	루프트한자항공 DLH	19	18	18	0	3
		루프트한자화물항공 GEC	52	5	0	5	2
		에어로로직 BOX	52	5	0	5	3
		독일화물항공 ACX*	–	0	0	0	–
		계		28	18	10	8
	룩셈부르크	카고룩스항공 CLX	62	3	0	3	8
	네덜란드	KLM네덜란드항공 KLM	37	7	7	0	1
	핀란드	핀에어 FIN	37	7	7	0	1
		노르딕글로벌항공 NGB*	–	0	0	0	–
		계		7	7	0	1
대양주	뉴칼레도니아	칼린항공 ACI	66	2	2	0	1
합계				2,522	2,190	332	437

주1 : 인천국제공항의 정기편 기준이며, *는 2013. 4. 현재 운휴 중인 항공사임.
주2 : 취항 노선 수는 2012년 12월 기준임.
자료 : 인천국제공항공사(2013) 자료를 토대로 분석함.

5. 국제선 지연 및 결항 실태

연도별 한국 취항 항공사의 지연 및 결항 추이는 〈표 2-8〉과 같다. 2008~2012
년 최근 5년 동안 여러 요인으로 지연 및 결항이 발생하였는데, 지연의 요인으로는
복합원인(56.5%), 기타(36.6%), 기상(35.9%), A/C접속(14.1%), A/C정비(9.3%), 승
객처리 및 승무원 관련(7.9%) 등의 순으로 나타났다. 결항은 A/C접속(108.8%), 기
상(102.2%)이 가장 주된 요인으로서 연평균 큰 폭으로 증가하였다. 2012년의 경우,
A/C접속이 5,093건으로 전체 지연 건수(10,637)의 47.9%를 차지하고 있으며, 기
상으로 인한 결항은 234건으로서 전체 결항 건수(637)의 약 36.7%로 주요인으로
나타났다. 이는 각 항공사들의 노선확대 및 증편으로 인한 항공기 스케줄이 그 원
인의 하나라 판단되며, 정시성 확보차원에서 철저한 대비책이 마련되어야 한다.

표 2-8 **연도별 한국 취항 항공사의 지연 및 결항 추이** (단위 : 건, %)

구분	2008년		2009년		2010년		2011년		2012년		연평균 증감률	
	지연	결항	지연	결항	지연	결항	지연	결항	지연	결항	지연	결항
기상	110 (2.2)	14 (2.5)	47 (1.3)	8 (2.2)	402 (5.5)	75 (11.7)	236 (3.3)	40 (10.4)	376 (3.5)	234 (36.7)	35.9	102.2
A/C접속	3,001 (59.0)	268 (47.9)	1,768 (50.6)	174 (47.3)	3,676 (50.5)	271 (42.3)	3,434 (48.0)	162 (42.2)	5,093 (47.9)*	96 (15.1)	14.1	108.8
A/C정비	388 (7.6)	42 (7.5)	327 (9.4)	28 (7.6)	416 (5.7)	37 (5.8)	449 (6.3)	21 (0.5)	553 (5.2)	42 (6.6)	9.3	0
여객처리 및 승무원관련	140 (2.8)	1 (0)	88 (2.5)	0 (0)	148 (2.0)	2 (0.3)	158 (2.2)	2 (0.5)	190 (1.8)	1 (0.2)	7.9	0
복합원인	6 (0.1)	1 (0)	9 (0.3)	2 (0)	6 (0)	0 (0)	8 (0.1)	0 (0)	36 (0.3)	0 (0)	56.5	-1
기타	1,444 (28.4)	234 (41.8)	1,257 (36.0)	156 (42.4)	2,630 (36.1)	256 (39.9)	2,872 (40.1)	159 (41.4)	4,389 (41.3)	264 (41.4)	36.6	3.1
계	5,089 (100)	560 (100)	3,496 (100)	368 (100)	7,278 (100)	641 (100)	7,157 (100)	384 (100)	10,637 (100)	637 (100)	20.2	3.3

주1 : 정기 국제선 여객기 기준임.
주2 : *는 지연 및 결항에 대한 각 요인들의 비중임.
자료 : 인천국제공항공사 경영관리팀(2013. 7.) 자료를 토대로 분석함.

제2절 국내 취항 항공사의 서비스 수준과 평가

항공업계의 발전을 위해서는 국제선에서의 서비스경쟁은 항공상품의 질적 향상을 위해 반드시 필요하다. 1986년부터 한국 취항 항공사들은 상용고객을 상대로 한 과잉경쟁 양상이 두드러지게 나타나고 있으며, 특히 국제선의 경우에는 신속한 수속과 서비스 향상, 기발한 특혜 대우 등의 다양한 형태로 서비스 경쟁을 하고 있다.[2]

1. 승객 서비스 수준

1) 대한항공

탑승실적에 따라 다양한 보너스 혜택을 제공하며 SKYPASS라는 상용고객우대제를 실시하여 부부 탑승거리합산, 보너스 마일리지를 제공하며, 모닝캄 클럽(Morning Calm Club) 및 밀리언 마일러 클럽(Million Miler Club)회원에게는 전용탑승수속 카운터 이용, 생일축하선물 서비스, 보너스 항공권 서비스, 출국수속 서비스 등의 혜택을 제공하고 있다. 또한 편리하고 즐거운 항공여행을 위하여 Airshow를 통한 비행정보 안내, 기내도서관, 기내취미서비스(바둑 및 Chess 무료 대여), 개인용 위성전화기 설치, 여성전용화장실, 침대형 좌석(sleeper seat)을 장착한 프리미엄 일등석 등을 운영하고 있다.

최근 대한항공은 최상위 승객을 겨냥하여 국제선 1등석(코쿤; 누에고치형 시트)과 비즈니스석의 환경을 업그레이드하고, 2010년 '하늘 위의 호텔'로 불리는 A380 5대를 도입할 뿐 아니라 2009년 B787을 도입하는 등 순차적으로 40대의 차세대 항공기를 도입할 계획이다. 현재 대한항공이 제공하고 있는 서비스 내용을 부문별로 정리하면 〈표 2-9〉와 같다.

---

2) 윤대순, 『항공업무론』, 제2개정판, 백산출판사, 1993, p. 59.

표 2-9 대한항공의 서비스 현황

부문별	서비스 내용
예약 및 발권	인터넷 예약, 자동음성정보, 24시간 예약, 지역별 전화예약, FAX 예약, 사전좌석배정, 항공권 발권 카운터, 항공권 타 지역 송부, e-티켓, 분실항공권, 항공권 환불
공항	탑승수속(연결탑승수속), KAL 라운지, 도심공항 터미널, Kiosk Express Check-In, 수하물 추적조회, 수하물 배송현황조회, KAL 유실물센터
기내	기내오락, 기내면세품 판매, 클래스별 서비스, 기내식 서비스(특별)
특수고객	UM, 임산부, 한가족, 유아동반, 불편고객, 애완동물
기타	KAL 리무진, 독일 무료 리무진, OK 캐쉬백, 호주 사전 전자비자 발급, SMS 서비스

자료 : 대한항공 서비스자료(2013), http://kr.koreanair.com

2) 싱가포르항공

전통의상을 입은 '싱가포르 걸'로 유명한 스튜어디스들의 친절한 기내 서비스, 최신 항공기의 투입 등으로 각종 국제적 평가에서 세계수준의 항공사임을 자랑하고 있으며, PPS(Priority Passenger Service)란 상용고객 회원 서비스제도를 실시하여 대기리스트에서의 우선권 제공, 좌석보장, Silver Kris 라운지 이용, 50%의 추가 수하물 허용 등의 다양한 지상서비스와 면세점, 레스토랑, 기내쇼핑에서의 혜택, 승용차렌트, 호텔이용 혜택의 특권을 부여하고 있다. 또한 상용고객회원/비회원에게 마일리지를 가산할 수 있는 상용고객 마일리지 특별서비스, 또한 기내전화, 팩스(Fax)설치, 뉴스와 영화, 종합 엔터테인먼트 서비스 등 여러 가지 기내 서비스를 제공하고 있다.[3]

3) 노스웨스트항공

최초로 태평양횡단 노선을 개설한 노스웨스트항공은 최근 KLM 항공과 업무제휴 및 서비스 통합협정에 따라 세계 3위의 항공노선망을 구축하고 공동제휴상품인 월드비즈니스 클래스로 마케팅 전략을 펼치고 있다.[4]

---

3) "동양의 미소, 싱가포르 에어라인," 투어라인, 1996. 3, pp. 48-49.

4) "국내 첫 항공사로서 초기의 국내 항공수송전담," 『월간 항공』, 통권 61호, 1994. 6, p. 90.

또한 월드비즈니스 클래스의 도입으로 한국인 승객을 위한 기내식도 대폭 개선되어 한식의 경우, 완전한 고급 한국상을 제공하고 있으며, 'World Perks'라는 상용고객 우대제도로 각종 혜택을 부여하고 있다. 특히, 서울과 전 세계를 연결하는 시스템이 구축되어 있고, 한국인 승객을 위한 서비스정책으로 한국인 기내 통역원과 승무원을 배치하고 한국어와 영어가 동시에 녹음된 기내영화를 상영하고 있다.

4) 유나이티드항공

'하늘은 우리의 친구'라는 슬로건 아래 고객들을 위해 보다 혁신적이고 편리한 서비스 개발에 노력하여 전 세계에 걸쳐 완벽한 항공노선을 구축한 최고의 항공사임을 자부하는 유나이티드항공은 서비스혁신을 이루고 있다.

항공 이용승객에게 편의를 제공하는 차원에서 기내에 최초로 자체 조리실을 갖추고 있으며, 해당 언어의 국기를 달고 있는 여승무원을 배치하여 승객들에게 자국의 언어로 서비스하며, 또한 30여 개국의 주요 공항에서는 비즈니스맨을 위한 팩시밀리, 복사기 등 사무기기를 제공하고 있으며, 마일리지 플러스(Mileage Plus)라는 상용고객 우대프로그램을 실시하고 비즈니스 클래스의 격을 한 차원 끌어올린 카너서 클래스(connoisseur class)를 운영하고 있다.[5]

이와 같이 국내취항 항공사 간의 경쟁이 치열해지면서 각 항공사들은 항공권 판매뿐만 아니라 노선 홍보 목적 차원에서 직접 여행상품을 개발하여 항공사 패키지 상품을 마련하고 있다.

2. 항공사의 서비스 평가순위

영국의 권위 있는 항공산업리서치 기관인 스카이트랙스(Skytrax)가 2010~2013년에 걸쳐 발표한 세계 항공사 서비스 평가순위는 〈표 2-10〉과 같다. 〈표 2-10〉에 의하면 항공사의 서비스만족도를 기내승무원, 공항, 항공사, 기내식, 기내오락, 항

---

5) "민간항공산업의 원조 유나이티드 항공사," 『월간 항공』, 통권 75호, 1995. 8, pp. 90~92.

공사라운지 등 6개의 서비스부문에서 종합평가한 서비스 순위를 10위까지 제시하고 있다.

2010~2013년 동안 카타르항공은 항공승객을 유치하기 위하여 최고의 서비스를 제공함으로써 서비스 면에서 2회나 세계 최우수 항공사로 선정되었으며, 아시아나, 싱가포르항공 등과 함께 4년 연속 3위권을 유지하고 있다. 2013년의 경우, 세계 10대 항공사 중 국내 취항 항공사로는 에미레이트, 카타르, 싱가포르, 전일본, 아시아나, 캐세이패시픽, 에티하드, 가루다, 터키항공 순으로 총 9개의 항공사가 포함되어 있다. 특기할 사항은 아랍에미리트 국적의 에미레이트항공, 에티하드항공, 카타르, 터키 등 중동권 항공사들의 상위권 진입이 매우 돋보인다는 것이다. 특히 국적기인 아시아나항공은 연속 2~5위를 기록함으로써 서비스 면에서 세계 10대 항공사로 인정받고 있으며, 반면, 대한항공은 16~17위 수준에 머무르고 있다.

표 2-10 세계 주요 항공사의 서비스 평가순위현황

구분 순위	2010년	2011년	2012년	2013년
1	Asiana	Qatar	Qatar	Emirates*
2	Singapore	Singapore	Asiana	Qatar*
3	Qatar	Asiana	Singapore	Singapore*
4	Cathay Pacific	Cathay Pacific	Cathay Pacific	ANA All Nippon*
5	New Zealand	Thai	ANA All Nippon	Asiana*
6	Etihad	Etihad	Etihad	Cathay Pacific*
7	Qantas	New Zealand	Turkish	Etihad*
8	Emirates	Qantas	Emirates	Garuda*
9	Thai*	Turkish	Thai	Turkish*
10	Malaysia	Emirates	Malaysia*	Qantas

주1 : *는 2013년 현재 국내 취항 항공사.
주2 : 대한항공의 순위는 2012년 16위, 2013년 17위를 달성함.
자료 : Skytrax(2010. 7.~2013. 7.).

　　이와 같이 국적 항공사의 서비스수준은 향상되고 있지만, 지역 내의 경쟁항공사인 싱가포르항공 등의 서비스수준과 비교해 볼 때, 다소 격차를 보이고 있는 것도 사실이다. 따라서 항공운송업계 발전방안의 일환인 항공사 서비스 개선은 항공상품의 질적 향상을 위해 절대적으로 필요하다. 따라서 2013년 7월 현재, 국내 취항 항공사 총 77개 중에서 9개의 항공사가 세계 10대 항공사로 평가받고 있기 때문에 이들 항공사 간의 서비스 경쟁은 더욱 치열해질 것으로 예상된다.

제3절 가격 및 할인제도

1. 한·일 노선

　　국토교통부 자료에 의하면 서울을 출발하는 국제선은 총 437개 노선을 30개국 88개 항공사가 운항하고 있는데, 〈표 2-11〉에서와 같이 동일노선에서 여러 항공사가 치열한 경쟁을 벌이고 있다.

　　여러 경합노선 중에서도 국적기가 운항하는 노선 중에 한·일노선, 서울 → 도쿄 간의 가격 및 할인제도를 비교하고자 한다.

　　항공규제 완화 이래로 항공운임은 자유화, 민영화, 흡수합병 및 자동화 등으로 인한 생산성 향상으로 감소하는 추세에 있으며, 특히 IATA항공사 간의 과다경쟁과 NON-IATA항공사와의 경쟁으로 인하여 IATA가 규정한 항공운임은 실제로 잘 지켜지지 않는 실정이다.

　　각 항공사의 운임표(fare table)에 의하면 〈표 2-12〉에서와 같이 서울·도쿄 간 한·일노선에서 5개의 항공사가 운항하여 경쟁을 벌이고 있다.

　　항공운임은 일반적으로 시즌, 신분, 단체규모, 여행조건 등에 따라 차이가 있지만, 서울·도쿄 구간의 경우는 대한항공, 아시아나항공, 일본항공, 전일본공수 그 다음이 유나이티드항공, 노스웨스트항공 순으로 가격이 형성되어 있다.

표 2-11 **국내 취항 항공사의 경합노선**

노선별	항공사명
서울 → 동경	대한항공, 아시아나, 전일본, 델타, 이스타, 일본, 유나이티드, 에어아시아재팬
서울 → 오사카	대한항공, 아시아나, 이스타, 제주, 전일본, 피치
서울 → 북경	대한항공, 아시아나, 중국국제, 중국남방
서울 → 푸동	대한항공, 아시아나, 중국동방, 상하이, 중국남방
서울 → 청도	대한항공, 아시아나, 제주, 중국국제, 산동, 중국동방
서울 → 샌프란시스코	대한항공, 아시아나, 싱가포르, 유나이티드
서울 → 호놀룰루	대한항공, 아시아나, 하와이언, 유나이티드, 델타
서울 → 로스앤젤레스	대한항공, 아시아나, 타이, 유나이티드
서울 → 홍콩	대한항공, 아시아나, 캐세이패시픽, 타이
서울 → 방콕	대한항공, 아시아나, 이스타, 제주, 진에어, 티웨이, 타이, 피시, 비즈니스에어, 유항공, 블라디보스토크
서울 → 푸켓	대한항공, 아시아나, 이스타, 타이, 비즈니스에어
서울 → 마닐라	대한항공, 아시아나, 세부퍼시픽, 필리핀
서울 → 세부	대한항공, 아시아나, 제주, 진에어, 필리핀, 세부퍼시픽, 제스트
서울 → 대북	대한항공, 아시아나, 중화, 캐세이패시픽, 에바, 타이
서울 → 코타키나발루	대한항공, 아시아나, 이스타, 진에어, 말레이시아
서울 → 씨엠립	대한항공, 아시아나, 이스타, 스카이윙스아시아, 톤렌삽, 티웨이

주1 : 2012년 12월 현재 기준.
주2 : 동일노선에서 4개 이상 항공사가 경합하는 29개 노선 중 주요 노선을 정리함.
자료 : 한국공항공사(2013).

2. 기타 경합노선

현재 서울 → 뉴욕 간의 미주노선을 비롯한 기타 경합노선에 참여하고 있는 우리나라에 취항 중인 국내외의 항공사들은 타 항공사와의 경쟁력을 감안하고 공급좌석을 효율적으로 운영하기 위해 여행시기, 도중체류 여부, 항공권 유효기간 등에 다양한 제한사항을 부여하고 저렴한 가격을 제시함으로써 승객유치에 안간힘을 다하고 있다.

표 2-12 서울(ICN) → 동경(NRT) 간 항공운임 및 할인제도

(단위 : 천 원)

항공사명	운임기준 (FARE BASIS)	가격(판매가)			예약등급 BOOKING CLASS	비고
대한항공 Korean Air	시즌구분	LOW	SHLR	HIGH		유효기간: '07.4.1~ '08.3.31
	YOW	NO – DISC	NO – DISC	NO – DISC		
	YRT	NO – DISC	NO – DISC	NO – DISC		
	MPX	NO – DISC	NO – DISC	NO – DISC		
	GV10 주5	430/*450	NO – DISC	NO – DISC		
아시아나 항공 Asiana Airlines	시즌구분	7.1~7.19	7.20~8.24	8.25~8.31	9.1~10.31	B	유효기간: '07.7.~10.
	Y–OW	320	340	330	320		
	YRT	570	620	590	570	B	
	YPX14	500	540	520	500	M	
	YPX07/APO	450	520	480	430	H	
	YGV	420/*440	NO – DC	440*460	400*440	G & T	오전 출발
일본항공 Japan Airlines	시즌구분	7.1~7.20	7.21~8.15	9.1~9.30		유효기간: '07.7.1~9.30
	C/OW/RT	10% D/C			C/J	
	Y/RT 주6	510	530	490~510	B	
	YSD25 주4	NO D/C			B	
전일본공수 All Nippon Airways	시즌구분	8.25~12.19			M	'07.8.25~12.19
	Y–ow	260				
	Y/RT	500				
	YPX14	370~420			H, W	
유나이티드 항공 United Airlines	F–OW 주1	NO D/C			F	유효기간: '07.6.23~9.07
	F–RT	NO D/C			F	
	C–OW 주2	NO D/C			C	
	C–RT 주3	NO D/C			C	
	Y–OW	NO D?C			Y	
	SLGV	Nego			S	

주1 : F – OW, First class one way(일등석 편도요금).
주2 : C – OW, Prestige class one way(이등석 편도요금).
주3 : Y – OW, Economy class one way(보통석 편도요금).
주4 : SD, 할인운임의 종류로서 SD(Student Fare)는 학생할인운임으로 거주지에서 유학 목적으로 학교가 소재되어 있는 목적지까지 여행하는 경우임.
주5 : GV, Inclusive Tour Group(포괄단체 운임).
주6 : Y–RT, Economy Class Round Trip(보통석 왕복요금).
자료 : 각 항공사 영업부 발행 FARE TABLE에 의해 정리함.

표 2-13 노선별 항공운임현황 (단위 : 천 원)

구분	취항 항공사별 운임										
	OZ	KE	JL	CA	TG	CX	DL	UA	LH	AF	KL
인천 → 나리타	340	500	480	–	–	–	–	–	–	–	–
인천 → 북경	340	480	–	430	–	–	–	–	–	–	–
인천 → 홍콩	450	610	–	–	673	630	–	–	–	–	–
인천 → 뉴욕	1,800	1,800	–	–	–	–	1,370	1,927	–	–	–
인천 → 로스앤젤레스	1,500	1,500	–	–	–	–	1,064	1,562	–	–	–
인천 → 파리	1,450	1,450	–	–	–	–	–	–	950	1,200	1,050

주 : 2013년 6월 현재 취항 중인 대형항공사의 운임임(유효기간 1년).
자료 : 탑항공(2013. 7), 국제선 항공 운항스케줄을 토대로 정리함.

2013년 6월 현재 노선별 항공운임현황은 〈표 2-13〉과 같다. 〈표 2-13〉에 의하면 국적 대형항공사는 인천 → 뉴욕, 인천 → 로스앤젤레스, 인천 → 파리 등 미주 및 구주지역의 노선에서 국내 취항 외국 항공사들에 비해 전반적으로 가격수준이 높게 형성되어 있으므로 가격경쟁에서 뒤지고 있다. 이는 국적 항공사들의 탄력적인 가격전략 및 정책에 대한 대책마련이 필요하다는 것을 시사하고 있다.

Airline Service

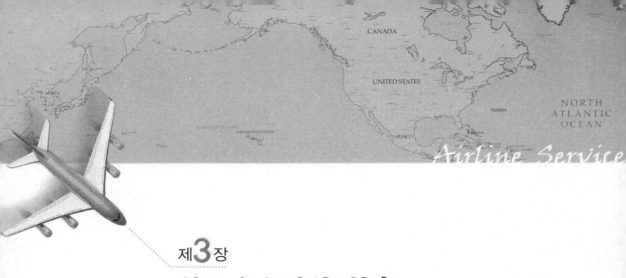

제**3**장

항공운송업의 향후 전망과 과제

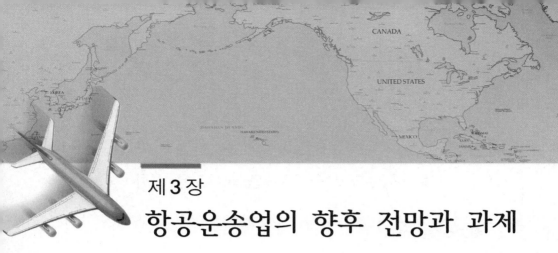

제3장
항공운송업의 향후 전망과 과제

항공은 1930년 라이트 형제의 최초 비행에서부터 국제 여객운송의 최고 위치에 도달하기까지 1세기도 채 걸리지 않았다. 교통의 역사를 보아도 항공만큼 단기간에 급속히 발전한 교통수단은 전례가 없다.

항공운송업의 미래가 장차 어떻게 전개될 것인가는 항공업계를 둘러싸고 있는 환경의 경쟁적인 요소로 인하여 매우 불확실하다. 그럼에도 불구하고 교통수단으로서의 항공의 위치는 크게 변화가 없을 것으로 전망되고 있다.

국경 없는 세계화(globalization) 추세로 인하여 국제화, 정보화, 소프트화, 서비스화, 고령화, 도시화 등의 흐름이 지속된다면 항공운송업도 이러한 변화에 부합하는 서비스를 개발하여 제공해야 할 것이다.

20세기 후반은 대량 고속운송이 항공업의 목표였다. 그러나 21세기에는 항공승객의 '원하는 바(needs and wants)'가 다양화·고도화됨에 따라 항공이 제공하는 서비스는 변화하지 않을 수 없다.

향후 항공운송업은 항공운송량의 증가, 항공운송의 형태, 교통수단에서의 확고한 위치 등 다방면에서 한층 더 발전할 것이므로 이에 따른 제반 제약조건을 어떻게 극복할 것인가가 중요한 관건이 될 것이다.

제1절 세계 항공수요와 항공운송업의 새로운 변화

1. 항공수요의 예측

ICAO(국제민간항공기구)가 2007년 6월에 발표한 항공수요에 대한 중장기예측 전망은 〈표 3-1〉과 같다.

표 3-1 세계 항공수요의 추이 및 예측

구분		수송실적/예측			평균성장률(%)	
		1985년	2005년	2025년	'85~'05	'05~'25
국내선+국제선	여객킬로(십억)	1,366	3,720	9,180	5.1	4.6
	화물톤킬로(백만)	39,813	142,579	510,000	6.6	6.6
	여객 수(백만)	896	2,022	4,500	4.2	4.1
	화물톤(천)	13,742	37,660	145,000	5.2	5.5
	운항킬로(백만)	–	30,845	69,040	–	4.1
	항공기운항(천)	–	25,904	50,450	–	3.6
국제선	여객킬로(십억)	589	2,197	6,225	6.8	5.3
	화물톤킬로(백만)	29,384	118,482	452,120	7.2	6.9
	여객 수(백만)	194	704	1,950	6.7	5.2
	화물톤(천)	5,884	22,630	110,000	7.0	6.5

주 : 국제선 정기항공의 수치임.
자료 : ICAO Journal(2007).

ICAO에 의하면 세계 항공운송의 총여객 수는 연평균 증가율이 1985~2005년 4.2%, 2005~2025년 4.1%씩 증가하여 2025년에는 45억 명이 될 것으로 전망하고 있다. 또한 화물은 2005년을 기점으로 연평균 5.5%씩 증가하여 1억 4,500만 톤을 수송할 것이며, 항공기운항은 연 3.6%씩 증가하여 5,045만 회가 운항될 것으로 예상하고 있다.

한편, 국제정기항공의 경우 국제여객은 연평균 5.2%씩 증가하여 2025년에는 19

억 5천만 명이 될 것이며, 국제화물은 연평균 6.5%씩 증가하여 1억 1천만 톤이 될 것으로 기대하고 있다. 이 밖에도 Airline survey, IATA, Airbus, Boeing 등 세계의 권위 있는 기관들이 발표한 세계 국제여객수요 전망은 〈표 3-2〉와 같다. 이러한 예측의 결과를 유추해 보면 세계의 항공운송은 지속적인 항공수요의 성장세에 힘입어 21세기 역시 항공의 시대는 변함없이 계속될 것이다.

표 3-2 기관별 세계 국제여객수요 전망

기관	단위	예측기간	연평균 성장률(%)
Airline survey	여객 수	2012~2016	5.3
IATA	여객 수	2012~2016	5.3
	여객킬로	2012~2030	4.8
IACO	여객킬로	2005~2025	4.6
Airbus	여객킬로	2012~2031	4.7
Boeing	여객킬로	2012~2031	5.0

자료 : IATA(2013), WATS(World Air Transport Statistics).

2. 항공운송업의 새로운 변화

1) 경쟁격화와 경영전략

21세기에는 국내외적으로 항공사들의 경쟁격화는 피할 수 없다. 1970년대의 규제완화 이후, 항공자유화로 인하여 경쟁은 더욱 심화되고 있기 때문에 항공사가 경쟁에서 생존할 수 있는 경영전략이 요구되고 있다.

첫째, 항공사 간의 제휴가 진행됨과 동시에 메가 항공사가 출현하고, 한편에서는 소규모 항공사가 출현하는 등 복잡한 양상을 띠게 될 것이다.

둘째, 항공기의 운항도 정기편을 중심으로 대형기 운항에서 탈피하여 빈도를 증대하는 중·소형기 운항형태의 전환이 요구될 것이다.

셋째, 전세편을 운항하는 등 다양한 운항형태가 요망되고 있다.

넷째, 운항형태뿐만 아니라 호텔과 교통수단 예약 등 총체적인 서비스 향상, 서비스질의 전환을 필요로 할 것이다. 특히 국내항공은 저운임의 외국 항공사와의 경쟁에 대비하여 노사관계 개선, 경영다각화 등을 모색해야 할 것이다.

아시아 지역의 저가항공사 현황은 〈표 3-3〉과 같으며 우리나라도 2013년 7월 현재 제주항공, 진에어, 에어부산, 이스타항공, 티웨이항공, 에어인천 등 6개의 저가항공사들이 취항하고 있다.

표 3-3 아시아 국가의 저가항공사 현황

국가	항공사명
말레이시아	Air Asia(AK)*, Air Asia X(D7), Firefly(FY), Malindo Air(OD)
버마	Golden Myanmar Airlines(Y5)
베트남	Jetstar Pacific(BL), VietJet Air(VJ), Air Mekong(P8)
싱가포르	Jetstar Asia(3K), Tiger Airways(TR)*, Scoot(TZ)
스리랑카	Mihin Lanka(MJ)
인도	GoAir(G8)*, IndiGo(6E)*, SpiceJet(SG)*, JetLite(S2)*
인도네시아	Malindo Air(OD), Citilink(IA), Indonesia AirAsia(QZ)*, Lion Air(JT)*
일본	AirAsia Japan(JW), Jetstar Japan(GK), Peach(MM), Skymark*
중국	Spring Airlines(9C)*
태국	Nok Air(DD)*, Orient Thai Airlines(OX), Thai AirAsia(FD)*
필리핀	Air Asia Philippines(PQ), Cebu Pacipic(5J)*, PAL Express(2P), South East Asian Airlines(DG), Zest Airways(Z2)
한국	Air Busan(BX), Eastar Jet(ZE), Jeju Air(7C), Jin Air(LJ), t'way(TW)

주 : *는 승객 수 실적에서 세계 40대 저가항공사에 포함된 항공사임.
자료 : Airline Business(2013. 6.)를 토대로 정리함.

2) 글로벌화의 급진전

1980년대에 출현한 항공사의 제휴는 장차 더욱 본격화될 것이다. 제휴는 자본제휴와 공동운항 2가지 형태가 있는데, 자본제휴는 국가의 개념을 초월하고 있으며, 공동운항도 글로벌화의 진전과 더불어 일반화되고 있다. 최근 세계항공사 간의 글로벌 제휴는 oneworld, Skyteam 및 Star Alliance 등이 있으며, 참여 항공사가 달성한 운송 및 영업실적을 구체적으로 정리하면 〈표 3-4〉와 같다.

표 3-4 세계 항공사의 글로벌 제휴현황 (단위 : 백만 명, 백만km, 백만 달러, %)

제휴명	주요 항공사명	여객 수	유상여객 킬로미터	수입	순이익
oneworld	Berlin, American, British, Cathay Pacific, Finnair, Iberia, Japan, LAN, Royal, S7, Qantas	339 (12.5)	786,180 (15.1)	106,550 (16.0)	1,902
Skyteam	Aeroflot, Aeromexico, China, France-KLM, Alitalia, Delta, Korean, Vietnam, Xiamen, France, China Eastern	514 (19.5)	1,019,117 (19.5)	137,083 (20.6)	1,635
Star Alliance	Adria, Canada, New Zealand, All Nippon, Asiana, Austrian, Lufthansa, Scandinavian, Singapore, Swiss, Thai, United, US, New Zealand	597 (22.0)	1,304,787 (25.0)	201,790 (30.3)	2,044

주1 : 2011년 기준이며, 이외에도 Skyteam Cargo, WoW Alliance, AirUnion 제휴 등이 있음.
주2 : ( )은 각 항목별 시장점유율임.
주3 : 2012년 여객킬로미터의 경우는 oneworld, Skyworld, Star Alliance가 565백만km(16.4%), 649백만km(18.8%), 935백만 km(27.1%)를 달성함으로써 전체 항공시장 3,448백만km의 62.3%를 차지함.
자료 : Airlines Business(2012. 9.); IATA(2013), WATS(World Air Transport Statistics)를 토대로 정리함.

글로벌화의 급진전은 CRS(Computer Reservation System)의 예약기능뿐만 아니라 항공권의 발권, 각종 서비스의 수배, 사내 경영관리 등 다양한 기능을 갖추고 있다. 아메리칸항공은 세이버(SABRE), 유나이티드항공은 아폴로(Apollo)를 개발하여 전 세계로 네트워크를 더욱 확대하고 있다.

영국항공 등을 중심으로 한 갈릴레오(Galileo), 또한 프랑스항공의 아마데우스(Amadeus) 등장으로 인해 CRS는 한층 확충되었고, 항공사의 글로벌화에 중추적인 역할을 하고 있다. 그리고 이에 대응하고 있는 국적 항공사의 전략적 제휴현황은 〈표 3-5〉와 같다.

표 3-5 국적 항공사의 전략적 제휴현황

항공사	제휴 항공사/ 제휴내용
대한항공 (Korean Air)	• Delta(스카이팀/마일리지 프로그램 공유/코드셰어링) • France(스카이팀/코드셰어링/마일리지프로그램/화물운송제휴) • Aeromexico(스카이팀) • Canada(코드셰어링/좌석할당) • China(revenue pool : 수입공유협정) • Alitalia(스카이팀/화물 코드셰어링/공간할당) • Asiana(사이버 여행업 협력 체결) • China Eastern(여객 코드셰어링) • China Northern(revenue pool 협정) • Garuda Indonesia(코드셰어링) • Malaysia(여객코드셰어링) • Vietnam(코드셰어링/좌석교환) • CSA Czech(스카이팀) • MIAT Mongolian(상업협정)
아시아나항공 (Asiana Airlines)	• China(코드셰어링/좌석상호교환) • Japan(코드셰어링) • India(코드셰어링/좌석할당) • American(코드셰어링/좌석할당) • All Nippon(코드셰어링/상용고객우대제도) • China Eastern(여객코드셰어링) • China Southern(화물코드셰어링) • Korean(사이버 여행업협력 체결) • Qantas(코드셰어링) • Singapore(코드셰어링) • Turkish(코드셰어링) • Uzbekistan(코드셰어링/좌석할당)

주 : 스카이팀 제휴는 대한항공, Delta, France, Aeromexico가 체결한 Global Alliance로서 마일리지프로그램 공유,
컴퓨터예약시스템 공동구축, 시설 및 인력의 공동활용, 승무원 교환탑승, 지상조업, 운항, 정비 등의 제반분야에서
포괄적인 협력을 의미한다.

3) 과점화와 다립화

미래의 국제항공은 극히 소수의 메가 항공사(mega carrier)에 의해 지배될 확률은 매우 클 것이다. 이러한 과점화 현상은 미국의 규제철폐 이후 심화되고 있으며 장차 더욱 가속화될 것이다. 더욱이 21세기에는 과점화와 다립화가 병행해서 진행될 것이다. 예를 들면 중·단거리 국제선을 운항하는 항공사, 국내에서 블록(block)지역을 운항하는 항공사, 전세운항에 주력하는 항공사 등이 활발한 영업활

동을 전개할 것으로 예상된다. 이와 같이 항공수요의 지속적인 성장, 항공운송형태 및 항공사의 새로운 변화 등을 미루어볼 때 교통체계 및 수단 중에서 21세기 항공의 위치는 더욱 공고해질 것이다.

제2절 국내 항공운송업의 변화와 전망

1. 국내 항공운송업의 발전추이와 전망

우리나라의 민항이 1948년에 시작된 이래, 6·25전쟁, 정치적 격변, 국적 항공사의 영세성 등으로 인하여 1960년대 말까지는 그 발전이 극히 미미하였다. 그러나 노스웨스트항공, 일본항공, 캐세이패시픽항공 등에 의해 주로 이루어졌던 국제선 항공운송은 60년대 말 이후 민영 대한항공의 활발한 노선취항, 경제성장에 따른 국민소득 향상, 그리고 개방적 성장전략에 따른 내외국인 여행증가 등의 영향에 힘입어 우리나라 국제선 항공운송업은 비약적인 발전을 거듭했다.

특히 한국공항공사에 의하면 2012년 현재, 국적기가 수송한 국제여객 수는 약 4,770만 3,000명에 이르고 있다. 그리고 인천국제공항의 여객처리실적은 2012년 현재 약 3,915만 4,000명으로 ACI 가입 공항 중에서 29위를 차지하였다. 1967년 약 22만 명에 불과했던 국제선 승객은 1970년대 2차례의 유류파동과 국내의 정치적 격변에도 불구하고 꾸준히 성장하였다.

그러한 성장이면에는 1986년 아시안게임, 1988년 서울올림픽, 1989년 해외여행 전면 자유화, 1990년 중동의 걸프전, 국내의 경기침체, 노사분규 및 운송업의 국제경쟁력 상실, 2000년대 저비용 항공사의 신규 취항증가, 한류열풍(K-POP 등), 미국발 금융위기 등이 국내항공수요의 증감에 직·간접적인 영향을 미친 중요한 요소이기도 하다.

표 3-6 한국 항공운송의 실적 추이와 예측　　　　　　　　　　(단위 : 천 톤, 천 명, %)

연도 및 연평균 증가 구분	1990	2000	2006	2010	2015	2020	2025	'90~ '00	'00~ '06	'06~ '10	'10~ '15	'15~ '20	'20~ '25
여 객	9,626	19,452	32,707	41,124	52,726	67,665	86,123	13.9	10.9	4.7	5.1	5.1	4.9
화 물	777	1,949	2,854	4,236	5,625	7,475	9,922	20.2	7.9	8.2	5.8	5.9	5.8

주1 : 부정기를 포함한 국제선의 출입국 통계.
주2 : 화물은 여행자 수하물 및 우편물을 포함하고, 통과여객 및 통과화물은 불포함.
주3 : 여객 및 화물의 예측치는 저성장/중성장/고성장을 평균한 수치임.
자료 : 교통통계 연보(1990~2000); 건설교통부(2005. 12.). 공항개발 중장기 종합계획을 토대로 분석함.

　　우리나라 항공수요에 대한 추이와 예측을 살펴보면 〈표 3-6〉과 같다. 국제선여객의 경우 2006~2010년 동안 연평균 4.7%씩 증가할 것으로 예측하였다. 그리고 2020~2025년까지 연평균 4.9%씩 성장하여 2025년에는 8,612만 3,000명에 달할 것으로 전망하였다. 이를 통하여 볼 때, 우리나라 항공수요시장의 안정적 증가추세는 동북아시장의 중심지로 급부상할 가능성이 매우 높다는 것을 시사하고 있다.

2. 국내 항공운송업의 변화와 대응전략

　　국내 항공업계는 내부적으로는 1980년대 후반부터 내국인 여행자유화 조치, '88 서울올림픽 개최로 인한 국제화시대의 개막, 소득수준의 향상 및 여가시간의 증대 등으로 인하여 매년 항공여행이 급증하고 있다. 한편으로는 제2민항인 아시아나항공의 출현으로 양대 민항이 노선경쟁을 하는 극심한 대립양상을 보이고 있다. 그리고 외부적으로는 세계 각국들이 자국 내의 항공업에 대해 규제완화조치를 취하고 있고, 더구나 항공자유화를 추진함에 따라 항공사 간의 경쟁은 날로 심화되고 있는 가운데 항공사의 민영화, 세계화 및 초대형 항공사의 형성이 이루어지고 있다. 따라서 국내 항공업계는 최근 미국을 비롯한 외국 대형 및 저비용 항공사들이 대거 취항함으로써 경쟁이 심화되고 있으며, 엄청난 변화에 직면하고 있어서 이에 대한 효과적인 대응책 마련이 요망된다.

국내 항공업계도 규제완화의 일환으로 제2민항인 아시아나항공의 인가, 동남아 취항허용 및 취항지역 제한폐지로 규제완화가 확대 실시되고 있다. 전술한 바와 같이 최근 제주항공, 진에어, 에어부산, 이스타항공, 티웨이항공, 에어인천 등 저비용 항공사들이 잇따라 운항하고 있다. 이들은 기존 항공사의 30~50%의 요금수준으로 여객을 모객하고 2년 후에 '한·중 항공자유화협정'에 따라 개방되는 중국 국제선 노선에도 진출하고 있다. 따라서 국내항공사는 장차 국내외적으로 치열한 경쟁에 대비하고 효율성 제고를 위해 더욱 노력해야 할 것이다.

세계 항공시장 개방 압력에 따른 항공시장의 자유화로 시장기반이 좁은 국적 항공사는 초대형 항공사에 밀려 시장점유율이 낮아질 것이므로 자유경쟁시대에 대비하여 국제경쟁력을 한층 더 강화할 필요가 있다.

이를 위해 항공시장의 규모 확대는 물론 세계 대형 항공사와의 제휴 및 연합체제를 구축하고 내부효율성 제고를 위해 자기혁신을 위한 방안을 강구하는 등 대비책을 마련해야 할 것이다. 또한 2000년대의 세계 항공운송업계는 국제경쟁력을 갖춘 항공사의 경영전략을 보다 우선시하는 시대가 될 것이므로 국적 항공사들은 마케팅능력 제고를 위해 상호 간의 협조체제를 구축함으로써 격심한 경쟁에 대처해야 할 것이다.

제3절 한국 항공운송업의 문제점 및 개선방안

1. 국내 항공운송업의 문제점

전술한 바와 같이 최근 세계의 항공운송업계는 엄청난 변화를 겪고 있다. 자국 내의 항공운송업에 대한 규제완화와 항공자유화의 확산, 경쟁력 배양을 목적으로 한 복수항공사체제, 국영항공사의 민영화 추세 및 항공사의 세계화, 다국적 대형 항공사 형성 등의 현상이 나타나고 있다. 이러한 급격한 변화 속에서도 국내 항공운송업은 지난 15여 년간 연 10%를 상회하는 항공수요의 급증을 가져왔고, 향후 국민소득의 증대, 여행의 자유화, 여가시간 증대 등의 영향으로 인해 항공수요의 증가는 계속될 것으로 전망된다.

그러나 우리나라 민간항공운송업이 처해 있는 문제점은 첫째, 우리나라의 항공 운송업은 민간항공과 관련된 정부행정의 열악성, 저변인구 및 전문인력의 부족, 시설의 빈약, 민간자본 형성 미흡 등의 조건으로 균형적 발전을 이룩하지 못하고 있다. 이에 따라 급성장을 거듭할수록 각 부문에서는 문제를 야기할 수 있는 구조적인 취약성을 나타내고 있다.[1]

둘째, 개방과 경쟁의 압력이 더욱 심화될 것에 대비하여 국제적으로 외국과의 불평등한 항공협정을 시급히 개정해야 할 것이다.[2]

셋째, 1990년대의 한·일 노선을 시작으로 국제선에 아시아나항공이 참여함으로써 대한항공과의 국제선 분야에 협력적인 관계정립이 시급한 실정이다.

넷째, 미국의 각국 시장에 대한 개방 압력에 따라 미국과 체결한 자유주의적 양자협정(Liberal Open-Skies Bilaterals)의 영향, 신규 항공사의 진입, 기존 항공사의 공급과잉, IATA의 역할 약화 등으로 협정운임의 대폭할인이 크게 성행하여 미국이 한국, 일본 등과 체결한 불평등 항공협정으로 인해 미국 항공사들의 취항이 증가하였다. 이로 인하여 북태평양 노선뿐만 아니라 국적 항공사끼리의 가격경쟁도 더욱 심화되고 있다.

다섯째, 항공사들의 운영실적 면에서는 미국의 아메리칸, 델타항공, 유럽의 브리티시항공, 그리고 아시아의 싱가포르, 캐세이패시픽항공 등과 같은 항공사는 마케팅지향적인 경영활동으로 비교적 괄목할 만한 성공을 거두었다는 점이다.

예약, 발권, 공항, 기내서비스 등 여러 부문이 서로 관련된 항공상품은 서비스가 전부라 해도 과언이 아닐 정도로 서비스와 밀접한 관계가 있다. 따라서 상품의 질

---

1) 한영규, "한국 민간항공의 현재와 미래," 제1회 국제항공운송세미나, 1994. 10, pp. 124-125.
2) 이영혁, "세계민항계의 최근 동향과 우리나라 복수민항체제의 발전방향," 『대한교통학회지』, 제9권 2호, 1991, p. 58.

은 항공사의 수익에 중대한 영향을 미칠 뿐만 아니라 중요한 경쟁의 수단이 될 수 있다. 국적기의 복수체제, 외국 및 저비용 항공사들의 취항으로 항공사 서비스에 관한 관심이 고조되는 이 시점에서 항공사에 대한 고객의 평가는 항공사 간의 경쟁에 있어서 주요 핵심이 될 것으로 보인다.

이와 같은 국내운송업의 문제점들에 대한 해결책은 국내 항공운송업의 구조적인 취약성에서 탈피하여, 외국과의 불평등한 항공협정의 개정 및 국적사끼리의 협조체제 등에 대한 정부의 적극적인 지원이 우선시되어야 할 것이다. 또한 국적 항공사들은 자유경쟁시대에 국제경쟁력을 강화하기 위해서 효율성 및 마케팅능력을 제고해야 한다. 뿐만 아니라 항공사 성공요인으로 가장 중요하게 여기는 마케팅지향적인 서비스전략이 절실히 필요하다.

승객이 만족할 만한 양질의 서비스를 제공하기 위해서 다변화하는 항공승객 시장의 욕구를 파악하여야 한다. 그리고 항공서비스 상품을 개발하고 양질의 승객서비스를 실현함으로써 규제완화의 결과로 나타난 현상들에 대해 능동적인 대처가 절실히 필요하다.

2. 항공사 및 공항서비스 개선방안

공항은 항공사가 최고의 경쟁력을 갖추는 데 기여하고, 그 기능과 역할에 있어서 상호 긴밀하게 연계화된 총체적인 서비스분야이다. 그러므로 항공사와 공항이 연계화되어 총체적 서비스가 제공될 때만이 승객의 높은 만족수준을 충족시켜 줄 수 있는 것이다.

미 교통부는 항공여객을 위한 항공사와 공항의 모범적인 실행방안(best practices for improving the air travel experience)을 제시하였다. 일례로 O'Hare공항의 여객지원프로그램의 운영을 들 수 있는데, Spring/Summer Initiate는 미 교통부, 연방항공청, 국가기상대, 항공사들이 협력하여 제시한 것으로 모든 관계자로부터 공통된 정보데이터베이스와 기상예보자료를 제공받고, 새로운 계획 및 운영절차, 주요 공항의 항공교통상태에 관하여 실시간 정보를 제공할 수 있는 여객을 위한 웹사이트 개발 등을 주된 내용으로 하고 있다.

한편, 노스웨스트항공과 유나이티드항공은 휴대용 체크인서비스를 도입하고 있다. 휴대용 체크인서비스란 항공사 직원이 바코드 인식기, 터치스크린, 탑승권인쇄기 등이 부착된 체크인 기기로 공항의 어느 위치에서든 여객의 재예약, 체크인, 발권, 수하물 탁송 등의 여러 서비스를 실시하고 있다. US Airways는 자동전화서비스로 비행편의 지연이나 취소가 발생할 때 미리 녹음된 내용을 전송할 수 있어 시간당 2,250건의 고객전화를 처리하고 있다.

이와 같이 선진항공사들은 공항과 연계된 종합서비스를 제공함으로써 유수의 항공사로 평가받고 있으며, 이러한 항공사들은 서비스가 양호하다고 평가받는 공항을 중추공항으로 가급적 선정하고자 할 것이다. 따라서 국적항공업계와 공항이 일체가 되어 높은 수준의 서비스를 제공함으로써 치열한 경쟁이 예상되는 영공자유화에 대비해야 한다.

이러한 맥락에서 국제항공승객에 대한 항공사 및 공항의 서비스 개선방안은 다음과 같다.

표 3-7 항공사 및 공항서비스의 개선방안

구분	서비스부문	문제점	개선방안
항공사 서비스	예약 및 발권	• 신속 및 정확성 • 항공운임 및 할인서비스	• 특정시간대의 수요에 대비한 예약전화회선의 증설 • 항공권 구매 시 편리한 장소에서 구매할 수 있는 자동첨단장치의 도입 • 경쟁노선에서의 탄력적인 가격차별화
	운송	• 탑승수속 및 좌석배정	• 탑승수속 카운터에서의 줄서기 • 객실내부의 좌석 수 줄이기 • 승객의 다양한 취향을 고려한 기내오락의 제공 • 객실내부의 구조개선(업무공간, 취침공간, 가족공간 등)
	객실	• 기내식 • 객실승무원의 태도 • 기내용품 및 오락물 • 좌석공간	• 기내식의 맛과 질 향상 • 메뉴전환주기의 단축 • 객실승무원의 서비스향상을 위한 프로그램 개발
공항 서비스	출입국 일반제도 및 절차	• 출입국직원의 친절성	• 정기적 여객서비스만족조사 • 종사원 서비스교육, 구내업체서비스평가실시
		• 출입국절차의 간소화	• 청사의 층별 기능의 세분화 • 구내도로의 층별 연결 • 청사와 연결된 주차빌딩설치 등 신속한 출입국 수속시스템 운영
	공항시설	• 공항청사 시설에 대한 불만해소	• 하차장에 컨베이어벨트를 이용한 간이 수속대 설치 • 청사 내외의 각종 시설물 안내를 위한 공공안내시스템 의 간단명료화 • 여객 처리기능뿐만 아니라 문화 및 휴식공간으로서의 복합기능

Airline Service

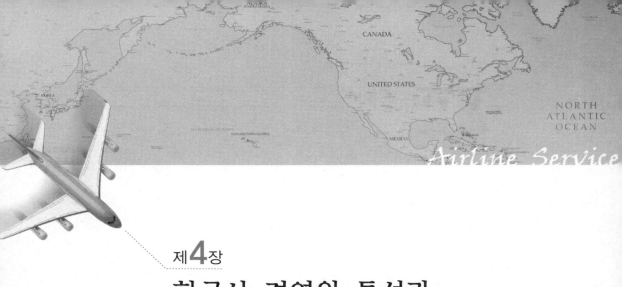

제**4**장

항공사 경영의 특성과
혁신전략

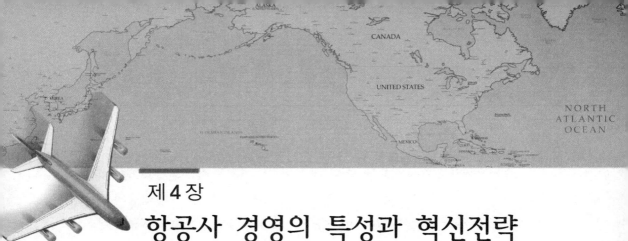

제4장
항공사 경영의 특성과 혁신전략

제1절 항공운송사업의 개요

1. 항공운송의 가치

교통수단으로서의 항공운송의 최대의 가치는 거리적 공간극복이라 할 수 있다. 이 거리적 공간극복에는 시간과 비용이 필요하다. 소요시간에 의해 표시되는 능률은 교통능률, 비용은 경제능률로 표시되는데, 일반적으로 교통능률과 경제능률은 반비례한다. 그러나 운송수단 자체의 소요시간, 비용에 의해서만 승객이 이용하는 선택기준이 결정되는 것은 아니다.

예를 들면, 항공관제와 공항의 기술적인 제약으로 인하여 실제적으로 이용이 곤란하거나 불가능해질 수도 있다. 또한 도심과 비행장 간의 지상교통에 상대적으로 많은 시간이 소요될 경우에는 다른 교통수단을 이용하는 편이 오히려 시간을 절약하는 경우도 있다.

왜냐하면 여행자는 출발지에서 목적지(door to door)까지의 총소요시간과 비용에 따라 이용할 교통수단을 선택하는 것이 일반적이다. 또한 운송객체에 따라 이용할 수 있는 교통수단이 달라질 수 있다.

교통비용을 고려하면 운송수단에 대한 이용범위는 제한된다. 여객 및 화물의 수송에 있어서 신속성이 요구되거나 매우 귀중한 가치를 지닌 화물이나 여객에 대해서는 고액의 항공운임을 기꺼이 부담할 용의가 있기 때문에 항공운송의 이용가치는 매우 높다고 할 수 있다. 이와는 반대로 식량과 같은 대량의 화물은 항공으로 운반하기에는 현실적으로 어렵다.

목적지까지 소요되는 경제적·교통적 능률에 따라 이용하는 운송수단이 달라지고 각 운송수단의 부단한 기술적인 발전과 사회적·경제적인 필요성에 따라서도 이용되는 운송수단이 달라질 수 있다. 따라서 오늘날 항공운송은 항공운임의 인하와 소득수준의 향상에 따라 이용이 급증하고 있으며, 항공운송의 일반화는 인간에게 현대생활의 신속화를 촉진시킨다. 이에 각국의 정부는 항공운송의 이용확대, 즉 대중화에 한층 더 박차를 가하고 있다.

2. 항공운송사업의 정의

「항공법」 제2조 제26호에 의하면 항공운송사업이란 "타인의 수요에 응하여 항공기를 사용하여 유상으로 여객 또는 화물을 운송하는 사업을 말한다"고 규정하고 있다.

현재 국내 항공운송사업은 정기항공운송사업, 부정기항공운송사업, 항공기사용사업, 항공기취급업, 상업서류송달업, 항공운송총대리점업, 도심공항터미널업으로 나눌 수 있다. 참고로, 국내외에서 최근 운항되고 있는 대표적인 정기운송사업용 항공기의 기종별 제원은 구체적으로 다음과 같다.

표 4-1 주요 항공기의 기종별 제원

기종	좌석 수 (개)	최대이륙중량 (톤)	전장 (m)	순항속도 (km/h)	항속거리 (km)	이륙활주길이 (m)	착륙활주길이 (m)
B747-400	359	388.73	70.7	916	16,066	3,155	2,067
B747-200B	366~452	377.8	70.7	907	11,338	3,170	2,238
B767-300	260	184.6	54.94	854	9,352	2,697	1,823
B737-800	189	79	39.5	850	5,665	2,308	1,646
B777-300	376	299.7	73.86	905	18,508	3,347	1,824
A380-800	407	560	72.7	1,013	15,200	3,250	2,400
A300-600R	276	170.5	54.08	840	3,519	2,600	1,477
A330-300	290	217	63.7	883	10,500	2,697	1,859

자료 : 국토교통부 항공정책실 자료(2013).

B737-800

B777-300

3. 항공운송의 종류

항공운송의 형태는 크게 사업형태, 운송객체, 운송지역으로 분류할 수 있다.

1) 사업형태에 의한 분류

(1) 정기항공운송(Scheduled Airline)

정기항공운송은 노선(출발지와 목적지)과 일정한 운항일시를 미리 정하여 공표하고, 공표된 시간표에 따라 여객, 화물 및 우편물을 운송하는 사업이다(「항공법」 제2조 제27호). 일반적으로 항공운송이라 함은 정기항공운송을 지칭한다. 국내 항공여객 수송의 경우 정기운송의 비중이 압도적이며 전체 여객수송실적의 약 98.2%

를 차지하고 있으며 국제여객의 경우는 97.2%를 상회하고 있다.

국제민간항공기구 ICAO(International Civil Aviation Organization)의 정의에 의하면 "정기 국제항공운송은 2개국 이상을 비행하고, 모든 대중에게 개방되어 있으며 공표된 스케줄에 따라 연결운항할 때, 정기국제항공운송이다"라고 규정하고 있다.

정기항공은 여객의 유무나 다소를 막론하고 정해진 운항스케줄에 따라 운항해야 하며 발착시간이 정확해야 한다. 즉 엄격한 정시성이 요구되며, 항공사의 사정에 의해 임의로 운항을 중지하거나 휴업할 수 없으며 임의로 변경할 수 없다. 따라서 각국은 정기항공운송에 대해 공공적 성격을 중요시여겨 항공법 및 각종의 시행령을 제정하여 엄격히 규제하고 있다.

(2) 부정기항공운송(Non-Scheduled Airline, Charter)

부정기항공운송이라 함은 정기항공운송사업 외의 항공운송사업이며 노선 없이 일시를 정하여 운송수요에 응하여 운항하는 운송사업이다(「항공법」 제2조 제28호). 그러나 실제로 공공성을 띠고 있는 정기항공운송의 유지나 발전에 영향을 미치지 않도록 여러 규제를 받고 있다.

특히 국제선의 경우 정기편의 보호를 위하여 이용자격, 편수, 구간, 시간, 사용공항 등에 대하여 각국의 정부로부터 많은 규제를 받고 있다. 부정기항공은 특정구간을 불특정시에 운항하는 임시편(Extra)과 항공기 전체를 임차하여 운항하는 전세기(Charter) 등이 있다. 한편, 정기항공운송과 비교해 볼 때 좌석이용률이 80~90%로 매우 높고, 1인당 운임도 비교적 저렴한 편이며, 관광단체, 스포츠팀과 같은 특정조직에 의해 주로 이용된다.

2) 운송객체에 의한 분류

항공운송의 형태를 운송객체에 의해 분류하면 여객, 화물 및 항공우편운송으로 나눌 수 있다.

(1) 항공여객운송

항공여객운송은 항공운송의 객체에 따라 여객과 화물로 구분할 수 있다. 여객은 출발공항에서 목적지 공항까지를 운송원칙으로 하며, 탑승제한자를 제외한 불특정다수를 대상으로 하여 유상으로 운송한다.

(2) 항공화물운송

항공화물운송의 특성은 여객운송과 비교해 볼 때 편도수송, 반복수송, 야행성, 지상조업(ground handling)시설 등이 다른 점이라 할 수 있다. 운임 면에서 다른 교통수단에 비해 고율이기 때문에 부피가 작고, 고가인 상품, 전자용품, 의료용품, 의약품, 반도체, 신선도를 필요로 하는 활어, 생선, 꽃 등과 같은 화물운송에 주로 이용된다. 항공화물은 Door to Door의 운반을 원칙으로 하고 있기 때문에 항공사, 혼재업자(indirect air carrier/consolidator), 육상운송업자, 공항의 보세창고업자 등과의 협조와 제휴로 이루어지는 종합운송서비스이다.

(3) 항공우편운송

항공우편운송의 특징은 통신비밀의 준수, 우편물의 최우선적 운송, 정시성의 확보, 우편이용자와 항공사 간의 운송계약상의 의무관계 등이 있다.

3) 운송지역에 의한 분류

운송지역이 국내 또는 국제인지의 여부에 따라서도 국내항공운송과 국제항공운송으로 분류된다.

4. 국내 항공운송사업의 분류

우리나라의 「항공법」 제2조에 의하면 국내 항공운송사업은 다음과 같이 분류된다.

1) 정기항공운송사업

「항공법」 제2조 제27호에 의하면 정기항공운송사업이란 한 지점과 다른 지점 사이에 노선을 정하고 정기적으로 항공기를 운항하여 영업활동을 하는 사업이라 규정하고 있으며 현황은 〈표 4-2〉와 같다.

표 4-2 국내 정기항공사업체의 현황 (단위 : 개, 대, 억 원, 명)

구 분	최초 취항일	노선망		항공기 보유	자본금	종업원수			
		국내	국제			조종사	정비사	객실승무원	기타
대한항공	'69.3.1	13	112	120/28*	3,600	2,271	5,350	6,111	7,154
아시아나항공	'88.12.23	14	91	68/11*	9,755	1,366	1,192	3,604	3,614
제주항공	'06.6.5	3	16	12	1,100	148	143	289	217
진에어	'08.7.17	1	12	9	270	91	18	195	131
에어부산	'08.10.27	3	8	10	500	134	18	210	185
이스타항공	'09.1.7	4	4	8	278	95	83	162	175
티웨이항공	'05.8.31	1	3	5	207	64	45	94	172
에어인천	'13.3.5	–	2	1*	50	8	11	0	24

주 : 2013년 4월 현재 기준이며, *는 화물기 보유대수임.
자료 : 한국항공진흥협회(2013), 포켓 항공현황을 토대로 정리함.

2) 부정기항공운송사업

정기항공운송사업 이외의 항공운송사업이다.

3) 항공기사용사업

타인의 수요에 응하여 항공기를 사용하여 유상으로 여객 또는 화물운송을 제외한 업무를 수행하는 사업이다.

4) 항공기취급업

공항이나 비행장에서 항공기의 정비·급유·하역 기타 지상조업을 하는 사업이다.

5) 상업서류송달업

타인의 수요에 응하여 유상으로 「우편법」 제2조 제2항 단서의 규정에 해당하는 수출입 등에 관한 서류와 그에 부수되는 견본품을 항공기를 이용하여 송달하는 사업이다.

6) 항공운송총대리점업

항공운송사업을 경영하는 자를 위하여 유상으로 항공기에 의한 여객 또는 화물의 국제운송계약의 체결을 대리(여권 또는 사증을 받는 절차의 대행은 제외)하는 사업이다.

7) 도시공항터미널업

공항구역 외에서 항공여객, 항공화물의 운송 및 처리에 관한 편의를 제공하기 위하여 이에 필요한 시설을 설치하여 운영하는 사업이다.

제2절 항공사 경영의 특성

1. 항공운송사업의 특성

항공운송사업은 다른 교통수단과 비교할 때 다음과 같은 특성을 지니고 있다.

1) 안전성

안전성은 교통수단에 있어서 가장 중요하게 고려해야 할 요소이다. 안전성의 향상은 항공에 있어서는 지상명령이고 영원한 과제이다. 제트기의 등장 이래로, 항공기 운항, 정비기술, 기상, 통신기 및 항법시설 등의 급속한 발달에 따라 항공기의 안전성은 월등히 향상되었다. 그러나 항공운송사업은 일단 사고가 발생하면 대

참사가 되어 그 충격은 매우 크다. 어떠한 교통수단이라 할지라도 절대적으로 안전하다고는 할 수 없으며, 더구나 안전상의 기준규정을 항상 준수한다는 것은 매우 어려운 일이다. ICAO에 의하면 항공기의 사고추이는 〈표 4-3〉과 같다.

표 4-3 국내외 항공사의 항공기 사고추이 (단위 : 건, 명, %)

구 분	'02	'03	'04	'05	'06	'07	'08	'09	'10	'11	'12	연평균 증감률
사고율(세계)												
백만 비행당	4.1	4.4	3.5	4.1	3.8	4.0	4.5	4.0	4.0	4.11	–	0
항공사고(국내)												
조종 과실	1	3	2	4	5	1	3	5	1	1	–	0
정비불량	2	–	–	1	–	–	1	1	1	–	–	–
기타	1	2	1	–	–	1	–	1	3	6	5	17.5
계-발생건수	4	5	3	5	5	2	4	7	5	7	5	2.3
사망	2	2	2	2	–	–	2	6	1	10	1	-6.7

자료 : 한국항공진흥협회(2013), 포켓 항공현황; ICAO(2011), Annual Report of the Council을 토대로 정리 · 분석함.

항공기의 사고는 2006년 이전까지는 항공기 사고, 사망자 수, 1억 비행 킬로미터당 사망건수, 10만 비행시간당 사망건수 등 구체적인 항목으로 발표되었다. 그러나 현재는 세계 및 국내로 구분되어 단지 세계의 백만 비행당의 사고율, 국내의 사고를 발표되고 있다.

세계의 사고율은 2002~2012년 동안 백만 비행당 연평균 0%로서 거의 변화가 없는 것으로 나타났다. 한편, 국내의 항공사고는 조종 과실로 인한 증가는 0%이며, 기타 요인이 17.5%, 기타 2.3%씩의 증가를 보이고 있다. 이로 인해 국내의 사고 발생건수는 연평균 2.2%씩 증가하나, 사망자 수는 -6.7%씩 감소하는 추세이다.

이는 항공기가 적도상공을 비행하여 지구를 1,925회 비행한다고 가정할 때 1명 미만의 사망자가 발생하는 것과 동일하다. 따라서 항공운송의 안전성은 다른 교통수단에 비해 훨씬 안전하다는 것을 의미하지만, 세계의 각 항공사들은 안전성 확보를 경영활동에서 변함없이 최고의 중요시책으로 삼고 있다.

2) 고속성

제트항공시대인 오늘날은 구주 각 도시로 향하는 비행소요시간이 노선에 따라 다소 차이가 있긴 하지만, 거의 하루 여정이다. 사람들이 시간가치의 개념을 일반화하는 시점에서, 항공운송에서의 고속성의 가치는 전 세계의 주요 도시를 잇는 항공로가 거미줄처럼 얽혀 있기 때문에 더욱 중요시되고 있다.

3) 정시성

정시성은 항공사 서비스에서 가장 중요한 품질이므로 항공사는 공표된 시간표에 의거한다. 항공운송에서 정시성의 확보는 다른 교통수단에 비해 어려운 실정이다. 항공운송의 정시성에 영향을 미치는 요소로는 항공기 정비, 기상상태, 비행경로상의 풍속과 같은 기상조건, 출·발착지의 혼잡 등이 정시성의 저해요인이 된다.

4) 쾌적성

쾌적성의 향상을 위하여 각 항공사들은 경쟁적으로 자사 특유의 이미지와 특색을 나타내는 데 몰두하고 있다. 쾌적성의 요소로는 장·중·단거리비행을 막론하고 방음장치, 기압조절, 온도조절, 습도조절, 식음료, 볼거리, 좌석구조 등과 같은 객실 내의 시설, 기내 서비스, 비행 그 자체의 쾌적성 등을 들 수 있다.

〈표 4-4〉는 각 주요 항공사의 서비스등급별 좌석 수, 좌석배치, 좌석간격, 좌석 안락도, 폰부착, 비디오부착, 화장실 수, 승무원 수 면에서 객실의 구체적인 비교를 나타낸 표이다.

표 4-4 주요 항공사의 서비스등급별 객실 비교

Airline		AFR	ANZ	AAA	AAR	BAW	CPA	JAL	KAL	DLH	NWA	QFA	SIA	UAL
Seat no.	F	13	12	–	12	14	12	14	16	16	12	14	12	18
	B	56	56	36	60	55	56	30~76	58	50~99	–	65~79	58	84
	Y	319	324	385	306	177	313	353	310	216~322	338	315	316	270
	계	388	392	421	378	246	381	397~443	384	282~437	350	394~400	386	372
Layout	F	2-2	2-2	–	2-2	1-1	2-2	2-2	2-2	2-2	2-2	2-2	1-2-1	2-2
	B	2-3-2	2-3-2	2-2-2	2-2	2-3-2	2-3-2	2-3-2	2-2-2	2-3-2	–	2-3-2	2-3-2	2-3-2
	Y	3-4-3	3-4-3	3-4-3	3-4-3	3-4-3	3-4-3	3-4-3	3-4-3	3-4-3	3-4-3	3-4-3	3-4-3	3-4-3
Seat Pitch	F	82″	80″	–	83″	78″	79″	83″	61″	92″	80″	72″	78″	60″
	B	48″	50″	57″	50″	50″	50″	50″	50″	48.4″	–	50″	52″	48″
	Y	32″	34″	31/34″	34″	31″	32″	32″	34″	31/32″	31/32″	32″	32″	31″
Seat Recline	F	180°	27″	–	180°	180°	180°	180°	60°	180°	15″	180°	180°	16″
	B	127°	60°	60°	45°	50°	33°	48°	48°	125°	–	9″	11.38″	12″
	Y	118°	6″	25°	18°	6″	8″	32°	27°	23°	4.75″	6″	6″	5″
In-seat Phones	F	O	×	–	×	×	×	O	×	×	×	×	O	O
	B	O	×	O	O	×	×	O	O	×	–	×	O	O
	Y	×	×	O	×	×	×	×	×	×	×	×	O	O
In-seat Videos	F	O	O	–	×	O	O	O	×	O	O	O	O	O
	B	O	O	O	O	O	O	O	O	O	–	O	O	O
	Y	×	×	O	×	O	O	×	×	×	×	×	O	×
Toilets no.	F	2	2	–	2	2	2	2	2	1	1	2	2	2
	B	4	4	4	4	5	4/6	6/9	4	3	–	5/6	2	3
	Y	8	10	12	8	6	6	10	8	8	10	8	8	8
Crew no.	F	2	2	–	3	3	2	4	3	3	2	3	3	3
	B	4	4	5	5	5	6	–	4	6/7	–	–	3	4
	Y	8	8	15	10	8	7	8	9	7/8	9	8	8	7/8

주1 : 기종 B747-400을 기준으로 함.
주2 : 서비스등급은 퍼스트(F), 비즈니스(B), 이코노미(Y)로 구분함.
자료 : Business Traveller, 2005~2007을 토대로 재정리함.

프리미엄 일등석(침대형)

일등석

비즈니스석

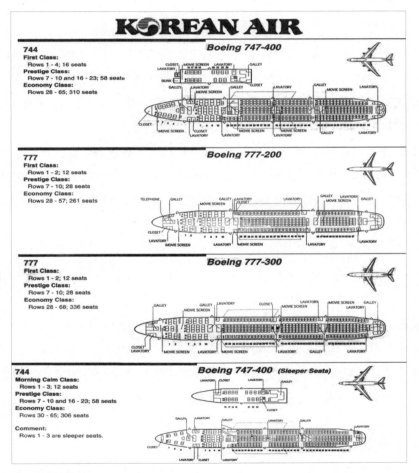

주 : 대한항공의 경우.

그림 4-1 항공기의 객실구조

5) 간이성

항공교통수단은 육상교통과 같이 도로나 궤도건설이 필요치 않아서 항로의 개설이 대체로 용이한 편이다. 항공수송은 양 지점에 적당한 공항이 있으면 전파에 의한 보안시설 외에 별도로 도로나 궤도건설을 할 필요 없이 자유로이 비행할 수 있다. 더욱이 항공로 건설은 전파통신시설로 이용가능하다.

6) 경제성

국제항공의 경우 시간절약의 이유로 항공의 경제적 가치는 매우 높다. 미주나 구주 쪽으로 여행한다고 가정할 때, 선박을 이용할 경우 1회 왕복하려면 30일 또는 60일 정도 소요되지만, 항공기를 이용한다면 30시간 정도 소요된다. 여행자의 시간가치가 교통수단을 선택하는 결정적인 요소가 된다.

예를 들어 서울-부산까지 출장을 간다고 가정할 때 자동차의 경우 1박 2일이 소요되며 항공기를 이용할 경우는 1일이면 충분히 가능할 것이다. 참고로 시간의 가치＝운임차/시간차＝항공운임 - 철도운임/철도소요시간 - 항공기 소요시간이다.

7) 서비스업

관광산업의 가장 대표적인 특성은 서비스업이다. 그중에서도 관광산업의 3대 근간이 되는 항공사는 서비스업의 표상이라고 할 수 있다.

항공상품은 물적인 요소와 인적인 요소가 결합되어 있다. 그중에서 80% 이상이 인적인 서비스에 의해 상품의 질이 좌우된다 해도 과언이 아닐 것이다. 서비스의 질이 항공사 성패의 관건이라는 것은 서비스로 승부를 걸고 있는 세계 유수의 항공사 중에서도 싱가포르, 스위스항공 등의 사례를 보면 잘 알 수 있다.

8) 공공성

항공사는 공공성을 띠고 있기 때문에 운송조건의 공시, 이용자 차별의 금지, 영업계속의 의무를 지니고 있다.

9) 자본집약성

항공기 도입과 같은 거대한 고정자본의 투하, 감가상각, 부품의 공급, 정비에 필요한 시설 등에 막대한 자본이 필요하다.

10) 국제성

영업활동, 항공기의 운항, 여객, 화물의 이동범위가 일국에 한하지 않고 다수의 국가와 관련되어 있다. 특히 우리나라의 지리적·정치적인 환경여건상 국외여행 시에 이용할 수 있는 교통수단 중에서 항공기가 차지하는 역할과 비중은 대단히 크다.

항공사는 이와 같은 경영상의 특성을 지니고 있으며, 부정적인 측면에서 볼 때, 항공사 간의 경쟁에 따른 자금부담이 크며, 사고 발생 시에 대형화로 인한 손실이 막대하다. 또한 정치적·경제적 및 사회적 환경에 매우 민감한 점을 경영상의 애로사항으로 들 수 있다.

2. 항공운송상품의 특성

1) 소멸성

항공운송상품은 생산과 소비가 동시에 발생하기 때문에 재고상품이 없다. 예를 들어 2013년 5월 12일 KE : 081편 ICN/NYC의 출발시간(departure time)이 오전 11시라고 할 때, 해당 항공편의 2A 좌석은 만약 예약된 승객이 없다든가, 예약한 승객이 탑승하지 않는다면(no show) 당일의 해당 좌석은 상품으로서의 가치가 소멸된다. 따라서 다음날 5월 13일 KE : 081편 오전 11시 2A 좌석이라는 새로운 상품이 생산된다.

2) 불량품에 대한 대체성의 결여

항공사 서비스(상품의 품질)에 대한 불량판단의 시기는 여행목적지에 도착한 후

상품을 평가할 수 있기 때문에, 설령 불만이 있다 하더라도 항공여행 도중에 여행을 중단 및 포기한다는 것은 매우 어려운 일이다.

3) 공급탄력성의 결여

항공기는 주문제작에 의한 생산체제이므로 적어도 1년 이상이 소요된다. 따라서 항공수송 수요가 일시적으로 급증하여 항공승객 수가 단기간에 증가한다 할지라도 공급량 즉 항공기수의 증대 및 항공편수를 단기간에 증편한다는 것은 매우 어려운 실정이다.

4) 소유권 이전의 불가

항공승객이 항공권을 구입한다는 것은 항공기 좌석에 일정시간 점유권만 부여받는 것이며 실제로 소유권이전은 이루어지지 않는다.

5) 자유경쟁

일반 상품과 같은 수출입절차, 관세는 부과하지 않으며 항공사 간의 자유로운 경쟁을 수행할 수 있다.

6) 상품구성의 복합성

상품의 구성은 교통의 기본적 본질인 운송이라는 고정적 상품과 예약, 발권, 탑승수속, 기내서비스와 같은 일련의 절차로 결합된 유동적 상품으로 구성되어 있다. 그러므로 항공상품이 지니고 있는 고유의 특성상 항공사 상품의 품질에 대한 평가는 주로 유동적 상품의 구성요소에 의해 이루어진다.

7) 상품차별화의 미흡

항공사는 대부분 동일기종, 동일운임에 의해 운항되기 때문에 항공사마다의 차별화된 개성의 연출은 매우 어렵다. 그러나 유동적 상품요소인 기내서비스, 탑승

수속 절차의 간소화, 운항시간의 정시성, 예약·발권 서비스 등에서 항공운송상품
의 비교우위를 가늠할 수 있다.

8) 계절성

항공수요는 대체로 일정 계절에 편중되어 있는 편이다. 계절편중은 성수기와 비
성수기로 나눌 수 있으며, 이에 따라 각 항공사들은 항공운임도 성수기, 특별성수
기, 비수기로 나누어 판매하고 있다.

제3절 항공사의 경영전략

1. 선진항공사의 경영혁신 전략

1) 중간 매개체 제거(Removing Intermediaries)

항공권 판매 및 유통에 관련된 비용은 항공사 총수입의 20~25% 이상이 소요된
다. 2000년대는 항공사의 절반 이상이 여행대리점에 의존하지 않고 소비자인 항공
여객에게 직접적으로 판매하는 인터넷을 더 활용할 것이다. 최근 젊은 중산층세대
들은 인터넷 판매를 선호하고 있지만, 그 밖의 고객층은 거부반응을 일으키고 있
다. 그러나 항공권의 직접 구매를 선호하는 경향이 증가하고 있다.

2) 고객관리(Customer Management)

고객을 세분화하지 않고 개별고객 한 명을 하나의 잠재고객으로 간주한다. 따라
서 그에 따른 하위과정으로는 첫째, 과거의 여행경력을 수집하고 둘째, 그 고객을
계속 항공사의 고객으로 붙잡을 수 있는 상품과 프로그램을 개발한다. 셋째, 고객
에게 적합한 상품프로그램을 개발하고 유통채널을 마련한다. 또한 비상용 고객우
대제도(infrequent flyer program)를 개발하여 평생고객으로 전환한다. 이는 단

한 명의 고객도 중요시하는 고객관리전략이라 여겨진다.

3) 상품개선(Product Advancement)

항공사 상품의 질은 항공사의 노선망, 운항스케줄, 항공기의 기종, 좌석의 형태, 안락함, 기내서비스, 지상서비스, 신속성(체크인, 탑승, 수하물 처리) 등의 요인으로 결정된다고 해도 과언이 아니다.

더욱이 승객은 연결 운항(connecting flight)보다 직항편(nonstop flight)을 더 선호하고, 연계연결(interline connection)보다 온라인 연결(on-line connection)을 더 선호하는 경향이 농후하다. 선진항공사들은 이러한 요인들을 고려하여 상품 차별화전략을 수립하는데, 항공사의 상품개선 전략은 구체적으로 다음과 같다.

(1) 코드셰어링(Code Sharing)을 통한 노선망의 확장

코드셰어링, 즉 공동운항이란 자사의 고유 지명부호를 다른 항공사의 운항서비스와 같이 마치 자사처럼 마케팅하는 것으로, 동일 노선에 취항하는 타 항공사끼리 서로 간에 항공편 좌석을 공동 사용하는 것이다. 부연하면, 업무 제휴형태를 취함으로써 실질적으로 운항편수를 증편시키는 효과를 얻을 수 있다.

(2) 기타 부가적인 서비스 개선

도착지 공항에서 샤워시설, 리무진버스, 기내에서의 전화, 팩스서비스, 기내오락기구, 쇼핑시설을 제공함으로써 타 항공사와의 차별화전략을 채택하고 있다.

4) 아웃소싱(Outsourcing)

아웃소싱이란 기업의 여러 기능 중에서 핵심 부문이 아닌 업무 또는 전문성이 부족한 일부 업무를 외부 용역업체에 맡기는 것이며, 외부화를 의미한다. 이는 비용을 감축하여 기업의 역량을 최대화하려는 일종의 경영혁신운동이다. 항공사에서의 극단적인 예로는 항공여행 상품기획, 브랜드를 개발하고 현금흐름까지도 외부 용역에 맡기는 가상적인 항공사(virtual airlines)도 있음직하다.

아웃소싱의 가장 성공적인 항공사로는 영국항공(British Airways), 캐세이패시픽(Cathay Pacific), 싱가포르항공(Singapore Airlines) 등을 들 수 있다.

2. 21세기의 바람직한 항공사 경영

항공사의 성공은 경영자의 능력과 역할에 따라 많은 성패가 좌우된다고 해도 지나치지 않다. 21세기의 새로운 항공사의 경영이 무엇인지를 입증해 주는 대표적인 실례로 델타항공, 스위스항공, 뉴질랜드항공 등을 들 수 있다. 이들 항공사들은 지역별로 독특한 문화적 배경을 가지고는 있으나, 경영자의 능력과 역할의 공통점은 세계시장을 겨냥하는 마케팅 전략, 경영우선정책, 경영자의 방침이다.

1) 세계시장을 향한 마케팅 전략(A Global Marketing for Airline Talent)

과거 항공사의 주요 경영자는 항공사업상 다른 산업과 비교하여 특화되었다고 간주함으로써 자체인원을 대체적으로 활용해 왔다. 그러나 최근 공격적 경영을 하는 항공사는 지역과 국적을 초월하여 세계적 관점에서 경영인을 발굴·채용하고 있다. 그리고 경영자의 혁신적 조직관리, 가격 및 수입관리, 기술적 운용의 능력을 요구하고 있다.

따라서 외부로부터 경영인을 채용·선택함으로써 영입인력의 체계화가 이루어지고 있다.

2) 경영우선정책(Business First-Airplanes Second)

자율경쟁체제에서 항공사들은 신규노선, 항공기 도입계획 확대 등의 경영전략을 흔히 채택하고 있다. 그러나 이러한 경영전략이 항공사의 규모나 상황에 적합하지 않다면 항공사의 이익을 저해하는 경우가 발생하기 때문에 지속적인 장점이 된다고는 할 수 없다. 이러한 점을 감안해 볼 때 노선 적정성 여부의 검토, 전략적 제휴를 통하여 최대의 효과를 창출하려는 경영전략이 바람직하다.

3) 경영자의 방침(Leaders Rule)

항공사의 조직은 규모가 크면 클수록 방대하고 복잡하게 구성되어 있다. 그러므로 최고경영자와 직원이 주인의식을 갖고, 최고경영자의 부재 시에도 노사가 원활하게 운용되도록 해야 한다. 환언하면, 노사 간의 화합을 위하여 폭넓은 시각으로 운영하는 것이 바람직하다.

21세기의 항공사의 경영인은 이와 같은 3가지의 요소를 모두 충족할 때만이 항공사의 기본적인 목표를 달성할 수 있을 것이며, 비용절감으로 합리적인 이익을 창출할 뿐 아니라 항공승객들에게 최대한의 만족을 안겨줄 수 있을 것이다.

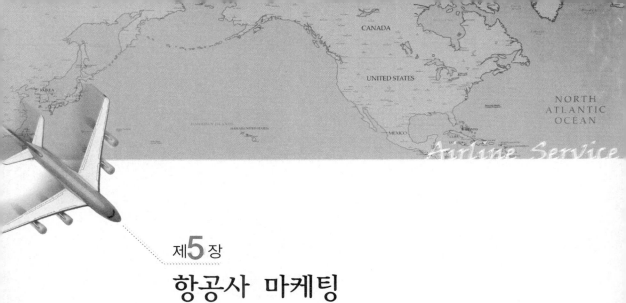

제5장

항공사 마케팅

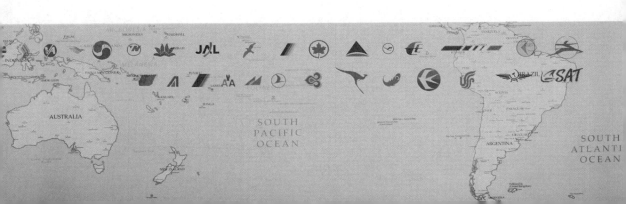

항공사 마케팅

제1절 항공사 마케팅의 개념적 체계

1978년 규제완화 이후, 급변하는 상황하에서 세계의 항공사 간에는 명백한 우열이 나타나고 있다. 그렇다면 이들 항공사 간의 차이점은 무엇일까? 물론 많은 요소들이 있겠지만, 성공적인 항공사는 고객의 '원하는 바'와 특성을 확인하는 데 막대한 자원을 아끼지 않고, 고객의 욕구충족에 최선을 다하는 마케팅지향적 항공사라는 점이다.

1. 마케팅의 정의

마케팅 발전을 도모하고자 1937년 설립된 미국 마케팅협회(American Marketing Association : AMA정의위원회)의 정의에 의하면 마케팅이란 "제품과 서비스를 소비자 또는 사용자에게 흐르도록 하는 기업활동의 수행"이라고 정의하였다. 또한 1984년 P. Koter는 "교환과정(exchange)을 통하여 욕구와 필요를 충족시키려는 인간활동이다"라고 정의하였다.

또한 1985년의 AMA의 정의에 의하면 "개인과 조직의 목표를 충족시킬 마케팅의 기본적 목표인 교환을 야기하기 위하여 아이디어 및 제품(product), 서비스의 개념화와 가격결정(price), 촉진(promotion), 유통(place)을 계획하고 수행하는 과정이다"라고 정의하고 있다. 따라서 항공사 마케팅은 항공사가 승객의 '원하는 바(need and want)'를 충족시키고 궁극적으로는 회사의 목표를 달성하기 위하여 승객에게 제공하는 총체적인 서비스 활동이라고 정의할 수 있다.

2. 마케팅 개념의 발달

1) 생산지향성이 지배적인 시대

생산지향성이 지배적인 시대란 산업혁명부터 1930년 대공황이 시작될 무렵의 시대로 항공사의 공급능력이 항공수요에 미치지 못하여 항공승객은 서비스의 질에 상관없이 항공운송 그 자체로도 만족해야만 했던, 만들면 팔리던 시대이다.

그러므로 전후의 항공사서비스는 항공상품의 여러 특성, 즉 안전성, 정시성, 쾌적성 등 모든 면에서 불완전하였고, 더구나 고객중심의 개념은 생각조차 할 수 없던 시기이기도 했다.

2) 판매지향성이 지배적인 시대

1930년 이후 여행객들은 자동차나 철도 등 다른 교통수단보다 항공기를 이용한 여행이 더 신속하고 안락하다고 인식하게 되었다. 그로 인하여 1960년대 말까지 항공시장의 여행수요는 항공사의 공급능력을 초과하였다.

이를 해결하기 위한 방책으로 항공사들은 대형항공기를 투입시킴으로써 항공기의 좌석은 공급과잉을 초래하게 되었다. 따라서 이 시대는 만든 항공상품을 팔려고 애쓰던 시대로 각 항공사들의 강력한 판매노력이 필요한 시대였다.

3) 고객지향성이 지배적인 시대

1970년대 항공사는 항공사 마케팅에 지대한 영향을 미친 환경의 변화에 직면하게 되었다. 즉, 대형기의 도입, 연료 및 노동력의 비용상승, 스태그플레이션

(stagflation), 그리고 규제완화 등 항공사를 둘러싼 내외적인 환경의 변화로 인하여 마케팅의 중요성은 더욱 강조되었다.

항공사들은 이러한 변화의 대처방안으로 할인요금, 특별할인요금, 항로제한, 노선수정 및 다양한 스케줄의 운항 등을 활용함으로써 마케팅 혁신에 착수하였다.

이와 같이 세계의 항공운송시장은 스스로 팔릴 수 있는 상품을 생각해야 하는 시대적 환경 및 요구에 직면하게 되었다. 한국도 70년대의 경제적 성장과 발전에 힘입어 동북아시아시대의 중심국가로 부각됨에 따라 외국의 항공사들이 대거 국내로 취항하게 되었다.

그 결과, 한국에 취항하는 각 항공사들의 좌석판매활동은 더욱 치열하게 되었다.

4) 사회적 책임의 지향성이 지배적인 시대

항공사가 영업활동에서 기업의 궁극적 목표인 이윤추구와 더불어 장기적인 차원에서 사회복지를 고려해야만 하는 시대라고 할 수 있다.

3. 소비자지향적 마케팅 개념

1970년대부터 대형 항공사의 등장으로 인한 항공좌석의 초과공급은 항공사의 마케팅 개념을 소비자 지향적으로 전환시켰다.

제2차 세계대전 이후의 항공운송업은 고도의 성장으로 성숙단계에 진입하게 되었다. 이러한 과정에서 항공사 간의 경쟁은 치열하게 되었고, 항공사의 전반적인 이미지가 승객의 선택을 좌우하게 되었다.

따라서 항공사들은 생존과 발전을 위하여 상품을 고안하여 승객의 변화하는 욕구를 충족시키기 위해 최상의 방안을 모색하고 있다. 이러한 방안의 일환으로 유능한 마케터는 승객의 욕구와 관련하여 자사 및 경쟁사의 항공서비스를 평가하는 과정을 거쳐 승객의 '원하는 바'에 적합한 서비스를 개발하는 것이다.

그리하여 항공사는, 항공승객은 누구인가? 왜 탑승하는가? 소득은 얼마인가?

그들이 무엇을 원하는가? 좌석등급은? 가족사항은? 미혼인가? 승객들이 읽는 신문은 무엇인가? 선호하는 여행계절은? 여행목적은? 등등 이러한 사항들을 알아내는 노력을 꾸준히 하고 있다.

제2절 항공사의 마케팅 환경과 전략 수립

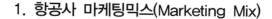

1. 항공사 마케팅믹스(Marketing Mix)

마케팅믹스는 "고객만족을 창출함으로써 조직의 목표를 합리적으로 달성하기 위하여 기업 자체가 구사할 수 있는 통제 가능한 변수들의 독특한 결합이다(H. Borden)"라고 정의할 수 있다. 또한 여러 마케팅 수단이 최적으로 결합 내지 통합되어 있는 상태라고 할 수 있다.

이러한 맥락에서 항공사 마케팅믹스는 항공사가 특정시점에 사용할 수 있는 통제 가능한 변수로서 4P로 표시되는 내부환경요인이며 상품, 가격, 판매촉진, 유통경로 등이 다음의 내용에 포함된다.

1) 항공사의 상품(Airline Product)

노선망, 운항스케줄, 기종, 좌석의 형태, 명성 및 이미지, 안락함, 기내서비스, 탑승수속절차의 신속성 등

2) 항공상품의 가격(Airline Product Price)

정상운임, 촉진운임, 할인운임, 계절운임, 특별운임 등

3) 항공사의 판촉활동(Airline Sales Promotion)

매체활동 및 광고(신문, TV, 라디오), 무료티켓 제공, 스포츠문화행사 초대, DM

발송, FAM Tour초대, 진열광고(항공사 로고 등), 행사후원 등

4) 항공권의 유통경로(Airline Place)

여행사, 전화예약, 타 항공사, 항공권 자동판매기, 인터넷(항공사 웹사이트, 여행사 웹사이트, 온라인대리점, 연합항공사 웹사이트, 경매사이트 등)

이와 같은 4가지 변수는 항공사 자체의 능력, 즉 인적 자원과 물적 자원으로 통제할 수 있는 요소이다. 양질의 항공서비스를 추구하려는 항공사의 경영활동에서 제품, 가격, 판촉, 유통경로의 4P는 더욱 강조되고 있다. 따라서 항공사의 마케팅 활동에서는 어느 특정요소를 사용할 것인가가 중요한 것이 아니고, 마케팅적 의사 결정 시 어느 요소에 더욱 역점을 두느냐가 경영활동의 성패를 가늠하는 관건이 된다.

2. 항공사의 마케팅 환경

항공사는 마케팅 활동에서 의사결정 시에 외부환경, 즉 항공사 자체의 힘으로 통제할 수 없는 환경에 항상 직면하게 된다. 예를 들면 사회·문화적·정치적·경제적 환경 등의 외부 환경요인으로부터 직·간접적으로 영향을 받게 되는데 이는 다음과 같이 구분할 수 있다.

1) 사회·문화적 환경

항공승객 및 잠재승객은 인종, 민족, 국가, 개인에 따라 다종다양하기 때문에 전통, 문화, 풍습, 가치관 등에는 엄청난 차이가 있을 것이다.

2) 정치 및 법적 환경

남북관계, 핵문제, 항공협정 등과 같은 국내외의 환경은 항공사의 마케팅 목표에 직접적인 영향을 미친다. 예를 들면 규제요건의 강화, 운항횟수의 과다로 인하

여 일정 공항의 이·착륙이 제한받게 된다든지 또는 양국 간의 불합리한 항공협정
이 체결될 경우에는 마케팅계획에 큰 차질을 빚게 될 것이다.

3) 경제적 환경

1인당 소득수준, 석유값, 환율, 교역량 등은 주요한 환경요소가 될 것이다. 예
를 들면 IMF 관리체제, 미국발 금융위기에 따른 경기침체로 인해 항공편의 이용
률은 저조해질 확률이 높기 때문에 항공사는 경제적인 변동에 매우 민감할 수밖
에 없다.

4) 항공사 간의 경쟁적 환경

직항노선, 연결노선, 경합노선에서 경쟁사의 전략, 운임, 운항횟수, 초대형 항
공사의 출현 이외에도 고속철, 크루즈 등과 같은 타 교통수단과의 경쟁적인 환경
도 항공사 마케팅 전략 수립에 막대한 영향을 미칠 것이다.

3. 항공사 마케팅 전략 수립

1) 항공사 마케팅 전략의 필요성

전술한 바와 같이 1978년 미국 민간항공국에 의한 항공규제완화법(The Airline
Deregulation Act)[1]이 발표된 이후 세계 항공운송업계는 항공자유화의 확산과 민
영화 그리고 항공사의 세계화 및 초대형 항공사 그룹이 형성되는 등 급변하는 양상
을 보이고 있다.

이러한 추세변화는 대내외적으로 항공사 간의 경쟁을 심화시켜 각 항공사들로
하여금 고객유치를 위한 가격경쟁을 부추기는 데 한몫을 했다. 뿐만 아니라 다른

---

1) 항공규제완화법(The Airline Deregulation Act) : 1987년 10월 미국 민간항공국(Civil Aeronautic
Board)이 발표한 항공운송에 대한 규제를 획기적으로 완화한 입법조치. 주요 내용은 미 연방항공
국 해체, 새로운 노선진입(route entry) 규제 해제, 기존 노선 탈피(route exit)의 자유, 서비스 규
정 폐지, 항공운임 책정의 자유화 등이다.

마케팅 요소에도 관심을 불러일으켜 경쟁 항공사와의 차별화[2]를 시도하게 하는 새로운 시장전략의 수립을 요구하고 있다.

한편, 국내 항공운송시장도 세계화·국제화시대의 개막과 함께 해외여행 자유화조치, 국민소득 및 여가시간의 증대, 메가 이벤트 개최 등으로 2012년 말 현재, 국내 출입국 항공승객 수요는 약 2,361만 명으로 우리나라 총 출입국 승객 중 90.8%에 해당되며, 전년도 약 1,920만 명에 비하여 11.7%로 급증하고 있다.[3]

여기에 대응하고 있는 국내 항공업계는 대한항공에 이어 제2민항 아시아나항공사의 출현, 저비용 항공사의 진출, 항공운송시장의 개방에 따라 외국항공사의 국내 취항은 2013년 7월 현재 30여 개국 88(화물취급항공사 포함)개 항공사에 달하고 있어 경쟁이 심화되고 있는 추세이다.

따라서 국내 항공업계는 이러한 국내외 항공운송시장의 환경변화를 극복하기 위한 경영수단으로서 마케팅 활동의 효율성 제고가 시급하다고 본다.

2) 항공사 마케팅 전략 수립 시 적용해야 할 원칙

항공사는 항공사를 둘러싸고 있는 주변의 환경과 고객에 대한 철저한 이해를 면밀히 조사·분석하여 구축해 왔으며, 이러한 정보는 원활한 마케팅 전략 수립에 있어서 필수적이다.

그리고 성공적인 항공사가 되기 위해서는 첫째, 기업의 궁극적 목표인 이윤창출을 추구해야 하고, 둘째, 명확하고 상호 의사전달이 용이한 마케팅 전략을 수립해야 한다. 셋째, 규제완화의 환경에서 신속한 의사결정이 이루어져야 하고, 넷째, 이용할 수 있는 서로 다른 전략적 선택들을 신중하게 평가해야 하고 이에 근거하여 정책과 성장에 초점을 둔 합리적이고 효율적인 정책을 마련해야 할 것이다.

---

2) K.N. Gourdin, "Bringing Quality Back to Commercial Air Travel," *Transportation Journal*, Vol. 28, No. 3, 1988, pp. 23-29.

3) 한국관광공사, 항공통계, 2013년 6월 기준.

3) 항공사 마케팅 전략의 성공요인

마케팅 활동의 극대화로 경영성과 측면에서 비교적 효율성을 거둔 외국 항공사인 아메리칸, 델타, 브리티시, 싱가포르항공 등의 성공요인은 마케팅 지향적 서비스 전략을 경영수단으로써 적절하게 사용하고 있다는 점이다.

부연하면, 고객을 찾아내고, 고객에게 양질의 서비스를 제공하고, 잠재시장에 대한 분석을 정확히 하며, 항공운송시장의 격변하는 상황을 고려함으로써 고객욕구의 미래변화를 예측하는 데 성공했기 때문이다. 이는 격동하는 변화 속에서 양질의 항공사만이 확고한 시장이 있을 것이다[4]라는 것을 분명하게 입증해 주는 사례이다.

특히 우리나라에 취항하고 있는 외국 항공사들은 시장세분화, 집중적 성장전략, 종합적 전략[5]을 수행하면서 노선확대, 운항횟수 증대, 항공승객 욕구에 부응하는 각종 서비스 혁신을 통해 편의를 제공함으로써 매년 국제선 여객운송시장의 점유율을 높이는 데 주력하고 있다. 그러므로 장차 항공사 경영성과의 향상을 결정하는 것은 바로 항공사의 마케팅 지향적 서비스 전략이라고 할 수 있다.

만일 항공사의 목표, 항공사의 내부적 강점과 약점, 그리고 사회적 상황과 외부적 환경에 의한 기회 및 위협에 관하여 면밀히 파악할 수 있다면 성공적인 전략 수립은 가능할 것이다.

제3절 항공승객의 세분화
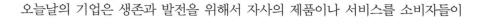

오늘날의 기업은 생존과 발전을 위해서 자사의 제품이나 서비스를 소비자들이

---

4) Erdener Kaynak and Orsay Kucukemiroglu, "Successful Marketing for Survival : The Airline Industry," *Management Decision*, Vol. 31, No. 5, 1993, p. 34.

5) Alexander T. Wells, "Air Transportation", *A Management Perspective*, 2nd ed., 1988, pp. 289 - 294.

어떻게 지각하고 있으며, 어떠한 반응을 보일 것인가를 예측하고, 마케팅 자원의 효율적 이용과 문제해결을 위해서 누가, 언제, 어디서, 어떻게 구매를 하며, 왜 구매를 하는가? 등에 관한 소비자행동을 이해하는 것이 가장 중요하다.

이에 항공사들도 마케팅 개념에 주의력을 기울이면서, 고객의 '원하는 바'를 충족하기 위한 서비스 개발에 역점을 두는 고객중심의 마케팅 시대를 맞이하고 있다.

1. 시장세분화

시장세분화(market segmentation)는 매출액이 잠재적으로 큰 시장을 탐색, 발견하는 것을 목적으로 표적시장을 선정하기 위하여 잠재고객을 의미 있는 고객집단으로 분류하는 과정이다.

항공사는 승객의 변화하는 욕구를 충족시키기 위하여 '원하는 바'가 동질적인 승객집단을 분리하고 마케팅 노력을 집중함으로써 경쟁자에 비하여 차별적 우위를 확보할 수 있다.

승객들로 구성된 항공여객운송시장도 시장을 세분할 수 있는 기초가 되는 여행의 필요성, 욕구, 여행목적지, 경제적 목적, 여행동기, 사회적 지위 등의 관점에 따라 서로 다른 구매행동 반응을 나타낼 수 있다.

항공사 승객 세분화에 관하여 기존 연구들이 어떠한 분류기준에 따라 어떻게 세분화하였는가를 검토해 보면 다음과 같다.

항공승객의 세분화에 있어서 항공사 승객 유형분류의 기준으로 마켄스와 마르콰르트(1977), 그린과 툴(1978), 리치 등(1980), 에서링톤과 바(1984), 굿 등(1985), 웰즈(1988), 쇼(1990), 아로타이비(1992), 정익준(1992), 화이트(1994), 김경숙(1997) 등이 채택한 여행목적(journey purpose)에 기초를 둔 세분화기준이 가장 많이 활용되고 있으며, 좌석등급, 여행거리(length of journey), 여행빈도 순으로 나타났다.

이상의 항공사승객 유형에 대한 연구들을 종합하여 정리하면 〈표 5-1〉과 같다.

표 5-1 항공승객의 유형

연구자	항공승객시장의 세분화기준	세분시장의 유형
Makens & Marquart(1977)	좌석등급	퍼스트 클래스, 코치 클래스
Green & Tull(1978)	여행목적	유람/휴가여행객, 상용여행객
	여행거리	장/단거리여행
Ritchie, Johnson & Jones (1980)	여행목적	휴가, 상용여행객
Etherington & Var(1984)	항공여행의 목적	상용, 비상용여행객
Good, Wilson & Mcwhirter(1985)	여행목적	유람/휴가, 상용여행객
	여행거리	장/단거리 여행
Wells(1988)	여행목적	상용, 유람, 개인여행객
	여행객 특성	나이, 성별, 직업, 소득, 항공여행경험
	여행특성	여행거리, 성수기 대 비수기 주중여행, 시즌여행
	체류기간	당일, 일박, 휴가여행
Shaw(1990)	여행목적	상용여행(기업, 개인, 국제회의, 인센티브) 레저여행(휴가/휴일, 친구/친척 방문)
	여행거리	장/단거리 여행
	여행자 국적 및 문화적 특성	–
Alotaibi(1992)	좌석등급	퍼스트, 비즈니스, 코치 클래스
	여행목적	상용, 유람/개인(휴가)여행객
정익준(1992)	여행목적	상용/업무, 광의의 관광, 기타 목적여행객
	여행빈도	1~2회, 3~4회, 5회 이상
	항공노선	일본/동남아, 미주, 구라파, 중동, 아프리카, 오세아니아, 세계일주
Kaynak & Kucukemiroglu (1993)	항공사 국적	국적기, 외국기, 국적/외국기 이용 여행객
White(1994)	여행이유	상용, 유람, 긴급(돌발사태), 기타
	예약주체	본인, 여행사, 비서, 기타
	항공여행횟수	0, 1, 2, 3, 4, 5, 6~10, 11~50, 50회 이상
	좌석등급	퍼스트, 코치 클래스
김경숙(1997)	좌석등급	퍼스트, 비즈니스, 이코노미
	여행목적	상용/업무, 관광/휴가, 친척/친구방문, 교육/연구
	여행빈도	5회 이하, 6~10, 11~15, 16~20, 20회 이상
	예약주체	본인, 가족, 담당직원, 상사, 여행사
	상용고객회원 여부	정회원, 비회원
	지급주체	본인, 타인

2. 항공사 선택속성요인

항공사의 효율적인 마케팅 관리를 위해 승객들이 항공사를 선택할 때 중요하게 생각하는 요인들은 항공승객의 선택행동을 이해하는 데 기본적으로 중요하기 때문에 마케팅상의 시사점은 매우 크다. 그러나 항공사 선택속성에 관하여 국외에서는 1977년 마켄스와 마르콰르트(Makens and Marquardt) 이래 많은 연구가 수행되고 있다.

연구자별 항공사 속성요인들을 운항일정, 예약 및 발권서비스, 공항서비스, 기내환경 및 서비스, 항공운임 및 할인서비스, 항공기 및 항공사, 기타 부대서비스 관련요인 등의 7개 차원으로 관련변수들을 분류하면 〈표 5-2〉와 같다.

표 5-2 항공사 선택속성요인

주속성	관련 변수들	연구자
운항일정 관련요인	• 충분한 항공편 연결시간 • 항공편 연결의 편리성 • 비행시간의 엄수 및 정시성 • 직항편 및 논-스톱 운항 서비스 • 항공기 취항 도시의 수	8, 9 5, 8, 7, 10 2, 3, 5, 6, 7, 9, 10 2, 3, 5, 8, 7, 9 6, 5, 8, 7, 9
예약 및 발권서비스 관련요인	• 예약 변경 및 취소의 신축성 • 신속하고 친절한 예약서비스 • 예약 및 발권담당 직원의 수 • 좌석 예약의 용이성	6, 9 2, 3, 6, 7, 9, 10 9 2, 6, 7
공항서비스 관련요인	• 안전하고 신속한 수하물 인도 및 처리 • 탑승 안내방송의 빈도 및 명확성 • 관리 요주의 품목의 특별처리 서비스 • 효과적인 항공편 연결을 위한 서비스 • 탑승수속라인의 길이 • 비행시간 지연 및 결항에 대한 보상 • 노약자 우대 서비스 • 첨단 탑승카드 등의 다양한 탑승서비스 • 탑승 라운지 운용 • 단체승객을 위한 효과적인 서비스 • 비동반 소아에 대한 서비스 • 정확한 운항관련 정보 제공	2, 3, 6, 7, 9, 10 9 9 9 3, 6, 7, 9 3, 9 9 6, 9 11 9 9 3, 10

주속성	관련 변수들	연구자
기내 환경 및 서비스 관련요인	• 항공기 내부의 청결성	6, 9
	• 화장실 청결 및 사용 편리성	9
	• 기내 주방의 청결성	9
	• 기내 승무원의 친절하고 예의바른 서비스	2, 3, 5, 6, 7, 9, 10
	• 여유 있는 좌석공간	1, 3, 6, 7, 9
	• 다양한 기내식의 제공	1, 5, 7, 9
	• 기내식의 맛과 질	2, 5, 6, 7, 9, 10
	• 신속한 식음료 서비스	1, 3, 5, 9
	• 기내 소모품 제공여부	11
	• 다양한 레크리에이션 서비스	2, 7, 9, 10
	• 효율적인 전화 및 통신서비스의 제공	7, 9
	• 안전 및 보안요원의 서비스	2, 7
	• 항공기좌석 운영의 융통성	9
	• 기내 판매서비스	7
항공운임 및 할인서비스 관련요인	• 항공권 환급서비스	9
	• 초과 수하물에 대한 요금 부과 정도	1, 9
	• 상용고객 우대서비스	5, 6, 7, 8, 10
	• 항공요금 할인서비스	2, 3, 5, 6, 9
	• 항공권의 가격	1, 2, 3, 4, 7, 8, 9, 10
항공기 및 항공사 관련요인	• 항공사의 실적	9
	• 운항 항공기의 노후 정도	6, 9
	• 항공사의 명성 및 이미지	4, 8, 7, 9
	• 항공기의 크기	2, 6, 7, 9
	• 항공사 신뢰도 및 안전성	2, 7
	• 항공사 국적	7
기타 부대서비스 관련요인	• 자국어를 구사하는 승무원의 탑승 여부	11
	• 자동차 렌트 및 호텔예약 서비스	2
	• 여행 및 관광정보 서비스	2, 7

연구자
1. Makens and Marquardt(1977).
2. Richie, Johnston and Jones(1980).
3. Etherington and Var(1984).
4. Good, Wilson and Mcwhirter(1985).
5. Toh and Hu(1988).
6. Intramar(1991).
7. 정익준(1992).
8. Ostrowski, O'Brien and Gordon(1993).
9. White(1994).
10. Kaynak and Kucukemiroglu(1993).
11. 본 연구자가 속성의 중요성을 고려하여 제시.

제4절 미래 항공승객의 성향

미래 항공승객의 성향에 대한 예측은 항공사의 마케팅 전략을 수립하는 데 매우 중요하다.

1. 사업여행 승객의 변화

오늘날의 많은 항공사들은 비즈니스항공여객들을 유인하기 위하여 다양한 마케팅 전략을 구사하고 있다.

2000년대에는 사업을 목적으로 여행하는 항공승객 중에서 여성 및 젊은 사업여행자의 중요성이 더욱 강조될 것이다. 특히 선진국의 경우 사업여행자의 20% 이상이 여성일 것으로 예측된다. 그러므로 여성사업자의 요구사항을 수용한다는 측면에서 상품의 하드웨어의 조정(화장실의 정비), 직원 훈련프로그램을 조정해야 할 필요가 있다.

여성사업자들은 특별한 관심이나 우대를 원하지 않고 동등하게 대우받기를 원한다. 또한 사업여행자들은 예약과 같은 비행전서비스, 공항접근성, 체크인과 같은 공항의 처리절차, 스케줄, 기내서비스 분야에서 실제적인 변화를 원하고 있다.

예를 들면, 항공사가 집에서 공항까지 리무진서비스, 숙박호텔에서의 체크인, 레저여행자들과 별도의 체크인과 같은 특별서비스, 휴대수하물(hand carry)에 대한 중요성의 요구가 증가하고 있다. 이러한 맥락에서 항공사들이 라운지설비 등을 경쟁적으로 보강하는 경향은 향후에도 계속될 것이다.

또한 단거리 노선의 경우 조기출발하려는 수요가 커지고 있으며, 중추공항의 혼잡으로 인한 연·발착을 피하려고 할 것이다. 이에 항공사들은 가능하다면 소형기를 이용한 직항서비스로 이러한 요구사항을 적극 수용하는 방안을 모색해야 한다.

2. 레저 여행승객의 변화

최근 들어 포괄 패키지상품에 대한 선호는 차츰 감소하고 있다. 게다가 휴가여행자들의 지식과 경험이 축적됨에 따라 자신의 여정에 대해 세부적인 사항까지 재조정하고 있음을 볼 때, 개별적인 맞춤식 여행에 대한 수요가 증대되고 있는 것이 명백하다.

향후 전개될 양상으로는 장애 여행자들을 위한 설비 및 의료기술의 발달로 이들의 항공여행 수요도 증가할 것이고, 또한 고령화현상에 따라 노년층 여행자가 급성장할 것으로 예상된다.

제**6**장

공항의 운영 및 관리

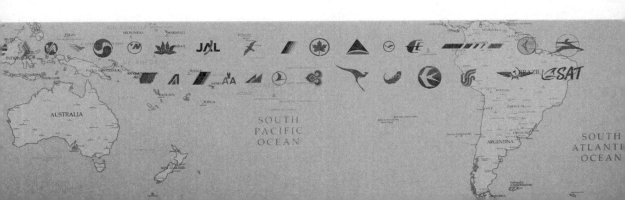

제6장
공항의 운영 및 관리

1. 공항의 정의

공항이라 함은 항공기의 이·착륙 및 지상이동에 사용할 목적으로 설치된 육상 또는 수상의 일정구역을 의미한다. 또한 이 비행장이 주로 민간항공운송을 위하여 공공용으로 사용될 경우 공항이라 한다.

국제공항이라 함은 세관, 출입국관리, 공중위생, 동·식물검역 등의 절차를 수행할 수 있는 공항으로서 국제민간항공협약에 의거하며 자국 내의 국제항공용 공항을 의미한다.

특히 한 국가의 사회간접자본인 동시에 국제교류의 관문으로서 주요한 역할을 수행하고 있는 공항은 자국의 항공사가 세계의 항공운송시장에서 최고의 경쟁력을 갖추는 데 기여하고, 그 기능과 역할에 있어서 상호 긴밀하게 연계화된 총체적인 항공서비스분야이다.

그러므로 장차 국가 간의 경제의존도가 높아지고 상호 교류가 빈번해짐에 따라 공항 간의 경쟁은 더욱 심화될 것으로 예상된다.

2. 공항시설

원활한 공항의 기능을 발휘하기 위해 필요한 시설은 항공기 이착륙에 필요한 기본시설을 비롯하여 공항청사, 부대시설 등으로 대별할 수 있다. 기본시설은 활주로, 유도로, 주기장 및 관제·무선·등화시설 등을 포함한 항공안전시설로 세분된다. 특히 공항청사(airport terminal)는 여객청사(passenger terminal)와 화물청사(cargo terminal)로 분류되며, 항공과 지상교통의 연결점으로 출입국 승객 및 수하물의 편의와 소통을 위해 항공사, 공항공사, 정부기관 등 복합적으로 구성되어 운영된다. 또한 여객청사의 시설은 공항에 따라 다소 상이하나, 일반적으로 1층은 도착장, 2층은 탑승수속, 3층은 출국장, 4층은 통과여객 대합실 및 식당지역으로 구성되어 있다.

부대시설에는 지상조업사(ground handling company), 기내식사업소(catering company), 급유시설, 격납고(hanger) 등이 포함된다. 이를 구체적으로 요약·정리하면 〈표 6-1〉과 같다.

25

표 6-1 공항시설의 구성

구분	세부시설		내용
기본 시설	활주로(run way)		• 항공기 이착륙 시 가속, 감속에 필요한 지상 활주로 노면 • 공항의 규모 : 활주로의 수와 길이로 결정
	유도로(taxi way)		• 항공기가 활주로에서 정비 격납고, 주차장까지 이동할 수 있는 통로
	계류장(apron)		• 여객의 승강, 화물탑재 및 하기, 연료보급 및 정비 등을 위하여 항공기가 주기하는 공항의 장소 ex) 인천공항의 주기능력 : 여객기 44대, 화물기 25대
	항공 안전시설	관제시설 (air control tower)	• 항공교통관제(Air Traffic Control : ATC) : 항공로, 비행장, 진입관제 업무
		무선시설	• 계기착륙장치(ILS : Instrument Landing System) : 전파에 의해 항공기 운항을 지원하는 시설
		등화시설	• 진입등, 활주로등, 유도로 : 야간, 계기 이상 상태하에서 항공기 운항지원
공항 청사	여객청사	항공사시설	• 항공사 사무실, 탑승수속카운터(FR, PR승객전용 카운터, EY승객카운터, 단체승객카운터) • 귀빈실(VIP lounge), 수하물 인도장(baggage claim area)
		정부기관시설 (C.I.Q)	• 세관(customs) : 관세청 산하기관 • 출입국사무소(immigration) : 법무부 산하기관 • 동식물 검역소(quarantine) : 보사부산하(여행자), 농림부산하(동물)
		공항공사시설	• 운항안내표지판(FIDS : Flight Information Display System) • 입국안내 카운터 • 수하물보관소 • 유아휴게실 • 셔틀버스(청사 간 운행)
		승객편의시설	• 식당 : 은행, 우체국, 서점, 약국 • 면세점(duty free shop)
	화물청사(cargo terminal)		• 세관 및 동식물 검역시설 : 항공화물, 우편물을 보관하는 시설
부대 시설	지상조업사 (ground handling company)		• 항공화물/수하물 탑재 및 하역 : KATSCO(KT) • 기내청소 : Air Korea(AK)
	기내식사업소 (catering company)		• 기내식 제조 및 판매업무 • 기내용품 보관용 보세창고 대여업
	급유시설		• Hydrant System 이용 : 급유용 파이프라인 시스템
	격납고(hanger)		• 항공기 점검 및 정비공장

3. 아시아의 공항운영현황

1) 경쟁공항의 개요

아시아지역 주요 경쟁공항의 운영주체, 면적, 활주로, 운항횟수, 여객처리능력, 건설기간, 사업비, 개항연도를 살펴보면 〈표 6-2〉와 같다. 공항면적으로는 창이공항, 인천공항, 첵랍콕공항 순으로 규모 면에서 단연 우위에 있다. 운항횟수에서는 푸동공항, 창이공항, 첵랍콕공항 순이며, 여객처리 능력에서는 첵랍콕공항이 가장 우수한 것으로 나타났다. 공항 자체가 지니고 있는 규모, 시설 및 능력 등 하드웨어적인 사항을 객관적으로 종합평가해 볼 때, 홍콩의 첵랍콕공항이 비교적 우수하다고 평가할 수 있다.

각국은 관광업을 비롯한 각종 산업부문이 성장세를 유지하려면 공항시설을 계속 개선하거나 확충할 필요가 있다. 특히 아시아의 주요 허브공항들은 무역 및 관광객 증가세에 발맞춰 투자를 계속해야 하고, 공항이 수용능력을 확충하지 않으면 공항으로서의 경쟁력을 상실해 버린다.

표 6-2 아시아지역 경쟁공항의 개요

구분	인천(한국)	간사이(일본)	첵랍콕(중국)	창이(싱가포르)	푸동(중국)
운영주체	인천 국제공항공사	간사이 국제 공항주식회사	홍콩 공항관리국	싱가포르 공항관리국	상하이푸동 국제공항공사
면적(만 평)	355(1,435)	155(393)	337(450)	504(900)	287(969)
활주로(개)	2(4)	1(3)	2(2)	2(3)	1(4)
운항횟수(만 회/ 년)	24(48)	16(23)	32(32)	32(48)	85(240)
여객처리(만 명/ 년)	3,000(1억)	2,500(4,000)	4,500(8,700)	3,000(5,000)	2,000(8,000)
건설기간(년)	'92~'00(2020)	'86~'94.9	'91~'98.4	'75~2005	'96~2000
사업비(억 원)	9조 5,772	12조	16조 4천	-	-
개항연도	2001. 3.	1994. 9.	1998. 4.	1981.	1999. 10.

주 : ( ) 안은 최종단계를 의미함.
자료 : 신공항건설공단.

2) 경쟁공항의 시설사용료 비교

인천국제공항은 시설사용료 측면에서 경쟁공항과 비교해 볼 때, 〈표 6-3〉과 같이 공항이용료가 비교적 저렴한 반면에 착륙료 및 정류료가 매우 비싸게 책정되어 운영되고 있다. 특히 푸동공항은 착륙료, 정류료 및 공항이용료 모두가 인천국제공항보다 저렴한 편이므로 강화 차원에서 사용료 조정정책을 신중히 검토해 볼 필요가 있다.

3) 경쟁공항의 운영현황

2001년 3월 29일 개항한 인천국제공항은 24시간 운영체제와 충분한 이착륙시설의 확보, 저렴한 사용료 등의 요인에 힘입어, 취항항공사, 운항횟수, 국제여객 수 측면에서 매년 성장추세에 있다.

아시아지역 주요 공항의 연도별 항공사 운항현황은 〈표 6-4〉와 같다. 2013년 현재 나리타공항을 비롯한 7개 주요 공항 중에서 인천국제공항의 취항항공사 수는 77개 항공사로서 1위를 차지하고 있다. 그렇지만 항공기 운항횟수 256,521회, 이용 국제여객 수 3,835만 1천명을 달성함으로써 각각 5위, 3위로서 중위권 수준에 머무르고 있다.

표 6-3 경쟁공항의 시설사용료 비교 (단위 : 천 원, %)

구 분	간사이(KIX)	푸동(PVG)	첵랍콕(HKG)	쿠알라룸푸르(KUL)	마닐라(MNL)	인천(ICN)
착륙료	4,516 (322.1)	1,139 (81.2)*	1,560 (107.4)	250 (17.8)*	1,022 (72.9)*	1,402 (100)
정류료	432 (58.8)*	171 (23.3)*	2,155 (293.2)	95 (19.2)*	308 (41.9)*	735 (100)
공항이용료	36 (211.8)	15 (88.2)*	25 (147.1)	18 (105.9)	19 (111.8)	17 (100)

주1 : B767기준임.
주2 : ( )는 인천국제공항을 기준으로 할 때 비교치이며, *는 인천국제공항보다 저렴한 공항임.
자료 : 인천국제공항공사(2013) 자료를 토대로 분석함.

표 6-4 경쟁공항의 항공사 운항현황

구 분	인천	나리타	간사이	홍콩	창이	푸동	쿠알라룸푸르
취항 항공사 수(개)							
(외항사)	70	60	44	69	56	62	56
(국적사)	7	8	4	7	1	4	4
2013	77(1)	68(3)	48(7)	76(2)	57(6)	66(4)	60(5)
운항횟수(회)							
2003	133,789	171,739	100,621	199,413	161,665	134,276	139,947
2004	152,889	186,315	102,571	247,862	192,410	178,679	165,115
2005	163,575	189,498	109,800	273,407	208,280	205,045	182,386
2006	184,279	190,126	115,431	290,105	217,773	231,995	183,869
2007	213,194	195,074	125,637	305,010	223,488	253,535	193,688
2008	212,606	194,435	133,502	309,661	234,823	265,735	211,228
2009	200,692	188,402	111,899	288,167	244,974	287,916	226,751
2010	217,322	192,657	106,897	316,015	268,526	332,127	245,650
2011	232,729	184,769	106,001	344,402	306,301	344,086	269,509
2012	256,521	210,493	–	361,286	327,158	361,720	283,694
연평균 증감률	7.5(5)	2.3(6)	0.7(–)	6.8(2)	8.1(3)	11.6(1)	8.2(4)
국제 여객 수(천 명)							
2003	19,534	25,457	8,548	27,092	24,664	8,385	10,509
2004	23,621	26,643	10,137	36,300	28,606	12,854	12,483
2005	25,590	27,121	10,465	39,821	30,720	14,548	14,337
2006	27,662	33,860	11,209	43,274	33,368	16,072	15,097
2007	30,753	34,237	11,049	46,297	35,221	13,088	16,965
2008	29,563	32,317	10,446	47,138	36,288	11,498	17,837
2009	28,080	30,895	9,356	44,996	36,089	10,921	19,402
2010	32,950	32,164	10,486	49,775	40,924	14,100	23,402
2011	34,538	26,303	9,911	52,753	45,429	14,988	25,916
2012	38,351(3)	29,638(4)	16,083(7)	55,664(1)	48,910(2)	16,297(6)	27,625(5)
연평균 증감률	7.8	1.7	7.3	8.3	7.9	7.7	11.3

주1 : 각 공항의 취항 항공사는 2013년 7월 기준임.
주2 : ( )는 각 항목의 순위임.
자료 : ACI(2004~2012), World Airport Traffic Report; IATA(2004~2013), WATS(World Air Transport Statistics); 공항별
　　　홈페이지 각 연도를 토대로 정리·분석함.

제2절 세계공항의 수송 및 서비스 현황

1. 세계공항의 여객실적

1) 총여객실적

국제공항운송협회(ACI : Airports Council International)는 공항의 국제선 여객 실적을 기준으로 매년 세계 50대 공항의 수송실적을 발표하고 있다.

세계 50대 공항 중에서 20대 공항의 실적은 80% 이상을 차지하고 있으며, 이 중 10대 공항의 여객 처리실적 현황은 〈표 6-5〉와 같다.

2012년 현재 세계 10대 공항의 총여객실적은 약 6억 8,015만 8천 명으로 20대 공항 여객실적의 과반수 이상인 약 57.1%를 차지하였다. 10대 공항의 총여객 수는 증가하고 있는 데 비해 20대 공항에서 분담하는 비중은 차츰 감소하고 있음을 알 수 있다.

2012년의 경우 세계 공항 중에서 여객이 가장 많이 이용한 공항은 9,546만 3천 명을 달성한 미국의 애틀랜타공항(ATL)이 차지하였다. 이어 중국의 베이징공항 (PEX), 영국의 히드로공항(LHR), 일본의 하네다공항(HND), 미국의 시카고공항 (ORD) 순으로 2~5위를 기록하였다. 여객수송 실적에서 4년 연속 1위를 유지하고 있는 미국의 애틀란타공항(ATL)을 비롯한 상위 10위권의 순위는 처음으로 9~10위 에 진입한 인도네시아의 자카르타공항(CGK), 아랍에미리트의 두바이공항(DXB)을 제외하고는 별다른 변동이 없었다.

한편, 우리나라 인천국제공항의 총여객 수는 2009년 41위(약 2,867만 7천 명), 2010년 39위(약 3,360만 6천 명), 2011년 32위(약 3,519만 2천 명), 2012년 29위(약 3,915만 4천 명)를 각각 유지하고 있다.

2) 국제선 여객실적

세계 10대 공항의 국제선 여객 처리실적의 현황은 〈표 6-5〉와 같다.

표 6-5 세계 10대 공항의 여객 처리실적 (단위 : 천 명, %)

순위	2009년 공항명	총여객 수 (구성비)	2010년 공항명	총여객 수 (구성비)	2011년 공항명	총여객 수 (구성비)	2012년 공항명	총여객 수 (구성비)
				국제선 + 국내선				
1	Atlanta	87,993 (8.5)	Atlanta	89,331 (8.2)	Atlanta	92,376 (8.0)	Atlanta(ATL)	95,463 (8.0)
2	London	66,038 (6.4)	Beijing	73,892 (6.8)	Beijing	77,404 (6.8)	Beijing(PEX)*	81,929 (6.9)
3	Beijing	65,330 (10.6)	Chicago	66,665 (6.1)	London	69,434 (6.1)	London(LHR)	70,037 (5.9)
4	Chicago	64,398 (6.2)	London	65,884 (6.1)	Chicago	66,561 (5.8)	Tokyo(HND)*	66,795 (5.6)
5	Tokyo	61,904 (6.0)	Tokyo	64,069 (5.9)	Tokyo	62,263 (5.4)	Chicago(ORD)	66,634 (5.6)
6	Paris	57,885 (5.6)	Los Angeles	58,915 (5.4)	Los Angeles	61,848 (5.4)	Los Angeles(LAX)	63,638 (5.3)
7	Los Angeles	56,819 (5.5)	Paris	58,167 (5.3)	Paris	60,971 (5.3)	Paris(CDG)	61,612 (5.2)
8	Dallas	56,030 (5.4)	Dallas	56,905 (5.2)	Dallas/FT Worth	57,806 (5.1)	Dallas/FT Worth(DFW)	58,592 (4.9)
9	Frankfurt	50,923 (4.9)	Frankfurt	53,009 (4.9)	Frankfurt	56,436 (4.9)	Jakarta(CGK)*	57,773 (4.9)
10	Denver	50,167 (4.8)	Denver	52,211 (4.8)	Hong Kong(HKG)*	53,314 (4.7)	Dubai(DXB)	57,685 (4.8)
10대 계		617,197 (59.5)	10대 계	639,048 (58.7)	10대 계	658,440 (57.6)	10대 계	680,158 (57.1)
20대 총계		1,037,535 (100)	20대 총계	1,088,496	20대 총계	1,143,172 (100)	20대 총계	1,190,252 (100)
				국제선				
1	London	60,651 (9.7)	London	60,903 (9.1)	London	64,688 (9.4)	London(LHR)	65,258 (8.7)
2	Paris	53,013 (8.5)	Paris	53,150 (7.9)	Paris	55,675 (8.1)	Dubai(DXB)	57,120 (7.6)
3	Hong Kong	44,985 (7.2)	Hong Kong	49,846 (7.5)	Hong Kong	52,749 (7.7)	Paris(CDG)	56,201 (7.5)

순위	2009년		2010년		2011년		2012년	
	공항명	총여객 수 (구성비)	공항명	총여객 수 (구성비)	공항명	총여객 수 (구성비)	공항명	총여객 수 (구성비)
4	Frankfurt	44,521 (7.2)	Dubai	46,314 (6.9)	Dubai	50,192 (7.3)	Hong Kong(HKG)*	55,664 (7.4)
5	Amsterdam	43,520 (6.9)	Frankfurt	46,307 (6.9)	Amsterdam	49,680 (7.2)	Amsterdam(AMS)	50,976 (6.8)
6	Dubai	40,104 (6.4)	Amsterdam	45,137 (6.8)	Frankfurt	49,477 (7.2)	Frankfurt(FRA)	50,749 (6.8)
7	Singapore	36,089 (5.8)	Singapore	40,924 (6.1)	Singapore	45,429 (6.6)	Singapore(SIN)*	49,910 (6.7)
8	Tokyo	30,895 (5.0)	Incheon	32,945 (4.9)	Bangkok	35,009 (5.1)	Bangkok(BKK)*	39,358 (5.2)
9	Madrid	29,134 (4.7)	Tokyo	32,164 (4.8)	Incheon	34,538 (5.0)	Incheon(ICN)*	38,351 (5.1)
10	Bangkok	28,835 (4.6)	Bangkok	31,418 (4.7)	Madrid	32,450 (4.7)	Madrid(MAD)	30,617 (4.1)
10대 계		411,747 (66.2)	10대 계	439,108 (65.8)	10대 계	469,887 (68.4)	10대 계	494,204 (65.9)
20대 총계		622,238 (100)	20대 총계	666,977 (100)	20대 총계	686,479 (100)	20대 총계	750,000 (100)

주1 : 공항의 승객실적은 출발·도착 및 환승객(1번) 수를 의미하며, *표는 아시아지역의 공항임.
주2 : 국내+국제선은 통과여객을 포함하고 국제선은 통과여객을 불포함함.
주3 : 인천국제공항의 총여객 수는 2009~2012년 각각 28,677,161명(41위), 33,605,579명(39위), 35,191,825명(32위), 39,154,375명(29위)의 실적을 달성함.
자료 : ACI(2010~2013), Worldwide Airport Traffic Statistics를 토대로 분석함.

2006년 현재 세계 10대 공항의 국제선 여객실적은 〈표 6-5〉와 같이 4억 9,420만 4천 명으로 20대 공항이 달성한 국제선 여객실적의 과반수를 훨씬 상회하는 65.9%를 차지하였다. 이 역시 총여객 수와 마찬가지로 20대 항공에서 차지하는 10대 공항의 비중은 점점 감소하고 있다.

약 6,525만 8천 명이 이용하여 2012년 최고의 국제선 공항으로 선정된 영국의 히드로공항(LHR)을 비롯하여 아랍에미리트의 두바이공항(DXB), 파리의 드골공항(CDG), 홍콩의 첵랍콕공항(HKG) 순으로 1~4위를 기록하고 있다. 특히 아시아지역의 첵랍콕공항, 창이공항, 방콕공항, 인천공항 등 4개의 공항이 10위권 내에 포함되어 있다. 이 중 싱가포르의 창이공항은 4년 연속 7위에 오르는 놀라운 성과를 거두고 있다. 한편, 우리나라의 인천국제공항은 최근 3년 연속 8~9위를 유지하고 있다.

사회간접자본인 동시에 국제교류의 관문으로서 주요한 역할을 수행하고 있는 공항은 국가 간의 경제의존도가 높아지고 상호교류가 빈번해짐에 따라 공항 간의 여객유치 경쟁이 더욱 가열될 것으로 예상된다.

2. 공항운영주체의 경영성과

공항에는 공항을 운영하는 주체(airport group)가 있다. 그 주체에는 국가의 운영방식 채택여부에 따라 사기업, 공기업 및 정부로 구분된다. 2011년 현재 공항을 운영하는 상위 50대 주체의 경영성과를 총수입, 영업이익, 순이익부문으로 제시하면 〈표 6-6〉과 같다.

표 6-6 세계 10대 공항운영주체의 경영성과 (단위 : 백만$, %)

순위	공항운영주체	국가	주요 공항	총수입	구성비	영업이익	순이익
1(2)	Aena	스페인	MAD/BCN	4,521	7.6	136.7	−37.2
2(1)	Ferrovial	스페인	LHR/STN	3,956	6.6	480.8	447.3
3(3)	A Roports de Paris	프랑스	CDG/ORY	3,497	5.9	910.7	485.1
4(4)	Fraport	독일	FRA	3,314	5.6	693.3	350.6
5(7)	Infraero	브라질	GRU/CPQ	2,336	3.9	−	−
6(6)	Port Authority of NY & NJ	미국	JFK/EWR	2,221	3.7	835.6	446.5
7(5)	Narita International Airport*	일본	NRT	2,200	3.7	270.4	45.1
8(8)	Schiphol Group	네덜란드	AMS	1,787	3.0	425.2	276.1
9(9)	Flughafen München	독일	MUC	1,608	2.7	−	−
10(10)	Hong Kong International*	홍콩	HKG	1,564	2.6	773.7	687.0
10대 계				27,004	45.3		
50대 총계				59,624	100		

주1 : 2011년 12월 현재 경영성과의 순위이며, ( )은 2010년도 순위임.
주2 : *는 아시아지역의 공항운영주체임.
주3 : 인천국제공항공사는 1,353백만$로서 13위임.
자료 : Airline Business(2012. 12.)를 토대로 분석함.

여기에서 50대 공항의 총수입은 약 596억 달러를 기록하고 있으며, 이 중 10대 공항의 비중은 270억 달러, 약 45%로서 절반을 차지하였다.

마드리드, 바르셀로나 공항 등을 운영하는 스페인의 Aena는 총수입 약 45억 달러의 경영성과를 달성함으로써 세계 50대 공항운영주체 중에서 1위를 차지하였다. 특히 아시아지역의 공항주체인 일본의 나리타국제공항주식회사(Narita International airport Corp.), 홍콩의 홍콩공항관리국(Airport Authority Hong Kong) 등 2개의 공항운영주체가 7위, 10위로서 10위권 안에 포함되어 있다. 한편, 인천국제공항공사는 약 14억 달러로 13위임을 감안해 볼 때, 공항서비스의 놀라운 업적 달성에 부응할 만한 혁신적인 경영마인드가 필요하다.

3. 공항의 서비스 평가순위

공항이란 항공사, 여객, 환영송객, 상주기관 및 업체 등 공항의 모든 고객을 만족시킬 수 있는 가장 편리한 공항을 의미한다. 전술하였듯이 공항은 항공사가 최고의 경쟁력을 갖추는 데 기여하고 그 기능과 역할에 있어서 상호 긴밀하게 연계화된 총체적인 서비스 분야이다. 그러므로 항공사와 공항이 연계화되어 총체적인 서비스를 제공할 때만이 비로소 승객들의 높은 만족수준을 충족시켜 줄 수 있는 것이다.

합리적이고 효율적인 공항경영은 항공사의 급진전한 서비스부문의 발전적인 변화와 더불어 공항서비스도 매우 중요시되고 있다. 주요 선진 항공사들은 자사의 명성과 이미지를 제고하기 위해 가급적이면 서비스가 양호하다고 평가받는 공항을 중추공항으로 이용하고 있다. 이에 대비하여 국적항공업계와 공항이 일체가 되어 높은 수준의 서비스를 제공함으로써 치열한 경쟁이 예상되는 영공자유화에 대응할 수 있을 것이다.

〈표 6-7〉은 세계 10대 공항의 서비스만족도 순위를 나타내고 있다. 싱가포르의 창이공항은 세계 최고의 공항으로 평가되고 있으며 이어서 인천공항, 스키폴공항, 홍콩의 첵랍콕공항 등이 상위 수준을 차지하고 있다.

이러한 공항을 포함한 5개의 공항이 아시아지역에 집중되어 있다. 특히 2001년에 개항한 인천국제공항은 2010~2013년 2위, 3위, 1위, 2위의 경이로운 업적을 달성함에 따라 향후의 지속가능한 서비스수준에 귀추가 주목되고 있다. 이외에도 세계공항서비스 평가 연속 1위(ACI 주관), 영국『글로벌 트래블지』선정 7년 연속 '세계최고공항상' 등을 수상함으로써 세계 공항업계에서 그랜드슬램을 달성하였다.

표 6-7 세계 10대 공항 서비스 순위

구분\n순위	2010년	2011년	2012년	2013년
1	Singapore Changi	Hongkong	Incheon	Singapore Changi*
2	Incheon	Singapore Changi	Singapore Changi	Incheon*
3	Hongkong	Incheon	Hongkong	Amsterdam Schiphol
4	Munich	Munich	Amsterdam Schiphol	Hongkong*
5	Kuala Lumpur	Beijing Capital	Beijing Capital	Beijing Capital*
6	Zurich	Amsterdam Schiphol	Munich	Munich
7	Amsterdam Schiphol	Zurich	Zurich	Zurich
8	Beijing Capital	Auckland	Kuala Lumpur	Vancouver
9	Auckland	Kuala Lumpur	Vancouver	Tokyo(Haneda)*
10	Bangkok Suvamabhumi	Copenhagen	Central Japan*	London Heathrow

주 : *는 아시아지역의 공항을 의미함.
자료 : Skytrax(2010~2013), http://www.airlinequality.com

실례로 동남아시아에 있는 인구 약 500만 명 규모의 도시국가에 불과한 싱가포르의 창이공항(Changi)은 국제선 승객의 유치를 위하여 세계에서 최고의 서비스를 제공하고 있다.

창이공항(Changi)은 환승객을 유지하기 위하여 무료 시내관광과 비즈니스맨을 위한 업무센터 및 호텔, 그리고 값싸고 편리한 쇼핑시설을 갖추고, 각 청사의 입국장 내에 2개씩의 면세매장 운영 및 24시간 인터넷 이용시설 등 다양한 환승시설을 통한 편의제공과 각종 자동화된 시설 및 시스템, 여객처리 목표시간대(탑승수속 :

10분, 입국심사 : 8분, 세관심사 : 5분, 통과여객 : 10분)의 획기적인 출입국절차의 제공 등을 통한 최대한의 배려로 중추공항으로서의 위치를 더욱 공고히 하고 있다.

이와 같이 선진국의 공항은 고객존중 정신을 바탕으로 여객편의시설 개량 및 확충, 고객만족을 위한 철저한 서비스교육에 집중적인 투자와 노력을 경주하고 있다. 따라서 국제경쟁력을 갖춘 공항이 되기 위해서는 공항이용 승객의 '원하는 바'를 파악하고 이에 대한 방안모색을 꾸준히 강구해야 할 것이다.

제3절 선진공항의 운영 및 관리

1. 공항의 편의서비스

1) 항공사에 대한 편의서비스

세계의 유수한 공항이 시설확충이나 신공항을 건설함으로써 중추공항(hub)을 표방하며 통과여객의 흡수 및 항공사 유치에 전력을 다하고 있다. 특히 21세기를 겨냥하여 우리나라를 비롯한 아시아지역의 동시 다발적인 초대형 신공항건설로 지선공항에 대한 우려도 적지 않다. 공항의 주고객이라 할 수 있는 항공사에 대한 편리한 서비스는 계류장지역(airside)과 청사지역(landside)에 대한 효율적인 시설배치 및 시스템의 구축이 기본이 될 것이다.

이를 위해 공항의 확장이나 신공항의 건설계획 시에는 기존 취항하고 있거나 취항예정인 항공사를 반드시 참여시켜 시설물의 규모 및 수준을 결정할 때 상호 협의과정을 거침으로써, 서로 간의 공동이익을 추구하는 것이 바람직하다.

(1) 계류장지역(Airside)

계류장지역에는 활주로 수용능력의 충분한 확보, 신속한 이동을 위한 유도로 시스템, 넓은 계류장, 여객의 90% 이상을 처리할 수 있는 충분한 수의 탑승교, 수하물처리시스템과 항공연료를 동시에 신속하게 대량으로 급유할 수 있는 Hydrant System과 같은 항공급유시스템 등을 확보해야 할 것이다.

(2) 청사지역(Landside)

충분한 수의 체크인카운터를 배정하고 하차장(curbside)과 체크인카운터, 카운터와 출국장까지 최소한의 도보거리(동선)를 확보함으로써 업무현장과 가까운 위치에 사무실을 제공하는 등의 항공기 운항지원을 우선시하는 청사의 설계가 중요시된다.

예를 들면 청사 내에서 체크인카운터와 단말기 등의 장비를 공동사용하는 CUTE(Common Use Terminal Equipment)시스템이나 IT(Information Technology)를 도입한 ISDN(Intergrated Service Data Network)을 운영한다. 즉 ISDN이란 공항 내 전 통신망을 하나로 묶어 공항정보를 공동으로 공유하는 시스템으로서 항공사를 비롯한 공항 내 각 기관의 업무를 효율적이고 신속하게 처리할 수 있는 장점이 있다.

또한 공항은 Airside, Landside 지역 이외에도 연계가능한 철도역, 도시공항터미널에서의 탑승수속으로 여객의 분산을 유도할 수 있는 항공권 자동발급기를 도시 내에 설치하고, 스마트카드 및 트래블카드 등 여객처리의 효율성을 제고할 수 있는 각종 시설 및 시스템의 도입이 항공사의 편의를 위하여 더욱 필요하다.

데이터 교류 표준화를 통해 운항스케줄, 변동사항, 주기장 배정 등의 공항시설의 할당에 관한 정보공유를 위해 데이터의 교환을 가능하게 하는 EDI(Electronic Data Interchange)시스템 도입과 출입국 관련서류의 기계판독(MRTD : Machine Readable Travel Documents) 설치, FAST(Future Automated Screening of Travellers)도 적극 도입하여 활용하고 있다.

2) 항공승객과 환영송객에 대한 편의서비스

공항 내외의 편리한 시설과 시스템의 설치운영은 공항을 이용하는 모든 고객을 만족시키는 필요조건이라 할 수 있다. 승객의 편의도모와 공항시설물의 효율적 활용방법을 구체적으로 살펴보면 다음과 같다.

(1) 입체적인 교통체계 구축

파리 드골(CDG : Charles De Gaulle)공항의 경우 고속전철(TGV), 국철, 지하철의 연결로 통합교통망이 구축되어 있다. 항공기의 운항취소 및 지연 시에 TGV 등을 이용하여 목적지로의 연결이 가능하도록 도심과 공항을 연결하는 입체적인 교통체계가 구축되어 있다. 이 밖에 간사이, 덴버, 창이와 같은 세계적인 공항은 이러한 통합교통체계를 앞 다투어 구축하고 있다.

(2) 청사 각 층별 기능의 세분화

청사와 연결된 주차빌딩(parkade)의 설치 등으로 항공승객의 이동거리를 최소화해야 한다. 또한 각종 청사 내의 수평적 이동을 포함한 도보의 거리를 단축하기 위하여 PMS(People Mover System)는 필수적일 것이다.

(3) 청사 간 이동시스템의 운영

셔틀버스의 운행을 지양하고 모노레일, 경전철, 지하궤도, 자동보도를 설치하여 여객의 편의를 도모한다.

(4) 간이수속대 설치

댈러스(Dallas), 덴버(Denver), 오헤어(O'Hare : 시카고), 샌프란시스코(San Francisco), 라구아르디아(La Guardia : 뉴욕) 등의 공항에 설치된 것으로 하차장(curbside)에 컨베이어벨트를 연결하여 무거운 수하물을 바로 탁송한 후에 청사 내 항공사의 체크인카운터에서 좌석배정을 받을 수 있는 시스템이다.

(5) 공공 안내시스템(Public Information Displays)

청사 내 각종 시설물의 안내를 위한 것으로 다양한 정보내용의 표출을 표준화하여 단순·명료한 안내서비스를 제공해야 한다.

3) 선진공항의 프리미엄 서비스

(1) 패스트트랙(Fast Track) 서비스

보안검색이나 출입국 수속 시에 길게 줄을 서지 않고 별도의 창구를 통해 빨리 통과할 수 있게 해주는 서비스이다. 영국 히드로공항, 아랍에미리트연합 두바이공항 등에서는 1등석과 비즈니스승객을 대상으로 전용창구에서 보안검색과 출입국 심사를 함께 받을 수 있도록 하고 있다.

(2) 의전서비스

일부의 선진공항은 수익사업의 일환으로 공항이 유로로 의전업무를 해주거나 의전전문업체가 공항에서 영업활동을 한다. 두바이공항의 경우, 공항이 직접 의전서비스사업을 하고 있으며 국내는 현재 고객을 리무진 차량으로 공항까지 인솔해주는 수준에 그치고 있다. 하지만 조만간 패스트트랙이 도입될 것으로 전망돼 프리미엄 의전서비스는 본격화될 것이다.

표 6-8 외국 공항의 프리미엄 서비스 현황

공항/국가명	대상	서비스 내용	비용
히드로(영국)	1등석/비즈니스석 승객	전용 보안검색대 및 출입국 심사대 이용	무료
스키폴(네덜란드)	멤버십 회원	전용 출입국 심사대를 홍채인식시스템 등으로 인증받아 이용	119유로/1년
홍콩(중국)	최근 1년간 3회 이상 홍콩공항에 입국한 승객	카드를 신청·발급받아 전용출입국 심사대 이용	무료
두바이(아랍에미리트)	1등석/비즈니스석 승객	전용 보안검색대 및 출입국 심사대 이용	무료
스완나폼(태국)	1등석/비즈니스석 승객	전용 체크인카운터 및 출입국 심사대 이용	무료

자료 : 조선일보, 2008. 1. 10.

(3) CIP 터미널 서비스

CIP 터미널을 이용하는 승객들은 하기하면 준비된 차량을 타고 CIP 터미널로 이동한다. 승객이 터미널 VIP 라운지에서 휴식을 취하는 동안 입국심사 및 수하물 인도를 대행해 주는 서비스이며, 이미 두바이공항과 싱가포르공항에서는 차별화된 서비스를 운영하고 있다.

2. 선진공항의 마케팅 전략

80년대 초부터 세계의 선진공항은 공항의 수익성 제고를 위해서 신규노선의 개척이나 확대 등 수익을 창출하고자 최선의 노력을 다하고 있다.

전술한 바와 같이 공항의 고객이란 항공사의 승객뿐만 아니라 항공사 및 환송영객, 상주기관, 업체, 지역주민까지도 포함한다.

이러한 관점에서 선진공항은 고객이 '원하는 바'를 충족시킬 수 있는 시설과 유무형의 서비스상품을 개발함으로써 수익증대를 위한 마케팅 활동을 전개하고 있다.

중추공항으로의 선점을 위해 공항시설의 지속적인 확장이나 건설도 중요하겠지만, 이와 더불어 정치, 경제, 사회, 문화적인 환경을 고려한 적극적인 마케팅 활동이 요구된다.

예를 들면 스키폴(네덜란드), 프랑크푸르트(독일), 히드로(영국), 창이(싱가포르)공항 등은 타 공항과의 비교우위를 선점하기 위해 타 경쟁공항보다 편의성, 신속성, 자동화수준의 향상을 위한 시설확충뿐만 아니라 환경여건을 충분히 활용한 적극적인 마케팅 활동을 통하여 공항의 고객확보에 전력을 투구하고 있다.

세계 주요 선진공항의 마케팅 전략은 다음과 같다.

1) 스키폴(Schiphol)공항

스키폴공항은 항공사를 1년에 1회 이상 방문하여 현재 이용 가능한 수용능력(capacity)과 향후의 확장계획, 취항 시의 경제성 및 장래수요예측에 대한 자료를 제공하고 있다. 매년 50% 이상의 비율을 차지하는 환승객의 비중을 더욱 높이기 위해 인근 경쟁공항의 환승여객을 흡수하는 공격적 마케팅을 전개하고 있다.

예를 들면 원활한 연결편, 다양한 편의시설 제공, 면세점의 가격안정, 품질보장, 종업원의 행동규범 제정 등으로 차별적인 전략을 펼치고 있다. 특히 다양한 편의시설의 제공은 타 공항의 모델이 되고 있으며, 1980년 이래로 무려 62차례나 유럽 최고의 공항으로 선정된 바 있다.

2) 히드로(Heathrow)공항

BAA(British Airport Authority)는 신규 항공사의 유치를 위해 시장성 조사분석과 재무 컨설팅을 항공사에게 제공하고 있다. 인근 공항의 이용 시에는 공항관련 사용료의 할인혜택과 새로운 공항시설 및 상점 설치 등의 정보제공, 안내책자, 정기적인 세일즈 방문, 전액환급제도인 Refund System과 Freephone Helpline서비스를 통하여 가장 성공적으로 수익을 창출하는 면세점을 운영하고 있다.

3) 창이(Changi)공항

개방적인 다자간 항공협정, 자유무역지대의 설치운영, 신속한 공항접근 시스템, 환승여객을 위한 무료 시내관광, Dayroom 등의 다양한 프로그램을 선보여 세계 제일의 공항으로 자리 잡고 있다.

또한 공항 내의 구내업체는 각종 편의물품, 일반 소매품, 면세점, 식음료점, 각종 서비스업, 위락시설 등으로 분류할 수 있는데, 이에 대해 업체별로 특성에 알맞은 마케팅 전략을 수행하고 있다.

3. 공항의 서비스 모니터링제도

창이공항의 싱가포르민항청(CAAS : Civil Aviation of Singapore), 파리공항공단(ADP : Aeroport De Paris), Schiphol공항주식회사, 프랑크푸르트공항(Flughafen

Fankfurt Main AG) 등은 공항의 서비스질을 제고시키기 위하여 모니터링을 실시하고 있다. 영국의 BAA plc의 QSM(Quality of Service Monitor)을 예를 들면 다음과 같다.

공항마케팅 연구팀에서는 기본적 업무분야(mainline QSM), 구내업체 및 식당서비스(retail QSM), 주차서비스, 안내 및 포터서비스, 공항시설 입주자를 대상으로 BAA 산하 7개 공항의 출발대기실 및 도착장에서 무작위 면접조사를 실시하고 있다. 기본적 업무분야에서의 QSM은 월별로 모니터링하고 전월, 전년도와 비교하여 개선여부 및 서비스수준을 조정하고 있다.

4. 비항공수익부문의 제고전략

비항공수익을 제고하는 방법에는 공항 내의 영업, 타 공항에서의 구내업체 경영, 공항건설 및 경영의 노하우 제공에 따른 수익을 추구하는 등 공항의 수익을 제고하는 방법이 더욱 다양화·국제화되고 있는 추세이다. 특히 면세점, 일반대합실 내의 기념품, 식음료업체 등의 전통적인 기존의 형태뿐만 아니라 공항 내에 공항의 특성별 잠재력을 고려하여 카지노, 실내 골프연습장, 인터넷룸 등과 같이 다양한 형태를 운영함으로써 수익 제고에 한층 힘쓰고 있다.

이와 같이 공항은 최상의 쇼핑시설뿐만 아니라 환승객에게 제공할 수 있는 중간기착지로서 편리한 환승시스템, 운항빈도의 증가, 기타 여객서비스 등을 끊임없이 개발하여 환승공항으로서 매력을 느낄 수 있도록 하는 것이 매우 중요하다.

공항은 이제 단순한 교통시설로서의 공항이 아니라 국제회의장, 쇼핑센터, 호텔, 물류센터, 오피스빌딩, 비즈니스파크, 영화관과 나이트클럽 등 각종 관광 및 여가시설을 갖추어 지역상권의 중심지를 형성하고 있다. 참고로, 글로벌 10대 공항면세점의 판매실적은 〈표 6-9〉와 같이 두바이공항을 선두로 인천공항, 히드로공항, 창이공항 순으로 나타났다. 특히 우리나라 인천국제공항은 비공항수익부문에서 최고수준의 판매실적을 자랑하고 있다.

표 6-9 글로벌 10대 공항면세점의 판매현황   (2011년 9월 현재)

순위	공항 및 도시명	연간매출규모(USD)
1	두바이국제공항(두바이)	
2	인천국제공항(서울)*	
3	히드로국제공항(런던)	10억 달러 이상
4	창이공항(싱가포르)*	
5	홍콩국제공항(홍콩)*	
6	샤를드골공항(파리)	6억 달러 이상
7	프랑크푸르트-마인공항(프랑크프루트)	
8	방콕국제공항(방콕)*	5억 달러 이상
9	스키폴공항(암스테르담)	
10	과룰류스국제공항(상파울루)	4억 달러 이상

주 : *는 아시아지역의 공항이며, 비공항면세점은 제외한 순위임.
자료 : 한국항공진흥협회(2012), 포켓 항공현황.

이렇듯 세계의 선진 공항들이 환승 또는 최종목적지로서 공항의 가치를 증대시 킴으로써 보다 많은 여객 유치를 위해 적극적으로 대응하고 있음을 볼 때, 이에 대한 공항 당국의 지속가능한 경영마인드가 필요하다.

제4절 향후 공항의 운영방향

공항은 국가경제의 활력소이며 전 세계 항공운송의 필수적인 구성요소이다. 또 한 활주로, 여객청사 등의 기본시설을 완비하면서 항공사, 여객, 지역사회의 성장 과 발전에 없어서는 안 될 존재임에 틀림이 없다. 항공산업의 자유화 및 항공사의 규제완화는 전 세계적인 추세이며 미래에는 공항의 역할과 기능이 더욱 강조될 것 이다.

이러한 환경변화로 인하여 공항은 운영 및 개발, 재원조달 등과 같은 새롭고 복잡한 여러 문제에 직면하고 있다. 따라서 공항은 경쟁력을 강화하고 선진공항으로의 선점을 위해서 다음과 같은 분야에 각별한 관심을 갖고 적극적으로 추진해야 할 것이다.

1. 공항수익원의 다변화

공항운영을 위한 재원은 주로 착륙료, 주기료, 여객시설이용료 등의 항공수익에 의존해 왔다. 그러나 수익원을 다변화하기 위하여 공항을 항공기의 이착륙 장소만이 아닌 국제회의장, 호텔, 레저시설, 쇼핑센터 등과 같은 시설편의를 골고루 갖추어 수익을 창출할 수 있는 장소로 전환시켜야 한다. 더욱이 운영업무, 기술 그리고 공항경영의 노하우를 전수함으로써 수익을 올릴 수 있는 방안을 모색하여야 한다.

이와 같은 컨설팅은 예를 들면 다양한 욕구의 여객을 혼잡 및 비혼잡의 시간대에 효율적으로 분산·처리할 수 있는 노하우를 다른 공항이나 고속도로의 톨게이트, 지하철, 터미널 등과 같은 교통과 관련된 분야에도 전수할 수 있을 것이다.

또한 민간자본을 유치하여 공항의 쇼핑시설과 상품의 종류를 재정비함으로써 양질의 서비스를 제공하고 나아가 많은 수익을 제고할 수 있는 분야가 공항시설에 관한 서비스부문이다.

일례로, 영국의 히드로공항은 공항 내 공항소매업자들과의 광범위한 제휴관계를 맺고 다각적인 서비스전략을 구사하여 많은 수익을 올리고 있다. 그러나 공항은 아무리 수익이 제고된다고 할지라도 공항의 기본적 기능인 다양한 노선과 많은 수의 항공사의 취항이 우선시되어야 한다. 그리고 이와 더불어 편안한 편의시설, 신속한 수하물 처리, 각종 수속절차의 간소화 등을 제공함으로써 최상의 서비스수준을 유지하는 데 소홀해서는 안 될 것이다.

2. 공항 및 공역의 확장

항공수요의 폭증으로 공항 및 공역은 포화상태에 이르게 되고 이러한 현상은 항공교통의 정체 및 항공기 사고의 원인이 되기도 한다. 국제민간항공기구(ICAO)에 의하면 2000년대 항공교통의 수요에 대처할 수 있는 유일한 해결책으로 위성 항행시스템 개발을 규정하고 있다.

위성 항행시스템이란 인공위성을 모체로 하는 새로운 개념의 항공통신, 항행, 감시시스템 및 항공 교통관리시스템(CNS/ATM : Communications, Navigation, Surveillance and Air Traffic Management)으로서 고도의 효율성을 가능하게 한다. 이런 연유로 인하여 이 시스템이 공항의 수용능력이나 운영에 미치는 잠재적 효과는 매우 크다고 볼 수 있다.

예를 들면 공항의 Slot(착륙을 위한 활주로 이용시간)에 대한 효율적인 이용과 다른 기술과 결합한 항공기의 도착시간 안내, 낮은 시정, 악천후 속의 활주로의 이용증대, 항공기 및 차량을 위한 지상안내 통제시스템 지원 등 공항에 다양한 이점을 제공할 수 있다.

3. 항공기 이동지역의 혼잡해소

항공기 사고의 대부분은 항공기의 이·착륙 시, 착륙대, 활주로, 유도로, 계류장 등에서 항공기가 이동할 때 발생한다. 특히 항공이용객이 증가함에 따라 항공기의 수도 급속도로 증가하는데 이에 비해 공항의 수용능력 부족으로 인한 만성적인 혼잡과 정체는 각종 항공사고의 원인이 되고 있다. 예를 들면 항공기 이동지역 내 활주로 보호(눈, 안개 등), 착륙대 주변의 조류 퇴치, 계류장의 혼잡완화는 공항의 안전을 도모함과 동시에 공항의 경쟁력을 좌우하는 중요한 요소이기도 하다.

4. 보안서비스 제고

공항의 안전서비스는 공항선진화의 척도이며 안전수준의 고하는 공항의 성패를 가늠할 수 있다. 뉴욕의 9·11테러와 같은 대형 항공사고를 경험한 미국을 비롯한 전 세계의 공항은 여객의 편의성을 제공하면서도 철저한 보안시스템을 확보하기 위해 최선의 노력을 하고 있다.

영국 히드로공항의 경우 공항의 운영에는 별지장 없이 완벽한 수하물검사를 수행하고 있는데 연간 4,000~4,500만 개를 무리 없이 처리하고 있다. 새로운 개념의 항공보안조치는 구체적으로 다음과 같다.

1) API(Advance Passenger Information)

여객의 출국수속 시에 국제적으로 표준화된 여객정보를 입력하여 목적지의 공항으로 즉시 전송하면 불법입국자 및 범법자를 미리 분류할 수 있다. 그러나 이러한 시스템의 운영이 가능하려면 세계적으로 관련 기관들 간의 통합통신체계의 구축이 전제되어야 한다.

2) FAST(Future Automated Screening of Travellers)

여객의 보안검색 개념이며 손바닥이나 지문의 투과(scan)방식을 통하여 데이터베이스상의 신원조사를 거쳐 범법자 색출 및 관련 자료를 확인할 수 있는 조치이다. 이는 항공사나 보안관련 기관의 유기적인 협조체제를 전제로 한 생물학적 신원확인용 시스템이다.

5. 여객 및 화물의 처리 개선

항공여객의 불만요소의 하나인 불필요한 지연시간을 줄이기 위한 기술이 ACI(국제공항협회) 등 관련기관의 지원을 받아 개발되고 있다.

기계판독이 가능한 여권, 각종 여행서류와 같은 출입국 관련서류(MRTD : Machine Readable Travel Document)를 범세계적으로 표준화하여 발급하고 공항에서는 중앙통제시스템과 연결된 서류판독기를 설치한다. 또한 출국 시에는 국제적으로 표준화된 여객정보를 상대국에게 전송하면 도착공항의 세관 및 출입국수속을 신속하게 처리할 수 있기 때문에 큰 효과를 얻을 수 있다.

6. 공항의 홍보 강화

공항은 지역사회에 신규고용을 창출하는 데 직·간접적으로 효과를 제공하고 있다. 더구나 공항은 경제 활성화에 크게 이바지하고 있음에도 불구하고 소음, 수질 등의 환경상의 문제로 인하여 종종 부정적인 이미지를 주는 것으로 인식되고 있다.

공항의 시설 개량이나 확장, 신공항건설 등 공항 수용능력을 확충할 필요성이 강조되고 있지만, 공항에 대한 지역사회의 인식부족으로 인하여 큰 차질을 빚고 있다.

이를 해소하기 위한 방안으로 공항은 각종 문화행사, 사업설명회 개최 등을 통하여 공항의 긍정적인 이미지를 제고시킴으로써 지역사회의 지원이나 협조를 얻어 추진하는 것이 바람직하다.

7. 환경친화적인 공항건설

공항의 환경은 항공기 소음, 대기, 토양, 수질오염, 폐기물관리 등에 관한 여러 문제에 직면하고 있다. 그렇지만 선진공항이 되려면 공항은 공항 내의 산림조성이나 주변 조경공사를 통하여 녹화사업에 주력하고 환경친화적인 공항운영에 집중적인 관심과 투자를 함으로써 환경으로부터 기인하는 부정적 영향을 최소화하려는 노력을 게을리하지 말아야 할 것이다.

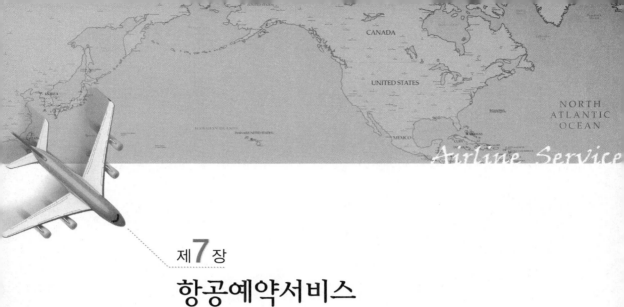

제**7**장

항공예약서비스

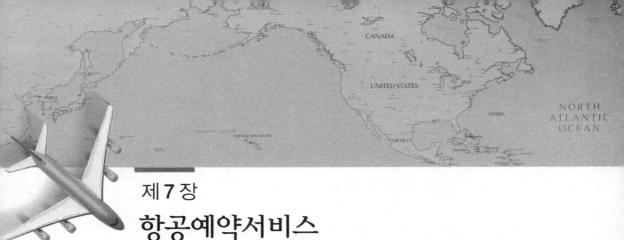

제 7 장
항공예약서비스

항공사는 항공기를 이용하여 여행자(passenger, traveller)에게 운송수단, 즉 교통편을 제공하는 운송서비스업이다. 따라서 항공사의 주된 상품은 여행자를 한 지역에서 다른 지역으로 이동할 수 있게 하는 항공기의 좌석(seat)이라고 할 수 있다.

항공사 상품의 특성은 전술한 바와 같이 생산되는 순간에 소비된다. 즉 생산과 소비가 동시에 이루어지므로 항공기의 좌석을 보관하거나 재고의 상태에서 재판매할 수 없다. 부연하면 2013년 3월 1일 KE 081편 출발시간 11 : 00 좌석번호가 2A이라고 가정할 때 이 좌석은 탑승수속 마감시간까지 여객이 탑승하지 않는다면 2A좌석은 상품으로서의 가치가 소멸하게 된다. 그리고 3월 2일 KE 081편의 2A란 새로운 좌석(상품)이 여객을 기다리게 된다. 그래서 타 산업과 비교해 볼 때 가장 특수한 업무형태의 기능이 항공사의 예약업무이다.

원래 항공사의 예약업무는 1919년 네덜란드의 K.L.M Royal Dutch Airlines로부터 예약업무가 처음 시작되었다. 초기 수작업(manual reservation)으로부터 시작된 항공예약은 항공운송상품의 소멸성(perishability)을 해소하고, 자유경쟁에 의한 신속한 업무처리를 함으로써 양질의 고객서비스를 제공할 목적으로 최첨단 전산예약시스템(computerized reservation system)을 활용하였다. 이와 같은 항공상품의 특수성을 바탕으로 이 시스템은 전 세계적으로 급속히 전파되었다.

제1절 예약업무의 종류

항공사의 주된 상품은 항공기의 좌석이므로 좌석예약이 주종을 이룬다. 그러나 항공사는 좌석예약 이외에 승객이 항공여행을 하는 데 필요한 거의 모든 제반 서비스 및 정보를 제공하고 있다.

항공사 예약서비스의 종류는 다음과 같이 분류할 수 있다.

1. 항공여정 작성 및 좌석예약

세계 어느 곳이든지 최종 목적지까지 승객이 원하는 행선지를 여행할 수 있도록 전 세계 항공사의 시간표(O.A.G) 등을 참조하여 항공여정(flight itinerary)과 관광 루트의 일정을 작성해 주며, 또한 항공좌석의 확보를 위하여 컴퓨터를 이용해 신속하게 처리해 준다.

2. 부대 서비스(Auxiliary Services)

항공여행자가 항공일정 이외의 여행을 위해 필요한 부대서비스를 예약해 주거나 편리한 여행이 될 수 있도록 해준다.

부대서비스에는 다음과 같은 사항들이 포함된다.

① 호텔예약(Hotel Reservation) : 세계 주요 도시의 호텔의 관련사항, 즉 호텔명, 위치, 전화번호, 요금 등을 안내하고 예약을 대신해 준다.

② 관광예약(Tour Reservation) : 세계 주요 도시별로 관광명소, 가볼 만한 곳의 정보 등을 제공하고 예약을 한다.

③ 렌터카 : 여행자에게 승용차를 대여해 줌으로써 여행의 편의성을 제공한다.

④ 기타 교통편 예약(Surface Transportation) : 여행과 연결되는 선박, 철도, 공항과 공항 간의 지상교통의 예약을 가능하게 한다.

⑤ Air Taxi Reservation

3. 특별 기내식 요청(Special Meal)

승객이 건강 또는 종교상 등의 이유로 특별 기내식을 좌석예약 시에 요구하면 추가요금의 부담 없이 출발 2일 전까지 예약을 받아 제공하고 있다. 기내에서 제공되는 특별식의 종류는 다음과 같다.

1) 종교상의 특별식

① HNML-Hindu Meal

② MOML-Moslem Meal

③ VGML-Vegetarian Meal

④ KSML-Kosher Meal

2) 건강 및 신체상의 특별식

① BBML-Baby Meal

② CHML-Child Meal

③ SBDT-Soft Blend Diet

④ LCML-Low Calorie

⑤ LFML-Low Cholesterol/Low Fat

⑥ FRDT-Fresh Fruit

⑦ ORML-Oriental Meal

3) 축하를 위한 특별식

① HMCK-Honey Moon Cake

② BDCK-Birthday Cake

4. 도착 Information 서비스

도착 목적지에 있는 친지나 필요한 사람에게 여행자의 도착연락(arrival notice) 서비스를 제공한다.

5. 특별한 보호나 주의가 필요한 승객

환자, 비동반 소아, 임산부, 노인 등과 같이 항공여행 중에 특별한 주의가 필요한 승객의 정보를 제공한다.

6. 기타 여행정보서비스

환율, 출입국 관련 절차 등 여행목적지에 대한 각종 정보를 제공한다.

제2절 예약의 경로

여행자가 항공여행을 하려고 할 때 가장 먼저 해야 할 일은 출발예정 당일의 항공좌석 확보를 위해 예약하는 것이다. 여행자가 이용하는 경로는 〈그림 7-1〉과 같다.

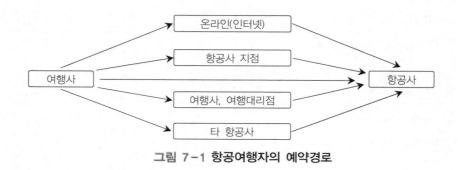

그림 7-1 항공여행자의 예약경로

1. 항공사에 직접 전화 및 방문 예약하는 경우

간단한 여정의 경우 승객이 직접 항공사에 전화를 하거나 방문하여 예약하는 것이 가장 편리하다. 항공사는 전산전화예약 시스템을 갖추고 전화예약서비스를 하고 있다.

2. 항공사 지점에 전화 또는 방문 예약하는 경우

여행자가 접촉하기에 편리한 항공사 지점에 전화나 방문을 하여 출발 해당 항공편의 예약을 하는 경우이다.

3. 여행사를 통하여 예약하는 경우

여행자가 해외 여행할 경우에 예약에서부터 항공권 구입, 또는 기타 필요한 수속절차, 예를 들면 VISA, 여권발급 등을 여행사에 의뢰하는 경우이다. 일반적으로 여행사는 항공사로부터 판매액에 대한 소정의 판매수수료와 여행자로부터 대행수수료(sales commission)를 받음으로써 여객을 유치하기 위해 안전한 여행을 할 수 있도록 제반 서비스를 제공하고 있다.

4. 타 항공사를 통하여 예약하는 경우

여행자가 둘 이상의 구간을 둘 이상의 항공사를 이용하여 여행하고자 할 때 처음 항공사의 예약과에 예약을 부탁하면 해당 항공사는 자사 구간의 예약은 물론 다른 구간의 타 항공사 예약도 가능하게 해준다. 이를 Interline Reservation이라고 한다.

제3절 온라인상에서의 항공권 판매

　항공업계에서 전자상거래의 비중은 점점 더 확대되리라고 예상된다. 항공업계는 운영비용을 절감하고 기존의 시장점유율을 지속적으로 유지한다는 입장에서 이에 대한 관심이 집중되고 있다. 항공권 예약의 경로는 항공권의 4%만이 인터넷상을 통하고 96%가 기존의 예약경로인 항공사의 예약전화, 여행사를 통해 예약이 이루어지고 있다.

　중국의 경우 2012년 온라인을 통해 여행 및 예약서비스를 이용한 네티즌은 1억1,200만 명으로 전체의 약 19.8%를 차지함으로써 온라인 여행 예약산업의 장기적인 발전 가능성을 보이고 있다. 한편 통계청에 의하면, 2012년 현재 우리나라의 여행 및 예약서비스 관련 부분의 규모는 전체 전자상거래 시장의 약 16.7%인 5조3,800억 원으로 집계되고 있다. 따라서 이러한 점을 감안해 볼 때 항공권 판매경로는 온라인을 통해서 계속 증가할 추세임에는 분명하다. 온라인상에서의 항공권 판매의 형태를 살펴보면 다음과 같다.

1. 항공사 웹사이트

　항공사의 웹사이트를 통해 항공권을 판매하는 방법이다. 대부분의 항공사들이 운영하고 있으며 항공권 예약, 항적추적, 마일리지 프로그램 등의 혜택을 골고루 받을 수 있다.

2. 온라인 대리점(GDS : Global Distribution System)

　항공사들이 다자간 협력을 통한 지역연합 컴퓨터 예약시스템으로서 온라인 여행대리점들이 만든 사이트이다.

　대표적으로는 Travelocity.com, Expedia.com, Trip.com과 같은 사이트가 있다.

항공권 예약, 항공권가격비교 및 스케줄 조회, 호텔 및 렌터카 예약 등이 가능하지만, 마일리지 혜택과 저렴한 항공권가격의 혜택이 없다는 것이 단점이다.

3. 연합항공사 웹사이트(Multi-Airline Site)

온라인 대리점을 통한 항공권판매가 대표적인 온라인 대리점에 의해 거의 선점되었다. 이에 항공사들이 소비자에게 더 많은 선택의 기회를 제공하고자 연합항공사 사이트를 개설하였다. 대표적인 예로서 유나이트, 델타, 콘티넨탈, 노스웨스트, 아메리칸 등의 항공사가 연합하여 만든 오비츠(Orbitz)라는 사이트를 들 수 있다. 또한 브리티시항공과 다른 유럽항공사들이 연합한 T3 사이트도 계획 중에 있다.

이에 대응하여 국적기인 대한항공과 아시아나가 자본제휴를 통한 종합여행 포털사이트인 에어라인 포털 서비스를 계획하고 있다. 이는 미국의 프라이스라인닷컴(priceline.com) 등 해외온라인 항공사들이 자금력을 앞세워 한국 내 영업을 시도함에 따른 치열한 생존경쟁을 위한 조치이기도 하다. 항공사 웹사이트와 온라인 대리점을 통한 모든 혜택을 받을 수는 있지만 덤핑으로 항공권을 팔지 못하는 단점이 있다.

4. 경매사이트

경매를 통한 항공권 판매사이트이다. 대표적인 것으로는 Priceline.com, Hotwire.com, Auctionfares.com을 들 수 있다.

Priceline.com은 Name-your-own-price라는 역경매방식의 새로운 항공권 매매방법을 선보이고 있다. 항공권을 저렴하게 구입한다는 장점도 있지만 다른 서비스는 받을 수 없다.

이 방식은 항공권을 구매하고자 하는 사람이 대략적으로 정해진 여행일정에 구매가격을 Princeline에 알려준다. Princeline은 소비자가 제시한 가격의 수용 여부를 결정한다. 제시한 가격이 수용되면 소비자는 반드시 항공권을 구매하여야 한다. 소비자는 제시한 가격이 수락된 다음에야 비로소 항공사, 경유지 등의 정보를 알 수 있다.

항공사의 수수료가 아닌 항공권이 매매되는 과정에서 발생되는 차액에서 수익을 얻고자 한다.

5. 기존 여행사의 웹사이트

기존의 여행사가 온라인판매를 제공하기 위하여 만든 사이트로서 항공권예약을 비롯하여 여행객에게 제공되는 혜택은 많다. 그러나 항공사들이 인터넷 여행 사이트에 지급하는 항공권 판매수수료를 최고 10%까지 대폭 인하하여 판매하기 때문에 인터넷여행사의 수입에 압박을 가하고 있다.

제4절 항공여정의 작성

1. 항공사 Timetable의 이해

항공사의 Timetable은 항공수송의 공공성에 의하여 항공편 운항스케줄(schedule)을 일반 대중에게 Timetable의 형식으로 공표하고 있다. 하계 스케줄(summer schedule)은 4월 1일에서 10월 31일이며 11월 1일부터 3월 31일은 동계 스케줄(winter schedule)로 운영된다. 또한 미국과 같이 summer time(day light saving time)제도를 실시하는 국가도 있다.

Timetable에는 항공편명(flight number), Timetable의 유효기간, 항공기 운항요일(day of operation), 출발 및 도착시간, 출발지와 목적지 그리고 경유지, 기종, Class의 등급이 표시되어 있다.

Timetable의 예는 〈그림 7-2〉와 같다.

Validity	Day	Dep/Arr	Flight Number	No of Stops or Transfer City	Arr/Dep	Aircraft

From SEOUL *Kimpo Intl.* **SEL - T1** Ⓢ GMT+9 ☎ (02)7551226 / ✈ (02)6651711

To CALGARY GMT-6(-7 until 4Apr)

- 3Apr	1 4 6	1655/1515	**SQ18**/AC1730	Vancouver	1005/1150	343/BE1
- 3Apr	1 4 6	1655/1418	**SQ18**/AC210	Vancouver	1005/1200	343/319
5Apr-	1 4 6	1655/1530	**SQ18**/AC1945	Vancouver	1105/1300	343/146
3May-	1 4	1655/1619	**SQ18**/AC214	Vancouver	1105/1400	343/D9S

To CHENNAI GMT+5½

	12 4567	0900/2150	**SQ883**/SQ410	Singapore	1415/2035	343/744
	3	0900/2130	**SQ883**/SQ410	Singapore	1415/2015	343/744

To CHICAGO GMT-5(-6 until 4Apr)

- 2Apr	2345 7	1845/2115	**SQ16**/SQ1016♦	San Francisco	1300/1507	343/M80
4Sep-	1234567	1845/2147	**SQ16**/UA154	San Francisco	1400/1550	343/757
4Apr- 3Sep	2345 7	1845/2147	**SQ16**/UA154	San Francisco	1400/1550	343/757

To CHRISTCHURCH GMT+12(+13 from 3Oct)

	1234567	0900/1010+1 *n*	**SQ883**/SQ295♦	Singapore	1415/2020	343/767
- 10Oct	2 5	1655/2255+1	**SQ17**/SQ293	Singapore	2210/0920	343/343
- 3Sep	45	2055/2255+1	**SQ15**/SQ293	Singapore	0210/0920	343/343
7Sep-	2 45	2055/2255+1 *n*	**SQ15**/SQ293	Singapore	0210/0920	343/343

To COLOMBO GMT+6

	1234567	0900/2235	**SQ883**/SQ402	Singapore	1415/2100	343/343
	4 67	1220/2235	**SQ879**/SQ402	Singapore	2015/2100	310/343

To DELHI GMT+5½

	1 3 567	0900/2130	**SQ883**/SQ408	Singapore	1415/1845	343/772

싱가포르항공

韓國 · Korea → 美洲 · The Americas

Flight 편 명	Departure 출발	Arrival 도착	Aircraft 기종	Class 클래스	Day 요일	VIA 경유지	Arr./Dep. 도착/출발	Validity 유효기간

Seoul 서울 (Incheon 인천공항) (+9) ─ Honolulu 호놀룰루 (-10)

KE051	20:20	10:00	777	CY	1--4-67		~4.13
KE051	20:35	10:00	777	CY	--3----		4. 2~4.23
KE051	20:20	10:00	777	CY	---4-67		4.14~4.23
KE051	20:20	10:00	777	CY	1-34-67		4.24~5.18
KE051	20:20	10:00	777	CY	-234-67		5.20~

Seoul 서울 (Incheon 인천공항) (+9) ─ Los Angeles 로스앤젤레스 (-7)

KE001	10:20	07:00	777	CY	1234567	NRT 12:35/13:55	~4. 5
KE001	10:20	08:00	747/777	CY	1234567	NRT 12:35/13:55	4. 6~
KE017	15:00	09:00	747	PCY	1234567		~4. 5
KE017	15:00	10:00	747	PCY	1234567		4. 6~
KE011	20:20	14:20	747	PCY	1234567		~4. 5
KE011	20:20	15:20	747	PCY	1234567		4. 6~
KE015	19:35	15:05	747	CY	1-3-5--		6.13~

● 4.6부터 일광절약시간 적용 Daylight saving time begins on 06Apr

대한항공

그림 7-2 항공사 Timetable의 예

1) 항공편명(Flight Number)

항공사의 항공편명은 정기편과 임시편(extra, charter)으로 구별하고 있는데, 정기편은 3자리의 숫자로, 임시편은 4자리의 숫자로 구성된다.

Flight Number의 구성은 다음과 같다.

KE :	<u>7</u>	<u>0</u>	<u>3</u>
	first digit	second digit	third digit

(1) First Digit의 표시

첫째 자리수는 해당 운항편이 국제선, 국내선의 여부를 구분하고 국가나 지역 등 운항지역을 구분할 수 있다. 구체적으로 살펴보면 다음과 같다.

첫째 자리수의 표시	의미	첫째 자리수의 표시	의미
0	미주지역(북·중·남미)	7	일본
0, 1, 2	국내선	8	중국 및 대양주
6	동남아지역	9	중동 및 유럽

주 : 대한항공의 경우

(2) Second Digit의 표시

둘째 자리수는 해당 항공편이 여객기, 화물기 구별을 나타내고 있다.

여객편	0, 1, 2, 3, 4, 5, 6, 7
화물편	8, 9

(3) Third Digit의 표시

셋째 자리수는 동일 구간에 다수의 항공편이 운항되는 경우에 Serial Number 및 서울을 중심으로 출발항공편(outbound flight), 도착항공편(inbound flight)을 나타낸다. 인천 출발의 항공편은 3rd digit을 홀수로 도착 항공편은 짝수로 표시한다.

예1) KE 703 : 인천/도쿄(인천 출발편)

　　　KE 704 : 도쿄/인천(인천 도착편)

예2) OZ 106 : 인천/도쿄(인천 출발편)

OZ 107 : 도쿄/인천(인천 도착편)

2) 항공사 코드(Airline Code)

항공사 코드는 Airline Designator라고 하며 각 항공사의 신청에 의하여 IATA, ICAO에서 지정하고 있다. 항공사 코드는 예약, 항공운항 스케줄, Timetable, 발권 및 통신 등에 사용되고 있다. 항공사 코드는 2 Letter Code와 3 Letter로 되어 있는데 2자 또는 3자의 문자와 숫자로 구성되어 있으며, 2자로 구성할 때에는 2개의 알파벳(alphabet)으로만 구성하거나 1개의 알파벳이나 1개의 숫자로 혼합할 수도 있다. 그러나 3자로 구성할 때에는 모두 알파벳으로만 구성된다.

국내 취항 주요 항공사의 Code는 〈표 7-1〉과 같다.

표 7-1 국내 취항 주요 항공사의 Code

항공사	Code		항공사	Code	
Air France	AF	AFR	Korean	KE	KAL
All Nippon	NH	ANA	Lufthansa	LH	DLH
Cathay Pacific	CX	CPA	Northwest	NW	NWA
Japan	JL	JAL	Singapore	SQ	SIA
KLM Royal Dutch	KL	KLM	United	UA	UAL

3) 도시 및 공항코드(City/Airport Code)

세계의 도시와 공항은 편의상 3문자의 알파벳으로 코드화하여 IATA의 승인에 의하여 전 세계의 항공사가 공통적으로 사용하고 있다.

(1) 도시에 1개의 공항만 있는 경우(Single Airport City)

도시에 1개의 공항만이 있을 경우에는 도시코드나 공항코드의 구별 없이 하나로 사용하고 있다.

예) Los Angeles → LAX

　　Hong Kong → HKG

(2) 도시에 2개 이상의 공항이 있는 경우(Multi Airport City)

Seoul, Tokyo, New York, Paris, London과 같이 2개 이상의 공항이 있는 경우에는 혼동을 피하기 위하여 도시코드와 공항코드를 별도로 규정하여 사용하고 있다.

예) Tokyo의 City 코드는 TYO이며 TYO에는 Narita(NRT)공항과 Haneda(HND) 공항이 있다.

표 7-2 복수공항의 코드

도시	복수공항
NYC	JFK(J.F. KENNEDY), EWR(NEWARK), LGA(LA GUARDIA)
PAR	CDG(CHARLES DE GAULLE), ORY(ORLY)
LON	LHR(HEATHROW), LGW(GATWICK)
OSA	ITM(ITAMI), KIX(KANSAI)
SEL	ICN(INCHEON), GMP(GIMPO)
WAS	DCA(NATIONAL), IAD(DULLES)

4) 좌석등급(Class Code)

항공사의 좌석등급은 항공운임에 따라 일반적으로 퍼스트 클래스와 이코노미 클래스로 구분된다. 그러나 대부분의 항공사들은 항공운임을 다양화함으로써 세 가지 이상의 클래스로 운영하고 있는데 Class Code는 〈표 7-3〉과 같이 1자의 알파벳으로 나타낸다.

현재 대한항공의 경우는 P(프리미엄 퍼스트 클래스 : premium first class), F(일

등석 : first class), C(프레스티지 클래스 : prestige class), Y(일반석 : economy class)로 구분되어 운영하고 있다.

표 7-3 항공기의 좌석등급코드

Class의 유형	Class Code	Class의 유형	Class Code
First Class Discounted	A	Business Class Premium	J
Coach Economy Discounted	B, H, K, L, M, Q, T, V, X	First Class Premium	P
Business Class	C	Supersonic	R
Business Class Discounted	D, I, Z	Air Shuttle (no reservation needed, seat guaranteed)	U
Air Shuttle (no reservation allowed)	E		
First Class	F	Coach Economy Premium	W
Conditional Reservation	G	Coach Economy	Y

5) 항공기코드(Aircraft Code)

항공기의 코드는 항공기 제조회사의 기종별로 알파벳과 숫자 코드로 규정하고 있으며 Timetable에 투입기종의 종류를 반드시 표시한다. 주요 항공기의 항공기코드는 〈표 7-4〉와 같다.

표 7-4 항공기코드의 예

Aircraft Code	비 고	Aircraft Code	비 고
744	Boeing 747-400	330	Boeing A330
747	Boeing 747	332	Airbus A330-200
74M	Boeing 747 Combi	343	Airbus A340-300
777	Boeing 777	AB6	Airbus A300-600
772	Boeing 777-200	M11	Boeing MD11
773	Boeing 777-300	M82	Boeing MD82
757	Boeing 757	M83	Boeing MD83
727	Boeing 727	100	Fokker 100
763	Boeing 767-300	L10	Lockheed L1011

6) 출발시간과 도착시간

항공여행은 항공기를 이용하여 세계의 여러 지역을 여행하게 되므로 각 지역에 따라 시차가 발생한다. 항공사의 Timetable에 표시된 시간은 표준시간(G.M.T : Greenwich Mean Time)이 아니라 그 지역의 현지시간(local time)으로 표시된다.

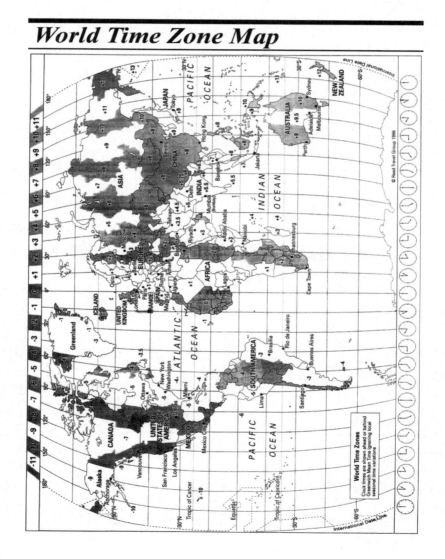

(1) 각 도시 간의 시차계산법

① 두 도시가 G.M.T 기준의 +지역과 −지역으로 서로 다른 경우

예를 들어 서울(SEL)과 뉴욕(NYC)의 시차는 각 도시의 G.M.T와의 시간차의 절대치, 즉 서울 9시간과 뉴욕 4시간을 더하면 두 도시 간의 시간차이다. 따라서 서울과 뉴욕과의 시차는 13시간이 되기 때문에 서울은 뉴욕보다 13시간 빠르다.

② 두 도시가 G.M.T 기준으로 서로 동일지역일 경우

서울과 파리와 같이 동일하게 G.M.T 지역일 경우에는 큰 절대치에서 작은 절대치를 빼면 두 도시 간의 시차이다. 서울(+9), 파리(+2) 간의 시차는 같은 G.M.T +지역이므로 7시간이 되고 서울은 파리보다 7시간 빠르다.

③ 도시 간 시차의 예제

6월 1일 서울이 오전 11시일 때 뉴욕(NYC), 호놀룰루(HNL), 파리(PAR) 각각의 현지시간은 몇 시일까? 참고로 각 도시의 G.M.T와의 시간차는 서울(SEL) : G.M.T +9, 호놀룰루(HNL) : G.M.T−10, 뉴욕(NYC) : G.M.T−4, 파리(PAR) : G.M.T+2이다.

- NYC의 현지시각 : 서울과 뉴욕과의 시차는 13시간(9+4)이므로, 6월 1일 11 : 00~13 : 00=5월 31일 22 : 00시이다.
- HNL의 현지시각 : 서울과 호놀룰루와의 시차는 19시간(9+10)이므로 6월 1일 11 : 00~19 : 00=5월 31일 16 : 00시이다.
- PAR의 현지시각 : 서울과 파리의 시차는 7시간(9−2)이므로 6월 1일 11 : 00~ 07 : 00 = 6월 1일 04 : 00시이다.

(2) 비행소요시간(Flying Time)계산법

Timetable에는 현지시간(local time)으로 표시되어 있기 때문에 각 지역의 현지시간만으로는 목적지까지 해당 항공편의 소요시간을 알기 어렵다. 따라서 비행소요시간은 출발과 도착시간을 GMT로 환산하여 계산한다. 그리고 도착 GMT에서 출발 GMT를 빼준다. 따라서 비행소요시간=목적지 도착 GMT시간−출발 GMT시간이다.

> 예제) KAL 011편 서울(SEL) ↔ 로스앤젤레스(LAX) 구간을 Non−stop으로 운항하여 서울 출발시간은 일요일 20시 20분, 로스앤젤레스의 도착시간은 당일 오후 15시 30분이라고 가정할 때, 총비행 소요시간은 얼마일까? 참고로 SEL, LAX의 GMT는 각각 +9, −7이다.

① 각각 Local Time으로 표시된 도착시간과 출발시간을 GMT로 계산한다.
- LAX 도착시간=1530−(−0700)=1530+0700=2230G
- SEL 출발시간=2020−(+0900)=1120G

② 도착 GMT에서 출발 GMT를 뺀다.
- 2230G−1120G=11시간 10분

따라서 미국은 현지시간이 한국보다 1일 늦기 때문에 이 항공편은 일요일 오후 20시 20분 서울을 출발하여 11시간 10분 Non−stop으로 비행한 후에 현지시간 일요일 오후 15시 30분에 LAX에 도착한다. 〈표 7−5〉는 노선별 주요 구간의 평균비행시간을 구체적으로 나타낸 것이다.

표 7−5 각 주요 노선별 평균비행시간

노선	구간	평 균 비행시간	노선	구간	평 균 비행시간
미주 노선	서울 ↔ 뉴욕	13 : 24	중국노선	서울 ↔ 북경	01 : 35
	서울 ↔ 로스앤젤레스	11 : 18		서울 ↔ 홍콩	03 : 13
	서울 ↔ 밴쿠버	09 : 53	대양주노선	서울 ↔ 시드니	09 : 41
	서울 ↔ 토론토	13 : 06		서울 ↔ 오클랜드	11 : 09
	서울 ↔ 호놀룰루	08 : 34	유럽/중동 노선	서울 ↔ 런던	10 : 46
동남아 노선	서울 ↔ 방콕	05 : 12		서울 ↔ 파리	10 : 49
	서울 ↔ 싱가포르	06 : 22	일본노선	서울 ↔ 도쿄	01 : 52

주 : 평균비행시간은 연평균 및 왕복평균 기준임.

7) 운항요일의 표시

항공편의 운항요일(day of operation)은 일주일 단위로 표시한다. 보통 Timetable 및 OAG에서는 운항요일을 문자 대신에 숫자로 코드화하여 〈표 7-6〉과 같이 사용하고 있다.

표 7-6 운항요일 Code

운항요일	Code	운항요일	Code
Monday	1	Friday	5
Tuesday	2	Saturday	6
Wednesday	3	Sunday	7
Thursday	4	Except	×

2. Air Segment의 구성

Air Segment는 일명 leg라고도 하며 승객의 탑승지점에서 하기지점까지의 여행 구간으로서 비행편의 구간 중 승객여정의 모든 구간이 된다. 여정(itinerary)은 1개의 Air Segment로 구성되는 경우도 있지만, 여객의 사정에 따라 2개 이상의 Air Segment로 구성된다.

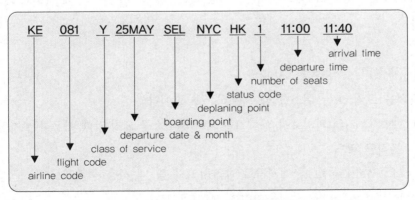

그림 7-3 Air Segment의 구성

① Airline Code : 항공사코드

② Flight Number : 항공편명

③ Service Class : 좌석등급

④ Departure Date & Month : 출발 월, 일

⑤ Boarding Point & Deplaning Point : 출발지 및 도착지의 City 또는 Airport Code

⑥ Action/Advice/Status Code : 요청코드/응답코드/상태코드

예약을 요청할 때 사용하는 요청코드(action code), 요청에 대하여 항공사에서 응답 시에 사용하는 응답코드(advice code) 및 최종적으로 예약의 상태를 알려주는 상태코드(status code)

⑦ Number of Seats : 예약한 좌석의 수

⑧ Departure Time & Arrival Time : 출발 및 도착시간

3. 예약코드의 종류와 용도

예약코드(reservation code)는 좌석 예약 시에 일련의 코드를 통해 요청하고, 해당 요청에 대하여 항공사에서 응답함으로써 좌석상태를 알려주는 형태이다. 전 세계의 항공사가 동일한 절차에 따라 운영되므로 여러 관련 코드를 IATA에서 정하고 있다.

1) 요청코드(Action Code)

좌석을 요청 또는 취소할 때 사용하는 코드이다.

① NN : Need의 의미로서 좌석 또는 부대서비스를 요청할 때 사용하는 가장 기본적인 코드

② LL : Waiting List, 대기자로 예약하고자 할 때 사용하는 코드

③ HS : Have Sold, 좌석을 판매한 상태의 코드

④ OX : Cancel only it requested segment/Auxiliary service is available. 이미 확인(confirm)된 Segment 대신 대체편으로 Confirm해 달라는 조건부 취소를 요청할 때 사용된다.

⑤ XI : Cancel all itinerary－PNR상의 모든 여정 및 부대서비스, 여정 전부를 취소하고자 할 때 사용된다.

⑥ XX : Cancel confirm segment의 의미로 특별 서비스(SSR) 요청항목을 취소 하고자 하는 경우에 사용한다.

이 밖에 다음과 같은 Action Code들이 사용되고 있다.

PW : Priority waitlist, PS : Open segment request, XK : Segment has been cancelled.

2) 응답코드(Advice Code)

요청코드에 대하여 항공사에서 응답하는 경우 사용되는 코드이다.

① KK : Confirming－NN으로 요청된 예약에 대하여 확약되었음을 의미한다.

② KL : Confirming from waiting list－LL로 요청된 대기자 명단에 있던 승객 의 좌석이 확약되었음을 의미한다.

③ UU : Segment not available－NN으로 요청된 내용이 현재는 불가하며 대기 자로 예약되었음을 의미한다.

④ US : Unable to accept sale. Flight closed, have waitlisted.－Sell & Report agreement(free sale)에 의거하여 좌석을 판매하였으나, 해당 항공사가 Accept하지 않아서 대기자로 예약되었을 경우에 사용한다.

⑤ UC : Unable sale and waiting close－요청한 내용도 불가하며, 대기자도 허 용되지 않는 경우에 사용한다.

⑥ UN : Unable. Flight does not operate.－요청한 비행편이 운항하지 않을 때 사용한다.

⑦ NO : No action taken-요청사항이 잘못되었거나 기타의 이유로 필요한 조치를 취하지 않았음을 통보할 경우.

이 밖에 다음과 같은 응답코드가 사용되고 있다.

PN : Seat has been requested., WK : Segment was confirmed., TK : Holds confirmed., WL : Segment was waiting list., TL : Segment is on wating list.

3) 상태코드(Status Code)

요청 및 여정에 대한 좌석상태를 알려주기 위해 사용되는 코드이다.

① HK : Holds confirmed. -승객이 요청한 예약이 확약되어 있는 상태를 의미한다.

② HL : Have waitlisted. -예약이 대기자 명단에 올려 있는 상태

③ RR : Reconfirmed. -HK상태의 예약에서 승객이 자신의 여정에 대해 재확인까지 마친 상태를 의미한다.

④ PN : Have requested, but the reply has not been received yet. -타 항공사의 좌석을 일단 NN으로 예약요청을 하고 응답을 기다리는 상태를 의미함 (pending for reply).

4) 예약코드의 상호관계

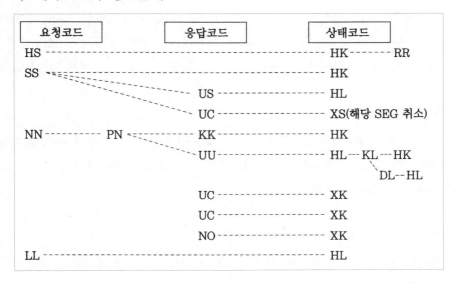

4. Availability Status Code(AVS)

Availability Status란 특정 항공편의 현재 예약 가능한 좌석수를 의미하며, 출발일에 근접할수록 이용할 수 있는 좌석 수는 점점 적어진다. 항공예약의 상태는 시시각각으로 변하기 때문에 예약이 가능한 좌석 수를 정확히 통보해 줄 수 없으므로 몇 단계의 코드를 사용하고 있다.

1) AS : Flight open or reopened for automatic selling.

AS는 예약접수부터 항공기 출발 당일까지의 상태를 의미한다. 이 상태는 항공기의 좌석이 충분하여 승객이 좌석예약을 원하면 먼저 예약(confirm)해 주고, 그러한 사실을 본사나 예약을 관리하는 지점으로 통보한다. 예약을 확약했다는 통보에 사용되는 Action Code는 SS이다.

2) CR : Flight closed, request only.

일반적으로 전체 좌석 수의 약 2/3 정도가 예약되면 미리 확약(confirm)하지 않고, 예약을 정밀하게 심사하여 통제하는 시기이다. 이때 사용되는 코드는 NN Action Code이며 예약요청을 하고 그에 따른 응답에 의해 승객에게 통보한다.

3) CL : Flight closed, waiting list open.

예약 가능한 좌석이 실질적으로 예약이 모두 종결되고 대기자로서 Waiting List 의 접수만 가능한 상태이다. 대기승객으로 Waiting List에 기록하기 위해서는 LL 의 Action Code를 사용한다.

4) CC : Flight closed, waiting list closed.

예약이 종결되어 예약의 접수는 물론 대기자로서의 접수도 불가능한 경우이다. 이외에도 LR(limit sales, request), LC(limit sales, waitinglist closed) 등의 코드 가 극히 제한된 범위 내에서 사용되고 있다.

5. 최소연결시간(Minimum Connecting Time Interval)

항공승객이 항공여행 시 공항에서 다른 항공편으로 갈아타야 하는 경우에 복잡한 절차와 통로를 거쳐야 한다. 최소연결시간이란 이때 필요한 각 공항의 최소한의 소요시간이다.

각 공항은 공항의 사정에 따라 항공기를 갈아타는 데 필요한 최소한의 시간을 설정하고 있다. 그러므로 항공여정을 작성할 때 이를 참고하여야 한다.

특히 항공여정 작성 시에 주의해야 할 점은 각 공항이 최소연결시간을 규정하고 는 있지만, 승객의 여행경험의 유무, 노약 등 여러 상황을 고려하여 충분한 시간간 격을 두고 연결편을 정해야 할 것이다.

다음은 일반적인 최소연결시간(minimum connecting time interval)의 유형이다.

(1) 국내선 간의 연결

① Online Connecting Time Interval

② Interline Connecting Time Interval

(2) 국제선과의 연결

① 국내선 → 국제선

② 국제선 → 국내선

③ 국제선 → 국제선

6. 부대서비스의 예약

항공예약은 항공기의 좌석예약이 주된 서비스이다. 그러나 항공여행 시에 부수적으로 필요한 여행관련 부대 예약서비스(auxiliary services)를 승객의 요구에 의하여 제공하고 있다.

전술한 바와 같이 부대서비스의 종류에는 Hotel, Tour, Car, Surface(기타 교통편 : 배, 철도, 버스), Air Taxi 예약서비스 등이 있다.

1) Hotel(HTL) 예약

예) Hotel Segment

HTL	KE	NN	1	LAX	IN25NOV	–	OUT30NOV	SGLB	HILTON
①	②	③	④	⑤	⑥		⑦ ⑧	⑨	⑩

① Auxiliary Service Identifier : Hotel을 의미한다.

② Action Identifier : Hotel 예약을 해줄 항공사 코드이다.

③ Action Code(요청코드) : Need를 의미하며 Air Segment에서 사용되는 Action Code의 의미와 같다.

④ Number of Room : 예약이 필요한 객실의 숫자를 의미한다.

⑤ City/Airport Code : 호텔예약을 실제로 수행할 도시의 코드를 의미한다. 실제로 대한항공의 LAX지점에서 해당 호텔 즉 HILTON을 예약한다. 이때 호텔과 City Code과 같은 도시에 위치하지 않는다면 호텔이 위치한 도시명을 ⑩번 Item 뒤에 명기하도록 한다.

⑥ Check-In Date를 의미한다.

⑦ - : Hyphen

⑧ Check-Out Date를 의미한다.

⑨ Type of Room : 객실의 형태를 의미하며 다음과 같은 호텔 약어(hotel abbreviation)를 사용하고 있다.

- DBLB : double room with bath
- SUIT : double room with bath and sitting room
- TWNB : double room with bath, twin beds
- SGLB : single room with bath
- DBLS : double room with shower
- SGLS : single room with shower
- FHTL : first class hotel
- LHTL : luxury calss hotel
- SHTL : second class hotel
- THTL : tourist class hotel
- MODR : moderate(medium) room rate desired
- MINR : minimum room rate desired
- MAXR : maximum room rate desired

⑩ Hotel Name : 승객이 특정호텔을 지정할 경우, 호텔명을 지정하여 예약을 요청할 수 있다.

2) Tour(TUR) 예약

개별여행일 경우에 관광지를 일일이 찾기에는 어려움이 따른다. 해당 도시의 여행사 등에서 운영하고 있는 City Tour를 예약하는 것이 시간적·경제적인 측면에서 더 유리할 경우가 많다.

항공편의 예약 시 항공승객이 Tour 예약을 요청할 경우에 대신하여 서비스를 제공하고 있다.

예) Tour Segment

```
TUR   KE   NN   3   NYC   22NOV   -   FULL DAY TOUR
 ①     ②    ③   ④    ⑤      ⑥     ⑦         ⑧
```

① TUR : Auxiliary Service Identifier로서 Tour를 의미한다.

② KE : Action Identifier, Tour 예약 서비스를 제공할 항공사 코드

③ NN : Action Code

④ 3 : Tour에 참가할 인원 수

⑤ NYC : Tour 예약을 실제로 수행할 항공사의 지점 또는 영업소가 있는 도시의 City/Airport Code

⑥ 22NOV : Tour Date and Month

⑦ − : Hyphen

⑧ FULL DAY TOUR : Tour의 성격을 설명한다.

7. Supplementary Information

항공예약의 접수 시에 항공승객의 여정에 관해 여러 가지 정보를 제공하고 있다. Supplementary Information이란 추가정보로 좌석예약, 부대서비스 예약, 승객의 전화번호, 성명 및 항공권 소지여부를 제외한 여객서비스에 대한 모든 사항을 기록하는 칸이다. Supplementary Information은 정보의 성격에 따라

SSR(special service requirement)과 OSI(other service information)로 구분한다.

1) Special Service Requirement, SSR

SSR은 승객이 항공예약 시 요구되는 특별 서비스요청이다. 특별식(special meal)의 요청 등 반드시 준비하여야 할 사항이며, 제3자로부터 해당 서비스의 제공에 대한 확약이 필요한 사항은 SSR을 이용하여 기록한다. 예를 들면, Special Meal에 대한 요청, Wheel Chair, 도착통보요청(advice arrival), 예약절차상의 중요한 정보 등이 SSR에 기록되어야 할 사항들이다. SSR의 예를 설명하면 다음과 같다.

예1)

> SSR　　BBML　　KE　　NN 1
> ①　　　②　　　③　　④

① SSR : Supplementary Item Identifier

② BBML : Type of Service, Special Service Requirement Code(special meal)
이해와 통신상의 편의를 위하여 관련서비스의 종류를 4글자의 Code(4 letter special service requirement code)로 작성한다. 일반적으로 자주 사용하고 있는 Special Service Requirement Code는 다음과 같다.

- FRAV-first available
- GRPS-group passenger travelling together
- SMST-smoking seat
- NSST-no smoking seat
- STCR-stretcher passenger
- TKTL-ticketing time limit
- UNMR-unaccompanied minor
- WCHR-wheelchair
- SPML-special meal requirement not covered by specific code

③ KE : Action Identifier

승객이 요구하는 해당 Special Service를 제공해야 할 항공사의 2 Letter Code이다. 이때 승객의 여정에 관련된 모든 항공사에 요청되면 항공사의 2 Letter Code 대신에 YY를 기록한다.

④ NN 1 : Action/Advice Code and Number

Special Meal의 요청과 같이 해당 항공사의 응답을 필요로 할 경우에 항공좌석 예약 시에 사용되는 Action Code, Advice Code를 사용한다.

예2)

> SSR WCHR YY NN 1

The wheelchair service is required from all airlines for all segments.

예3)

> SSR NSST SQ NN3 W1 A2

A request for one window seat(w1) and two aisle seats(A2) for a party of three in non-smoking section.

2) Other Service Information : OSI

정보의 성격상 항공사의 특별한 조치나 확약이 없이 단지 승객의 여행에 관해 참고할 사항의 내용을 기록한다. OSI의 예는 다음과 같다.

예1)

> **OSI UA TWOV**
> ①   ②   ③

① OSI : Supplementary Item Identifier

② UA : Action Identifier, Two Character Airline Designator

③ TWOV : 서비스의 내용, Transit Without VISA 승객이라는 Information이다.

예2)

> OSI YY VIP CHAIRMAN OF UAL

VIP(very important passenger) Information이다.

3) SSR코드의 종류

구분	코드	내용
기내식	BBML	Baby Food/ Infant : 유아용 음식
	DBML	Diabetic Meal : 당뇨환자 음식
	HNML	Hindu Meal : 힌두교 음식
	KSML	Kosher Meal : 유대교 음식
	NSML	No Salt Added Meal : 저염음식
	ORML	Oriental Meal : 동양식 음식
	SFML	Seafood Meal : 해산물 음식
	VGML	Vegetarian Meal : 야채류 음식
좌석	BSCT	Bassinet : 아기요람
	CBBG	Cabin Baggage : 기내수하물
	EXST	Extra Seat : 추가좌석
	NSST	No Smoking Seat : 금연석
기타	BIKE	Bicycle : 자전거 운송
	BLND	Blind Passenger : 시각장애 승객
	DEAF	Deaf Passenger : 청각장애 승객
	MEAD	Medial Approval : 의료 요청
	OTHS	Others : 일반사항
	PETC	Pet in Cabin : 애완동물 동반
	UMNR	Unaccompanied Minor : 비동반 소아
	TWOV	Transit Without Visa : 무비자 통과

8. 승객성명의 기록

승객성명은 항공여객의 탑승수속, 예약확인 및 변경, 출입국 수속(C.I.Q : customs, immigration, quarantine) 시에 중요하므로 정확하게 기록해야 한다. 특히 국제선의 경우에는 승객의 여권상의 성명, 항공권에 기록된 이름이 서로 반드시 일치되도록 한다. 한국승객의 경우 성명을 Full Name으로 기록하고 내외국인 상관없이 성(lost name)을 먼저 기입한다. 승객의 성명 뒤에는 신분을 나타낼 수 있는 승객의 타이틀(passenger title)을 기록하는데 이는 다음과 같다.

표 7-7 Passenger Name Title

MR	mister	MSTR	master 유/소아 남성
MRS	기혼여성	DR	doctor
MISS	유/소아 여성	PROF	professor
MS	미혼 또는 기혼여성	CAPT	captain(기장 또는 선장)

제5절 예약기록

PNR(passenger name record)이란 항공승객예약의 기록이며, 전산 예약시스템에 의해 CRT를 통하거나 타 항공사의 전문요청(teletype reservation request message)에 의하여 작성되어진다.

PNR은 승객성명(passenger name), Air Segment, 부대서비스(auxiliary service segment), 추가정보(supplementary information : SSR, OSI) 및 승객의 전화번호, 항공권의 소지여부 등 모든 요청사항을 컴퓨터 내에 종합적으로 기록하고 있다.

PNR의 예는 다음과 같다.

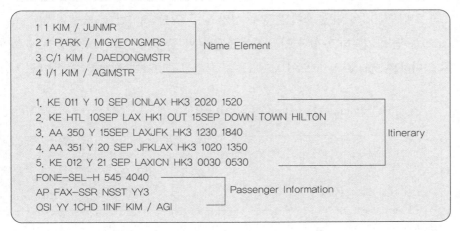

```
1 1 KIM / JUNMR
2 1 PARK / MIGYEONGMRS          Name Element
3 C/1 KIM / DAEDONGMSTR
4 I/1 KIM / AGIMSTR


1. KE 011 Y 10 SEP ICNLAX HK3 2020 1520
2. KE HTL 10SEP LAX HK1 OUT 15SEP DOWN TOWN HILTON
3. AA 350 Y 15SEP LAXJFK HK3 1230 1840          Itinerary
4. AA 351 Y 20 SEP JFKLAX HK3 1020 1350
5. KE 012 Y 21 SEP LAXICN HK3 0030 0530
FONE-SEL-H 545 4040
AP FAX-SSR NSST YY3          Passenger Information
OSI YY 1CHD 1INF KIM / AGI
```

1. Name Element

승객성명은 기록순서에 의해 Name Item Number는 성명 앞에 자동적으로 기록되며 승객의 수는 그 다음에 기록된다.

1) 성인(Adult)의 경우

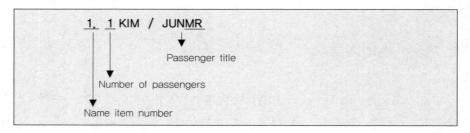

2) 소아(Child)의 경우

```
C/1
KIM/DAEDONGMSTR
KE011Y 15DEC ICNLAX HK1
OSI YY 1 CHD
```

만 2세부터 12세 미만 소아의 경우 성명 앞에 C/를 기록한다. 승객의 성(family name)을 먼저 기록하고 성과 이름 사이에 (/)로써 구분한다. 소아의 성명 뒤에 소아를 의미하는 Master의 코드인 MSTR를 기록하고 OSI난에 의미를 기록한다.

3) 유아가 좌석을 차지하지 않는 경우

```
1KIM/JUNMR
I/1KIM/AGIMSTR
KE011 Y 15DEC ICNLAX HK1
OSI KE 1INF KIM/AGI
```

좌석을 차지하지 않는 유아의 경우 성명 앞에 I/를 기록한다.

4) 유아(Infant)가 좌석을 차지하는 경우

```
1 KIM/AGI MSTR
KE011 Y 15DEC ICNLAX HK1
OSI KE 1INF KIM/AGI OCCUPYING SEAT
```

만 2세 미만의 INF의 경우에도 CHD요금을 지급할 때에는 좌석을 차지하므로
성인과 동일하게 성명을 입력한다.

2. 여정(Itinerary)

승객의 여정은 Air Segment와 Hotel Segment 등으로 구성되어 있으며, 여정의
작성 시에는 Air Segment Booking 순서에 따라 각 Segment 앞에 번호가 붙게 되
며 예약좌석 수, 출발 및 도착시간 등 항공편에 관한 정보가 나타난다.

3. Passenger Information

① Fone은 Telephone의 약자이며 전화번호에는 해당예약이 이루어진 도시의
코드가 표시된다. 전화번호의 성격에 따라 H(home fone), B(business fone),
T(travel agency fone), A(address), P(phone nature not known)로 구분하
여 표기된다.

② AP FAX는 Supplementary Information 시에 컴퓨터상에서 자동적으로 나타
나는 약자이다. 승객 모두는 NSST(no smoking seat)를 요청하고 있다.

```
AP FAX - SSR NSST YY3
                ↓
        special svc requirement
```

③ OSI(other svc information)난은 기타 서비스정보로서 소아와 유아에 대한
참고사항을 기록하고 있다.

```
OSI YY 1CHD 1INF KIM / AGI
```

4. PNR과 항공권의 비교

〈PNR의 예〉

```
TOPAS_CRS(GS)                                              _ □ X
 1.1KIM/JONGGYUMR 2.I/1KIM/AGIMSTR
IC3KEC3  3JUN RHVIHD/426-6841
1 KE  17 K  FR 15NOV  ICNLAX HK1   1500 1000    CAB Y
2 UA 890 T  MO 18NOV  LAXJFK HK1   1100 1916    DA-SQKHH6
3 KE  82 M  TH 21NOV  JFKICN HK1   1330 1700*1 CAB Y
FONE-IC3-T 123-4567 TOPAS JH/LEE
2.IC3-H 726-6841
TL-CSEL11/2055/18JUL ROK TTL
TKT-Q18JULIC31500C3
AP FAX-OSIYY 1INF 10MONS
2.1 SSRPSPTKEHK1/GS1234567/KR/15MAY68/KIM/JONGGYU/M/H
3.1 S1 SSRBSCTKEPN1
4.1 S3 SSRBSCTKEPN1
5.1 S2 SSRBSCTUAUN1
GEN FAX-OSIKE RSVN NBR IS 426-6841
RMKS- PAX WL RCFM TO KE IC3C3GS0945L/03JUN
```

AA PNR의 예

```
   1. 01KANG/JINAHMS
   1 NW3920M  24FEB  M  SELLAX  HK1    500P  1040A  /DCNW
   2 AA 12H   24FEB  M  LAXBOS  HK1   1245P   913P  /DCAA(RZGNVM
TKT/TIME LIMIT
   1. TL0600P/07DEC-SAT
PHONES
   1. SELT*726-6469-.-0011
   RECEIVED FROM - P
   X4Q1.HDQ*EKT 0200/06DEC96  RZGNVM
   >
```

〈PNR과 항공권의 비교〉

```
*JVSJQV
 1.1KIM/KYUNG SOOK MS                              예약번호
 1 JL 962B 24JUL 2 ICNKIX RR1  1320  1500  /ABJL*F2V4HC
 2 JL 963B 01AUG 3 KIXICN HK1  1420  1605  /ABJL*F2V4HC
TKT/TIME LIMIT
 1.T-19JUL-M258*AAG
PHONES
 1.SELT*TOP MS KIM/AE RAN 547-8096
 2.SELH*011-248-8109
PASSENGER DETAIL FIELD EXISTS - USE PD TO DISPLAY
INVOICED
 IATA
```

제6절 No Show Prevention Procedures

항공사의 좌석은 항공편의 출발과 동시에 소멸해 버린다. 이러한 항공상품의 특성은 항공사 수입에 지대한 영향을 미치고 있다. 그러므로 항공사에서는 좌석의 탑승률을 제고하기 위하여 다음과 같은 조처를 취하고 있다.

1. 확인(Firming)

확인(Firming)은 사전비행체크(pre-flight check)라고도 하며, 항공편의 출발일자가 임박해지면 항공사의 예약과에서 Booking Origin별로 구별하여 통과 및 체류여객(transit passenger)을 제외하고 서울에서 예약을 하고 처음 여정을 시작하는 승객(local passenger)을 대상으로 전화로 예약승객의 여행의사를 확인하는 과정이다. Firming은 항공편의 출발 전에 예약승객의 탑승의사를 확인함으로써 여정의 변경, 취소 등으로 인하여 소멸되는 좌석이 없도록 하고 있다.

2. 예약재확인(Reconfirmation)

재확인(reconfirmation)은 특정한 상황하에서 승객이 항공사에 전화나 방문 등의 경로를 통해 다음 여정에 대한 탑승의사를 밝히는 과정을 의미한다. 여행개시후 도중에서 72시간 이상을 체류할 때, 다음 항공편 출발 72시간 전에 필히 승객이 항공사에 전화하여 해당 항공편에 대한 탑승의사를 밝히는 과정이다.

승객의 여정이 이미 다른 국가나 도시로부터 항공여행이 시작된 경우로서 항공사가 해당승객의 연락처를 알 수 없기 때문에 IATA의 규정에 의거하여 탑승예정인 승객이 해당 항공편의 탑승을 확인하는 의무를 부여하고 있다.

3. 초과예약(Overbooking)

초과예약(Overbooking)은 해당 항공편의 좌석 수보다 많은 수의 승객을 예약받는 것을 말한다. 예를 들면 해당 항공편에 예약한 승객이 항공편의 출발이 임박하여 예약을 취소할 경우에 취소된 좌석을 판매할 수 없는 상황에 대비하여 미리 과거의 경험 및 자료를 토대로 하여 그만큼의 많은 수의 예약을 초과해서 받는다.

탑승가능 좌석 수의 몇 %를 Overbooking할 것인가의 결정은 과거의 탑승실적과 예약실적 등을 분석하고 또한 계절별(성수기, 특별성수기, 비수기), 요일별, 노선별 등의 특성을 고려하여야 한다.

일반적으로 성수기에는 Overbooking을 실시하지 않거나 비수기에는 비교적 높은 %의 Overbooking을 실시해야 한다. 왜냐하면 단체승객의 경우에는 거의 No Show가 발생할 확률이 극히 저조하며, 개별 승객이 많이 예약된 경우에는 높은 %의 Overbooking이 가능하기 때문이다.

4. 항공권 사전구입제(Ticketing Time Limit)

항공사는 No Show 방지를 위하여 승객에게 예약을 확약하면서 해당 항공편의 출발 전 언제까지 항공권을 구입하도록 하는 항공권 구입시한을 정한다.

이 제도의 장점은 일단 예약을 하고 항공권의 발권까지 마친 승객은 특별한 사정이 없는 한 여정의 취소나 변경이 없기 때문에 좌석이용률을 제고시킬 수 있다.

표 7-8 항공권 사전구입 기간

예약시점	구입기한
탑승예정일 300일 이전	예약일 포함 180일 이내 발권
탑승예정일 90일 이전	예약일 포함 45일 이내 발권
탑승예정일 30일 이전	예약일 포함 15일 이내 발권
탑승예정일 15일 이전	예약일 포함 7일 이내 발권
탑승예정일 5일 이전	예약일 포함 5일 이내 발권
탑승예정일 전일 및 탑승 당일	탑승 예정시각 3시간 전

주 : 한국출발 기준.
자료 : 대한항공 Passenger Timetable.

5. No Show Charge

No Show란 해당 항공편에 예약확인을 한 승객이 아무런 취소나 변경의 통보도 없이 출발 당일 항공편에 탑승하지 않는 것을 의미한다. 좌석의 수요가 많은 성수기에는 많은 Go Show로 공항에서 해결할 수 있는 경우도 있다.

우리나라의 경우, 명절과 같은 특별수송기간 중에 예약접수 초기부터 이미 예약이 Overbooking되어 출발일에 임박해서 예약하기는 매우 어려운 실정이나, 실제로 출발 당일의 항공편은 No Show가 너무 많이 발생하여 빈 좌석이 많은 상태로 운항하는 경우를 종종 볼 수 있다. 이런 연유로 해서 No Show의 승객에게 소정의 No Show Charge를 적용하는 항공사도 있다.

국적기의 경우, 승객의 계속편이나 복편예약에 대해 예약취소의 가능성을 예고하고는 있지만, 실제로 적용하기는 어려운 현실이다. 참고로 세계 정기항공의 좌석이용률은 〈표 7-9〉에서와 같이 2006년 76%를 비롯하여 2011년 현재 78%로 매년 안정적인 이용률을 보이고 있다.

표 7-9 정기항공의 탑승률   (단위 : 백만, %)

연도별	2006년	2007년	2008년	2009년	2010년	2011년	연평균 증감률
여객킬로	4,032,230	4,363,409	4,450,580	4,403,712	4,753,984	5,061,711	4.7
공급 좌석킬로	5,325,071	5,688,183	5,868,819	5,749,932	6,109,442	6,516,040	4.1
탑승률	76	77	76	77	78	78	0.5

주 : 여객킬로 및 공급 좌석킬로는 국내선과 국제선을 합한 수치임.
자료 : ICAO(2012), Annual Report를 토대로 정리함.

제7절 예약 시 유의사항

1. 여정의 연속성

여정의 도착지점과 다음 여정의 출발지점은 일치되어야 한다. 만약 항공편 이외의 운송수단을 여정에서 이용하여 항공여정을 연속적으로 유지하지 못할 경우 불연속 여정에 대한 출발 및 도착의 정보를 반드시 다음 여정의 해당 항공사에 제공해야 한다.

2. 항공권 발권시한의 준수

항공권을 발권하기로 약속한 시한까지 발권하지 않을 경우 예약이 취소될 수 있다. 항공권에 대한 발권시한은 각 항공사마다 별도로 규정하고 있다.

3. 예약의 재확인

여행도중 특정지점에서 72시간 이상을 체류하고자 하는 승객은 항공기가 출발하기 최소한 72시간 전까지 해당 연결편에 대해 예약을 재확인하여야 한다.

제8절 전산예약시스템(Computerized Reservation System)

1. 전산예약시스템의 개요

항공여행의 수요증가로 인하여 수작업에 의존하던 예약업무는 원활한 예약업무를 위해 전산화가 요구되었다. 이에 부응하여 1964년 American Airline은 IBM과의 합작으로 최초로 CRS인 SABRE를 개발하여 본격적으로 운용하였다.

그 후 APOLLO(UA), PARS(NW), DATAS(DL), SYSTEM ONE(CO) 등 많은 항공사들이 자체로 CRS를 개발하여 운영하고 있다. CRS는 항공사의 업무자동화, 좌석판매 증대의 역할로 인하여 세계의 항공사들에 의해 더욱 경쟁적으로 개발되고 있다. 따라서 미국의 거대 CRS에 대응하고 자국의 항공시장을 보호하기 위해 항공사간의 연합과 제휴관계에 관한 모색이 더욱 활발히 진행될 것으로 보인다.

2. 세계 CRS의 현황

세계 주요 지역의 CRS현황은 다음과 같다.

지역	CRS명	참여 항공사명	비고
미국	SABRE	AA	–
	APOLLO	UA	GALILEO와 합병
	PARS	NW/TW	WORLDSPAN과 통합운영
	DATAS Ⅱ	DL	
	SYSTEM ONE	CO	–
유럽	AMADEUS	AF, LH, SK, IB 등	–
	GALILEO	BA, SR, AZ, KL	APOLLO와 합병
아시아	ABACUS	CX, SQ, CI, MH, PR, KA, NH, BI, MI, GA, BR, WORLDSPAN	–
한국	ARTIS	OZ	–
	TOPAS	KE	–

3. CRS의 기능

항공사 컴퓨터 예약시스템의 기능은 구체적으로 다음과 같다.

① 항공편의 스케줄, 운항정보, 잔여 좌석의 상태 및 좌석예약의 기능

② 운항구간의 운임조회 및 BSP 참여 항공사의 발권기능

③ 호텔·렌터카 정보조회와 예약기능

④ 상용고객의 세부정보 저장관리기능

⑤ 철도 및 선박회사 등 여행관련업체의 정보제공과 예약기능

⑥ 국가별 비자 등 여행관련 제반 정보조회기능

제9절 O.A.G(Official Airline Guide)

1. O.A.G의 구성

O.A.G는 Official Airline Guide의 약어로서 전 세계 항공사의 비행스케줄을 비롯한 항공여행에 관련된 정보를 수록한 책자이다. 녹색표지의 세계판(world wide edition)과 하늘색 표지의 북미판(north American edition)의 2종류로 구분되어 각각 월 1회, 월 2회씩 발간되고 있다. 이 책자는 각 항공사의 Flight Schedule 및 기타 필요한 각종 Information을 얻기 위해 널리 사용되고 있다.

한편, 북미판은 출발지와 도착지 지역 즉 미국, 캐나다, 멕시코 및 Burmuda를 포함한 Caribbean 섬지역 내를 운항하는 항공편의 스케줄 및 관련된 여행정보를 획득할 수 있다.

특히 전산예약시스템의 CRT를 사용할 수 없는 경우에 O.A.G를 사용하여 여객의 여정과 항공편 등 필요한 정보를 획득할 수 있다.

O.A.G에 수록된 주요 내용은 〈표 7-10〉과 같다.

표 7-10 O.A.G의 주요 내용

내용	
• 각 도시 간의 항공사별 운항일정	• 공항지도, 세계지도 및 시간도표
• 항공사 Code, 주소 및 전화번호	• 항공기좌석 도표
• 도시 & 공항 Code	• 공항탑승수속 및 면세점
• 항공사별 Frequent Flyer 프로그램	• 국가별 은행, 환율 및 공휴일
• 항공편 최소 연결시간	• 항공사별 무료 수하물 허용량

2. O.A.G의 활용

1) Contents : Flight Guide 및 Flight Guide Supplement

⟨OAG Flight Guide Worldwide⟩

⟨OAG Flight Guide Supplement Worldwide⟩

2) Currency Code

각국이 사용하는 화폐의 통화와 Currency Code가 수록되어 있다.

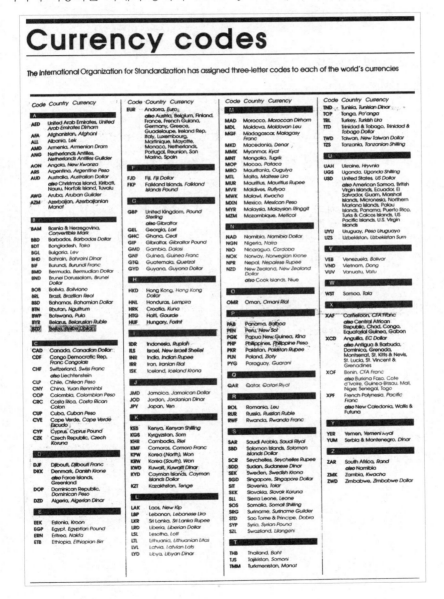

Currency codes

The International Organization for Standardization has assigned three-letter codes to each of the world's currencies

Code	Country, Currency
A	
AED	United Arab Emirates, United Arab Emirates Dirham
AFA	Afghanistan, Afghani
ALL	Albania, Lek
AMD	Armenia, Armenian Dram
ANG	Netherlands Antilles, Netherlands Antilles Guilder
AON	Angola, New Kwanza
ARS	Argentina, Argentine Peso
AUD	Australia, Australian Dollar also Christmas Island, Kiribati, Nauru, Norfolk Island, Tuvalu
AWG	Aruba, Aruban Guilder
AZM	Azerbaijan, Azerbaijanian Manat
B	
BAM	Bosnia & Herzegovina, Convertible Mark
BBD	Barbados, Barbados Dollar
BDT	Bangladesh, Taka
BGL	Bulgaria, Lev
BHD	Bahrain, Bahraini Dinar
BIF	Burundi, Burundi Franc
BMD	Bermuda, Bermudian Dollar
BND	Brunei Darussalam, Brunei Dollar
BOB	Bolivia, Boliviano
BRL	Brazil, Brazilian Real
BSD	Bahamas, Bahamian Dollar
BTN	Bhutan, Ngultrum
BWP	Botswana, Pula
BYR	Belarus, Belarusian Ruble
BZD	Belize, Belize Dollar
C	
CAD	Canada, Canadian Dollar
CDF	Congo Democratic Rep., Franc Congolais
CHF	Switzerland, Swiss Franc also Liechtenstein
CLP	Chile, Chilean Peso
CNY	China, Yuan Renminbi
COP	Colombia, Colombian Peso
CRC	Costa Rica, Costa Rican Colon
CUP	Cuba, Cuban Peso
CVE	Cape Verde, Cape Verde Escudo
CYP	Cyprus, Cyprus Pound
CZK	Czech Republic, Czech Koruna
D	
DJF	Djibouti, Djibouti Franc
DKK	Denmark, Danish Krone also Faroe Islands, Greenland
DOP	Dominican Republic, Dominican Peso
DZD	Algeria, Algerian Dinar
E	
EEK	Estonia, Kroon
EGP	Egypt, Egyptian Pound
ERN	Eritrea, Nakfa
ETB	Ethiopia, Ethiopian Birr

Code	Country, Currency
EUR	Andorra, Euro, also Austria, Belgium, Finland, France, French Guiana, Germany, Greece, Guadeloupe, Ireland Rep., Italy, Luxembourg, Martinique, Mayotte, Monaco, Netherlands, Portugal, Reunion, San Marino, Spain
F	
FJD	Fiji, Fiji Dollar
FKP	Falkland Islands, Falkland Islands Pound
G	
GBP	United Kingdom, Pound Sterling also Gibraltar
GEL	Georgia, Lari
GHC	Ghana, Cedi
GIP	Gibraltar, Gibraltar Pound
GMD	Gambia, Dalasi
GNF	Guinea, Guinea Franc
GTQ	Guatemala, Quetzal
GYD	Guyana, Guyana Dollar
H	
HKD	Hong Kong, Hong Kong Dollar
HNL	Honduras, Lempira
HRK	Croatia, Kuna
HTG	Haiti, Gourde
HUF	Hungary, Forint
I	
IDR	Indonesia, Rupiah
ILS	Israel, New Israeli Shekel
INR	India, Indian Rupee
IRR	Iran, Iranian Rial
ISK	Iceland, Iceland Krona
J	
JMD	Jamaica, Jamaican Dollar
JOD	Jordan, Jordanian Dinar
JPY	Japan, Yen
K	
KES	Kenya, Kenyan Shilling
KGS	Kyrgyzstan, Som
KHR	Cambodia, Riel
KMF	Comoros, Comoro Franc
KPW	Korea (North), Won
KRW	Korea (South), Won
KWD	Kuwait, Kuwaiti Dinar
KYD	Cayman Islands, Cayman Islands Dollar
KZT	Kazakhstan, Tenge
L	
LAK	Laos, New Kip
LBP	Lebanon, Lebanese Lira
LKR	Sri Lanka, Sri Lanka Rupee
LRD	Liberia, Liberian Dollar
LSL	Lesotho, Loti
LTL	Lithuania, Lithuanian Litas
LVL	Latvia, Latvian Lats
LYD	Libya, Libyan Dinar

Code	Country, Currency
M	
MAD	Morocco, Moroccan Dirham
MDL	Moldova, Moldovan Leu
MGF	Madagascar, Malagasy Franc
MKD	Macedonia, Denar
MMK	Myanmar, Kyat
MNT	Mongolia, Tugrik
MOP	Macao, Pataca
MRO	Mauritania, Ouguiya
MTL	Malta, Maltese Lira
MUR	Mauritius, Mauritius Rupee
MVR	Maldives, Rufiyaa
MWK	Malawi, Kwacha
MXN	Mexico, Mexican Peso
MYR	Malaysia, Malaysian Ringgit
MZM	Mozambique, Metical
N	
NAD	Namibia, Namibia Dollar
NGN	Nigeria, Naira
NIO	Nicaragua, Cordoba
NOK	Norway, Norwegian Krone
NPR	Nepal, Nepalese Rupee
NZD	New Zealand, New Zealand Dollar also Cook Islands, Niue
O	
OMR	Oman, Omani Rial
P	
PAB	Panama, Balboa
PEN	Peru, New Sol
PGK	Papua New Guinea, Kina
PHP	Philippines, Philippine Peso
PKR	Pakistan, Pakistan Rupee
PLN	Poland, Zloty
PYG	Paraguay, Guarani
Q	
QAR	Qatar, Qatari Riyal
R	
ROL	Romania, Leu
RUR	Russia, Russian Ruble
RWF	Rwanda, Rwanda Franc
S	
SAR	Saudi Arabia, Saudi Riyal
SBD	Solomon Islands, Solomon Islands Dollar
SCR	Seychelles, Seychelles Rupee
SDD	Sudan, Sudanese Dinar
SEK	Sweden, Swedish Krona
SGD	Singapore, Singapore Dollar
SIT	Slovenia, Tolar
SKK	Slovakia, Slovak Koruna
SLL	Sierra Leone, Leone
SOS	Somalia, Somali Shilling
SRG	Suriname, Suriname Guilder
STD	Sao Tome & Principe, Dobra
SYP	Syria, Syrian Pound
SZL	Swaziland, Lilangeni
T	
THB	Thailand, Baht
TJS	Tajikistan, Somoni
TMM	Turkmenistan, Manat

Code	Country, Currency
TND	Tunisia, Tunisian Dinar
TOP	Tonga, Pa'anga
TRL	Turkey, Turkish Lira
TTD	Trinidad & Tobago, Trinidad & Tobago Dollar
TWD	Taiwan, New Taiwan Dollar
TZS	Tanzania, Tanzanian Shilling
U	
UAH	Ukraine, Hryvnia
UGS	Uganda, Uganda Shilling
USD	United States, US Dollar also American Samoa, British Virgin Islands, Ecuador, El Salvador, Guam, Marshall Islands, Micronesia, Northern Mariana Islands, Palau Islands, Panama, Puerto Rico, Turks & Caicos Islands, US Pacific Islands, U.S. Virgin Islands
UYU	Uruguay, Peso Uruguayo
UZS	Uzbekistan, Uzbekistan Sum
V	
VEB	Venezuela, Bolivar
VND	Vietnam, Dong
VUV	Vanuatu, Vatu
W	
WST	Samoa, Tala
X	
XAF	Cameroon, CFA Franc also Central African Republic, Chad, Congo, Equatorial Guinea, Gabon
XCD	Anguilla, EC Dollar also Antigua & Barbuda, Dominica, Grenada, Montserrat, St. Kitts & Nevis, St. Lucia, St. Vincent & Grenadines
XOF	Benin, CFA Franc also Burkina Faso, Cote d'Ivoire, Guinea-Bissau, Mali, Niger, Senegal, Togo
XPF	French Polynesia, Pacific Franc also New Caledonia, Wallis & Futuna
Y	
YER	Yemen, Yemeni Riyal
YUM	Serbia & Montenegro, Dinar
Z	
ZAR	South Africa, Rand also Namibia
ZMK	Zambia, Kwacha
ZWD	Zimbabwe, Zimbabwe Dollar

3) Airlines of the World

각 항공사별 코드, 본 사무소, Cable Address, 전화번호, IATA 회원여부 등이 수록되어 있다.

4) Baggage Allowance and Rates

무료 수하물 허용량 및 초과요금

5) Connecting Time Intervals/Minimum Connecting Times

항공편 최소 연결시간은 여객의 여정이 연결되어 있을 때 연결지점에 도착하여 다음 연결편을 갈아타는 데 소요되는 최소 연결에 필요한 시간이다.

항공권 예약관련 직원은 여객의 여정 시에 이를 반드시 참조하여야 한다. 그러나 본 Minimum Connecting Times부분에 수록되지 않은 것은 국내선으로 연결될 경우 20분, 국제선으로의 연결 60분 등과 같이 공항에서의 최소 연결시간을 계산하면 된다.

이때 승객의 여행경험의 유무, 노약자 등 승객의 상황이 각각 다르기 때문에 충분한 시간을 두고 연결편을 결정하는 것이 중요하다.

Minimum connecting times

The shortest time interval needed to transfer from one flight to a connecting flight is the Minimum Connecting Time.

Standard minimum connecting times for each airport are, as far as practicable, administered by IATA and published on their behalf. The following pages list these standard times applicable at cities arranged alphabetically.

These pages only show the Standard MCTs. Many Airlines have exceptions to these times which generally are lower than the standard, but in some cases are a higher time. When manually constructing Transfer Connections OAG strongly recommend that you contact the airlines involved for the precise MCTs to use.

All Transfer Connections published in all OAG products, use the correct precise MCTs.

How to use the Minimum Connecting Times

Terms used in Minimum Connecting Times

DOMESTIC STANDARD — transfers between domestic flights

DOMESTIC TO INT'L — transfers from a domestic flight to an international flight

INT'L TO DOMESTIC — transfers from an international flight to a domestic flight

INT'L TO INT'L — transfers between international flights

Minimum connecting times are shown in hours and minutes.

City	
Amman, Jordan	
AMM (Queen Alia International)	
DOMESTIC STANDARD	:30
INTERNATIONAL	
DOMESTIC TO INT'L	1:00
INT'L TO DOMESTIC	1:00
INT'L TO INT'L	:45

In this example the standard connecting time from domestic to international at Amman is one hour.

For any city/airport not listed, allow 20 minutes for transfers between domestic flights, and 1 hour for all other categories.

City		City		City		City	
Nadi, Fiji-Cont.		**EWR (Newark Int'l)**		**Oaxaca, Mexico**		Int'l to Int'l	:15
International		CO fits to/from AUA are		Domestic Standard	1:00	**Padang, Indonesia**	
Domestic to Int'l	1:00	Dom.		International		International	
Int'l to Domestic	1:00	Domestic Standard	1:00	Domestic to Int'l	1:30	Domestic to Int'l	:40
Int'l to Int'l	1:00	International		Int'l to Domestic	1:30	Int'l to Domestic	:40
Nagoya, Japan		Domestic to Int'l	1:15	Int'l to Int'l	1:30	**Pago Pago, American Samoa**	
Domestic Standard	:30	Int'l to Domestic	1:30	**Okinawa, Japan**		International	
International		Int'l to Int'l	1:00	Domestic Standard	:45	Int'l to Int'l	:45
Domestic to Int'l	1:30	Inter-airport JFK to LGA		International		**Palembang, Indonesia**	
Int'l to Domestic	1:30	Domestic Standard	2:00	Domestic to Int'l	1:00	Domestic Standard	1:00
Int'l to Int'l	1:00	International		Int'l to Domestic	1:00	**Palermo, Italy**	
Nagpur, India		Domestic to Int'l	2:30	Int'l to Int'l	1:00	AZ Domestic sectors	
Domestic Standard	:30	Int'l to Domestic	2:30	**Oklahoma City, Oklahoma, USA**		flown on Int'l routes	
Nairobi, Kenya		Int'l to Int'l	3:00	OKC (Will Rogers)		are Int'l	
Domestic Standard	:30	Inter-airport JFK to EWR		Domestic to Int'l	:40	Domestic Standard	:30
International		Domestic Standard		**Olbia, Italy**		International	
Domestic to Int'l	1:00	International		Domestic Standard	:20	Domestic to Int'l	1:00
Int'l to Domestic	1:00	Domestic to Int'l	3:00	International		Int'l to Domestic	1:00
Int'l to Int'l	1:00	Int'l to Domestic	3:30	Domestic to Int'l	:45	Int'l to Int'l	:40
Nantes, France		Int'l to Int'l	3:30	Int'l to Domestic	:45	**Palma, Spain**	
Domestic Standard	:20	Inter-airport LGA to JFK		Int'l to Int'l	:45	Domestic Standard	:30
International		Domestic Standard	2:00	**Omaha, Nebraska, USA**		International	
Domestic to Int'l	:20	International		Domestic Standard	:30	Domestic to Int'l	:45
Int'l to Domestic	:20	Domestic to Int'l	2:30	**Ontario, California, USA**		Int'l to Domestic	:45
Int'l to Int'l	:40	Int'l to Domestic	3:00	Domestic Standard	:30	Int'l to Int'l	:45
Naples, Italy		Int'l to Int'l	3:00	International		**Palm Springs, California, USA**	
AZ Domestic sectors		Inter-airport EWR to JFK		Domestic to Int'l	1:00	AS fits to/from Canada	
flown on Int'l flights		Domestic Standard	3:00	Int'l to Domestic	1:00	are Dom	
are Int'l		International		Int'l to Int'l	1:00	Domestic Standard	:20
Domestic Standard	:40	Domestic to Int'l	3:30	**Oran, Algeria**		**Panama City, Panama**	
International		Int'l to Domestic	3:30	Domestic Standard	:30	International	
Domestic to Int'l	:40	Int'l to Int'l	3:30	International		Int'l to Int'l	1:30
Int'l to Domestic	:40	Inter-airport EWR to LGA		Domestic to Int'l	:45	**Papeete, French Polynesia**	
Int'l to Int'l	:40	Domestic Standard	3:00	Int'l to Domestic	:45	Domestic Standard	:45
Nashville, Tennessee, USA		International		Int'l to Int'l	:40	International	
AC fits from Canada are		Domestic to Int'l	3:30	**Orange County, California, USA**		Domestic to Int'l	1:00
Dom except from		Inter-airport LGA to EWR		DL fits that have		Int'l to Domestic	1:30
YQB/YHQ/YQI/YTZ		International		transitted/will transit		Int'l to Int'l	1:00
DL flights to/from		Domestic to Int'l	3:00	another point in USA		**Paphos, Cyprus**	
Canada are Dom		Int'l to Domestic	3:00	are domestic.		International	
Domestic Standard	:30	**Niamey, Niger**		Domestic Standard	:20	Domestic to Int'l	1:30
International		Domestic Standard	:45	**Orlando, Florida, USA**		Int'l to Domestic	1:30
Domestic to Int'l	1:00	International		MCO (International)		**Paramaribo, Suriname**	
Int'l to Domestic	1:00	Domestic to Int'l	:45	AC flights to/from		International	
Nassau, Bahamas		Int'l to Domestic	:45	Canada are Dom, except		Int'l to Int'l	:45
Domestic Standard	1:00	Int'l to Int'l	:45	YHZ/YQB/YQI/YTZ which		**Paris, France**	
International		**Nice, France**		are Int'l		SWISS flights (except	
Domestic to Int'l	1:00	All Air France and		DL. fits to/from FPO.		to/from Nice) and all	
Int'l to Domestic	1:15	SWISS flights between		NAS, STT, STX are Dom.		Air France flights	
Int'l to Int'l	1:00	Geneva and France are		TZ flights to/from NAS.		between Geneva and	
Natal, RN, Brazil		Domestic		SJU are Dom		France are domestic.	
Domestic Standard	:30	Terminal 1		US flights to/from SJU		CDG (Charles De Gaulle)	
International		Domestic Standard	:35	and flights to/from		Aerogare 1	
Domestic to Int'l	:30	International		Bahamas are Dom except		Domestic Standard	1:00
Int'l to Domestic	:30	Domestic to Int'l	:45	those from ELH, GHB,		International	
Int'l to Int'l	:30	Int'l to Domestic	:45	TCB, MHH.		Domestic to Int'l	1:00
Nauru Island, Nauru Island		Int'l to Int'l	:45	Domestic Standard	:30	Int'l to Domestic	1:00
International		Terminal 2		International		Int'l to Int'l	1:00
Int'l to Int'l	:45	Domestic Standard	:35	Domestic to Int'l	1:00	Aerogare 2	
N'djamena, Chad		International		Int'l to Domestic	1:30	Domestic Standard	:45
Domestic Standard	:45	Domestic to Int'l	:45	Int'l to Int'l	1:30	International	
International		Int'l to Domestic	:45	**Osaka, Japan**		Domestic to Int'l	:45
Domestic to Int'l	:45	Between Terminals		ITM (Itami)		Int'l to Domestic	:45
Int'l to Domestic	:45	International	1:00	Domestic Standard	:30	Int'l to Int'l	:45
Int'l to Int'l	:45	Domestic Standard	1:00	International		Train Terminal-TN	
Ndola, Zambia		Domestic to Int'l	1:00	Domestic to Int'l	1:30	Domestic Standard	:45
Domestic Standard	:30	Int'l to Domestic	1:00	Int'l to Domestic	1:30	International	
International		**Niigata, Japan**		Int'l to Int'l	1:30	Domestic to Int'l	1:15
Domestic to Int'l	1:00	International		KIX (Kansai)		Int'l to Domestic	1:30
Int'l to Domestic	1:00	Domestic to Int'l	1:00	Domestic Standard	:30	Between Terminals	1:15
Int'l to Int'l	:45	Int'l to Domestic	1:00	International		ORY (Orly)	
Newcastle, NS, Australia		Int'l to Int'l	1:00	Domestic to Int'l	1:30	Ouest and Sud	
NTL (Williamtown)		**Norfolk, VA, Bch/Wmbg, Virginia, USA**		Int'l to Domestic	1:15	Domestic Standard	:50
Domestic Standard		Domestic Standard	:30	Int'l to Int'l	1:30	International	
Inter-Airport	:20	**Norrkoping, Sweden**		inter-airport ITM to KIX		Domestic to Int'l	1:00
NTL to/from BEO		Domestic Standard	:20	Domestic Standard	2:50	Int'l to Domestic	1:00
Newcastle, United Kingdom	3:00	International		International		Int'l to Int'l	1:00
Flights to the Rep. of		Domestic to Int'l	:30	Domestic to Int'l	3:35	Terminal Ouest to	
Ireland and Channel		Int'l to Domestic	:30	International		Terminal Sud	
Islands are Domestic.		Int'l to Int'l	:30	inter-airport KIX to ITM		International	
Flights from these		**Norwich, United Kingdom**		Domestic Standard	2:55	Terminal Sud to	1:15
points are International		Flights to the Rep. of		International		Terminal Ouest	
Domestic Standard	:30	Ireland and Channel		Domestic to Int'l	3:20	International	
International		Islands are domestic.		**Oslo, Norway**		Domestic to Int'l	1:15
Domestic to Int'l	:45	Flights from these		OSL (Oslo Airport)		Int'l to Domestic	1:15
Int'l to Domestic	:45	points are international		Domestic Standard	:35	Inter-airport CDG	
Int'l to Int'l	:30	Domestic Standard	:20	International		to/from ORY	2:15
New Orleans, Louisiana, USA		International		Domestic to Int'l	:40	**Pekanbaru, Indonesia**	
AC flights from Canada		Domestic to Int'l	:25	Int'l to Domestic	:40	Domestic Standard	:40
are Dom, except from		Int'l to Domestic	:25	Int'l to Int'l	:40	International	
YQB/YTZ/YQI/YHZ		**Nottingham, United Kingdom**		TRF (Torp)		Domestic to Int'l	1:00
Domestic Standard	:30	Flights to the Rep. of		Domestic Standard	:20	Int'l to Domestic	1:00
International		Ireland and Channel		International		Int'l to Int'l	1:00
Domestic to Int'l	1:00	Islands are domestic.		Domestic to Int'l	:30	**Penang, Malaysia**	
Int'l to Domestic	1:00	Flights from these		Int'l to Domestic	:30	Domestic Standard	1:00
Int'l to Int'l	1:00	points are international		Int'l to Int'l	:30	International	
Newport News/Williamsburg, Virginia, USA		EMA (East Midlands Airport)		**Ottawa, OT, Canada**		Domestic to Int'l	:45
Domestic Standard	:30	Domestic Standard	:30	Domestic Standard	:30	Int'l to Domestic	1:00
New York, New York, USA		International		International		Int'l to Int'l	1:00
Flights to/from BDA		Domestic to Int'l	:30	Domestic to Int'l	:45	**Perth, WA, Australia**	
FPO, NAS, STT, STX are		Int'l to Domestic	:30	Dom to USA	:45	Domestic Standard	
Dom		Int'l to Int'l	:30	USA to Dom	:45	International Terminal	
Flights to Canada are		**Nouakchott, Mauritania**		USA to Int	:30	Domestic Standard	:30
Dom. Flights from		International		Int to USA	1:30	International	
YYC/YEA/YMQ/YOW/YWG/YVR/		Domestic to Int'l	1:00	Int to USA	1:30	Domestic Standard	:30
YYZ are Dom		Int'l to Domestic	1:00	**Ouagadougou, Burkina Faso**		International	
AC flights to/from		**Noumea, New Caledonia**		Domestic Standard	:45	Domestic to Int'l	1:30
Canada are Dom, except		NOU (Tontouta)		International		Int'l to Domestic	2:00
from YHZ,YGB		Domestic Standard	:30	Domestic to Int'l	:45	Between Terminals	1:00
CX flights to/from		International		Int'l to Domestic	:45	Domestic Standard	:30
Canada are Int'l		Domestic to Int'l	:30	Int'l to Int'l	:45	International	
US flights to/from SJU		Int'l to Domestic	:30	**Ouarzazate, Morocco**		Domestic to Int'l	1:30
are Dom		Int'l to Int'l	1:00	Domestic Standard	:30	Int'l to Domestic	2:00
JFK (JFK International)		inter-airport NOU		International		**Peshawar, Pakistan**	
DL fits to/from AUA are		to/from GEA	2:30	Domestic to Int'l	:50	Domestic Standard	:15
Dom		**Nuremberg, Germany**		Int'l to Domestic	:40	**Philadelphia, Pennsylvania, USA**	
Domestic Standard	1:00	Domestic Standard	:30	Int'l to Int'l	:50	PHL (International)	
International		International		**Oujda, Morocco**		Flights to/from	
Domestic to Int'l	1:15	Domestic to Int'l	:30	Domestic Standard	:30	BDA/FPO/NAS are Dom.	
Int'l to Domestic	1:45	Int'l to Domestic	:30	International		US flights to/from	
Int'l to Int'l	2:00	Int'l to Int'l	:30	Domestic to Int'l	:50	BDA/SJU/STT are Dom.	
LGA (La Guardia)		**Oakland, California, USA**		Int'l to Domestic	:40	AC flights to/from	
DL flights to/from YUL		Domestic Standard	:30	Int'l to Int'l	:50	Canada are Dom, except	
are Dom		International		**Oulu, Finland**		YHZ/YQB/YQI/YTZ which	
Domestic Standard	:45	Domestic to Int'l	1:00	Domestic Standard	:10	are Int'l	
International		Int'l to Domestic	1:00	International		Domestic Standard	
Domestic to Int'l	1:00	Int'l to Int'l	1:00	Domestic to Int'l	:15	International	
Int'l to Domestic	1:00	Inter-airport OAK		Int'l to Domestic	:15	Domestic to Int'l	:40
Int'l to Int'l	1:00	to/from SFO	2:00	Int'l to Int'l	:15		

6) City/Airport Codes : Listed Alphabetically by Code

도시 및 공항코드 일람표이며 3 Letter로 구성되어 있는 세계 각국의 도시 및 공항코드가 알파벳의 순으로 나타나 있다.

City / airport codes

To find the code for a city or airport, refer to the departure cities arranged alphabetically in the *Worldwide city-to-city* schedules.

A		AHU	Al Hoceima, Morocco	ARI	Arica, Chile	BAS	Balalae, Solomon Islands	BIR	Biratnagar, Nepal	BRC	San Carlos de
AAA	Anaa, Tuamotu Islands	AIA	Alliance, NE USA	ARK	Arusha, Tanzania United	BAU	Bauru, SP Brazil	BIS	Bismarck, ND USA		Bariloche, RN
AAC	Al Arish, Egypt	AIC	Airok, Marshall Is		Republic of	BAV	Baotou, China	BIU	Bildudalur, Iceland		Argentina
AAE	Annaba, Algeria	AIM	Ailuk Island, Marshall Is	ARM	Armidale, NS Australia	BAX	Barnaul, Russian	BJA	Bejaia, Algeria	BRD	Brainerd, MN USA
AAL	Aalborg, Denmark	AIN	Wainwright, AK USA	ARN	Stockholm Arlanda Apt,		Federation	BJB	Bojnord, Iran Islamic	BRE	Bremen, Germany
AAL	Aalborg Airport,	AIR	Aripuana, MT Brazil		Sweden	BAY	Baia Mare, Romania		Republic of	BRI	Bari, Italy
	Denmark	AIT	Aitutaki, Cook Is	ARP	Aragip, Papua New	BBA	Balmaceda, Chile	BJF	Batsfjord, Norway	BRK	Bourke, NS Australia
AAM	Mala Mala, South Africa	AIU	Atiu Island, Cook Is		Guinea	BBI	Bhubaneswar, India	BJI	Bemidji, MN USA	BRL	Burlington, IA USA
AAN	Al Ain, United Arab	AIY	Atlantic City, NJ USA	ART	Watertown, NY USA	BBK	Kasane, Botswana	BJL	Banjul, Gambia	BRM	Barquisimeto,
	Emirates	AJA	Ajaccio, France	ARU	Aracatuba, SP Brazil	BBM	Battambang, Cambodia	BJM	Bujumbura, Burundi		Venezuela
AAQ	Anapa, Russian	AJF	Jouf, Saudi Arabia	ARV	Minocqua, WI USA	BBN	Bario, Malaysia	BJR	Bahar Dar, Ethiopia	BRN	Berne, Switzerland
	Federation	AJI	Agri, Turkey	ARW	Arad, Romania	BBP	Bembridge, UK	BJS	Beijing, China	BRN	Berne Belp, Switzerland
AAR	Aarhus, Denmark	AJL	Aizawl, India	ASB	Ashgabat, Turkmenistan	BBU	Bucharest Baneasa Apt,	BJV	Bodrum Milas Airport,	BRO	Brownsville, TX USA
AAR	Aarhus Tirstrup Airport,	AJR	Arvidsjaur, Sweden	ASD	Andros Town, Bahamas		Romania		Turkey	BRQ	Brno, Czech Rep
	Denmark	AJU	Aracaju, SE Brazil	ASE	Aspen, CO USA	BCA	Baracoa, Cuba	BJX	Leon/Guanajuato,	BRQ	Brno Turany Apt,
AAT	Altay, China	AKB	Atka, AK USA	ASF	Astrakhan, Russian	BCD	Bacolod, Philippines		Mexico		Czech Rep
AAX	Araxa, MG Brazil	AKF	Kufrah, Libya		Federation	BCI	Barcaldine, QL Australia	BJZ	Badajoz, Spain	BRR	Barra, UK
AAY	Al Ghaydah, Yemen	AKG	Anguganak, Papua New	ASI	Georgetown, Ascension	BCL	Barra Colorado, Costa	BKA	Moscow Bykovo Apt,	BRS	Bristol, UK
ABA	Abakan, Russian		Guinea		Is		Rica		Russian Federation	BRU	Brussels, Belgium
	Federation	AKI	Akiak, AK USA	ASJ	Amami O Shima, Japan	BCN	Barcelona, Spain	BKC	Buckland, AK USA	BRU	Brussels National
ABD	Abadan, Iran Islamic	AKJ	Asahikawa, Japan	ASM	Asmara, Eritrea	BCN	Barcelona Apt, Spain	BKI	Kota Kinabalu, Malaysia		Airport, Belgium
	Republic of	AKL	Auckland, New Zealand	ASO	Asosa, Ethiopia	BCO	Jinka, Ethiopia	BKK	Bangkok, Thailand	BRV	Bremerhaven, Germany
ABE	Allentown/Bethlehem/E	AKL	Auckland International	ASP	Alice Springs, NT	BCP	Bambu, Papua New	BKM	Bakalalan, Malaysia	BRW	Barrow, AK USA
	aston, PA USA		Apt, New Zealand		Australia		Guinea	BKO	Bamako, Mali	BRW	Barrow Wiley Post/Will
ABI	Abilene, TX USA	AKN	King Salmon, AK USA	ASR	Kayseri, Turkey	BDA	Bermuda	BKQ	Blackall, QL Australia		Rogers Memorial, AK
ABI	Abilene Municipal Apt,	AKP	Anaktuvuk Pass, AK	ASU	Asuncion, Paraguay	BDA	Bermuda International,	BKS	Bengkulu, Indonesia		USA
	TX USA		USA	ASV	Amboseli, Kenya		Bermuda	BKW	Beckley, WV USA	BSA	Bossaso, Somalia
ABJ	Abidjan, Cote d'Ivoire	AKS	Auki, Solomon Islands	ASW	Aswan, Egypt	BDB	Bundaberg, QL Australia	BKX	Brookings, SD USA	BSB	Brasilia, DF Brazil
ABL	Ambler, AK USA	AKU	Aksu, China	ATC	Arthur's Town, Bahamas	BDD	Badu Island, QL	BKZ	Bukoba, Tanzania	BSC	Bahia Solano, Colombia
ABM	Bamaga, QL Australia	AKV	Akulivik, QC Canada	ATD	Atoifi, Solomon Islands		Australia		United Republic of	BSD	Baoshan, China
ABQ	Albuquerque, NM USA	AKX	Aktyubinsk, Kazakhstan	ATH	Athens, Greece	BDH	Bandar Lengeh, Iran	BLA	Barcelona, Venezuela	BSG	Bata, Equat Guinea
ABR	Aberdeen, SD USA	AKY	Sittwe, Myanmar	ATH	Athens Eleftherios		Islamic Republic of	BLE	Borlange/Falun, Sweden	BSK	Biskra, Algeria
ABS	Abu Simbel, Egypt	ALA	Almaty, Kazakhstan		Venizelos Intl Apt,	BDJ	Banjarmasin, Indonesia	BLF	Bluefield, WV USA	BSL	Euroairport Basel,
ABT	Al-Baha, Saudi Arabia	ALB	Albany, NY USA		Greece	BDL	Hartford Bradley	BLG	Belaga, Malaysia		Euroairport
ABV	Abuja, Nigeria	ALB	Albany International	ATK	Atqasuk, AK USA		International Apt, CT	BLJ	Batna, Algeria	BTA	Bertoua, Cameroon
ABX	Albury, NS Australia		Airport, NY USA	ATL	Atlanta, GA USA		USA	BLK	Blackpool, UK	BTH	Batam, Indonesia
ABY	Albany, GA USA	ALC	Alicante, Spain	ATL	Atlanta Hartsfield Intl	BDO	Bandung, Indonesia	BLL	Billund, Denmark	BTI	Barter Island, AK USA
		ALF	Alta, Norway		Apt, GA USA	BDP	Bhadrapur, Nepal			BTJ	Banda Aceh, Indonesia

7) Worldwide City-to-City Schedule

세계 각 도시 간의 항공사별 운항노선, 운항요일 및 유효기간이 수록되어 있다.

From TOKYO (TYO)

Validity From	To	Days of Service	Dep		Arr		Flight	No.	Acft	Class	Stops
Orlando ORL 7251Mi										MCO-International	
–	5Jan	7	0930	NRT	1315	MNL	PR	431	330	JCYSM	0
			2030	MNL	1740	LAX	PR	112	343	FJCYS	0
			2305	LAX	0633+1	MCO	AA	204	757	FYBHK	0
2Feb	–	37	0930	NRT	1315	MNL	PR	431	330	JCYSM	0
			2030	MNL	1740	LAX	PR	112	343	FJCSY	0
			2305	LAX	0633+1	MCO	AA	204	757	FYBHK	0
8Jan	29Jan	37	0930	NRT	1315	MNL	PR	431	330	JCYSL	0
			2030	MNL	1740	LAX	PR	112	343	FJCYS	0
			2305	LAX	0633+1	MCO	AA	204	757	FYBHK	0
–	6Jan	X2	1510	NRT	1130	ORD	UA	884	744	FCDYB	0
			1330	ORD	1701	MCO	UA	764	757	FYBMH	0
13Feb	–	Dly	1510	NRT	1135	ORD	UA	884	777	FCDYB	0
			1330	ORD	1658	MCO	UA	764	757	FYBMH	0
7Jan	8Jan	23	1510	NRT	1130	ORD	UA	884	744	FCDYB	0
			1335	ORD	1710	MCO	UA	764	757	FYBMH	0
9Jan	12Feb	Dly	1510	NRT	1135	ORD	UA	884	777	FCDYB	0
			1335	ORD	1710	MCO	UA	764	757	FYBMH	0
–	6Jan	X2	1700	NRT	0855	SFO	UA	838	744	FCDYB	0
			1120	SFO	1916	MCO	UA	276	757	FYBMH	0
13Feb	–	Dly	1700	NRT	0855	SFO	UA	838	744	FCDYB	0
			1215	SFO	2015	MCO	UA	276	757	FYBMH	0
7Jan	31Jan	X7	1700	NRT	0855	SFO	UA	838	744	FCDYB	0
			1115	SFO	1911	MCO	UA	276	757	FYBMH	0
12Jan	26Jan	7	1700	NRT	0855	SFO	UA	838	744	FCDYB	0
			1115	SFO	1914	MCO	UA	276	320	FYBMH	0
1Feb	12Feb	X7	1700	NRT	0855	SFO	UA	838	744	FCDYB	0
			1220	SFO	2016	MCO	UA	276	757	FYBMH	0
2Feb	9Feb	7	1700	NRT	0855	SFO	UA	838	744	FCDYB	0
			1220	SFO	2019	MCO	UA	276	320	FYBMH	0
–	6Jan	X2	1755	NRT	1415	ORD	UA	882	744	FCDYB	0
			1550	ORD	1921	MCO	UA	470	757	FYBMH	0
13Feb	–	X2	1755	NRT	1415	ORD	UA	882	744	FCDYB	0
			1600	ORD	1928	MCO	UA	470	757	FYBMH	0
8Jan	12Feb	X2	1755	NRT	1415	ORD	UA	882	744	FCDYB	0
			1610	ORD	1945	MCO	UA	470	757	FYBMH	0
–	11Feb	2	1800	NRT	1420	ORD	UA	882	744	FCDYB	0
			1610	ORD	1945	MCO	UA	470	757	FYBMH	0
18Feb	–	2	1800	NRT	1420	ORD	UA	882	744	FCDYB	0
			1600	ORD	1928	MCO	UA	470	757	FYBMH	0
–	–	Dly	1900	NRT	1530	ORD	JL★	5004	777	FCYB	0
			1747	ORD	2124	MCO	AA	1523	M80	FYBHK	0
Osaka OSA 252Mi										ITM-Itami KIX-Kansai Intl	
–	–	Dly	0635	HND	0750	KIX	JL	341	747	Y	0
–	7Jan	Dly	0645	HND	0800	KIX	NH	973	735	YM	0
8Jan	–	Dly	0645	HND	0800	KIX	NH★	973	735	YM	0
–	–	Dly	0650	HND	0750	ITM	JD	201	AB6	FYL	0
–	31Jan	Dly	0655	HND	0755	ITM	JL	101	744	JY	0
1Feb	–	Dly	0700	HND	0800	ITM	JL	101	744	JY	0
1Feb	–	Dly	0715	HND	0815	ITM	NH	13	747	FYM	0
1Feb	–	Dly	0730	HND	0845	KIX	TG★	6033	763	FCYM	0
–	–	Dly	0735	HND	0850	KIX	NH	141	763	YM	0
–	7Jan	Dly	0735	HND	0835	ITM	JD	213	AB6	FYL	0
–	31Jan	Dly	0735	HND	0850	KIX	TG★	6033	763	FCYM	0
12Feb	–	Dly	0735	HND	0835	ITM	JD	213	777	FCYL	0
8Jan	31Jan	Dly	0735	HND	0835	ITM	JD	213	777	FCYL	0
1Feb	11Feb	Dly	0735	HND	0835	ITM	JD	213	AB6	FYL	0
–	31Jan	Dly	0745	HND	0845	ITM	NH	15	744	FYM	0
1Feb	–	Dly	0745	HND	0845	ITM	NH	15	747	FYM	0
–	31Jan	Dly	0755	HND	0910	KIX	JD	513	M90	YL	0
–	–	Dly	0805	HND	0920	KIX	JL	343	773	JY	0
–	7Jan	Dly	0845	HND	0945	ITM	NH	17	747	FYM	0
1Feb	–	Dly	0845	HND	0945	ITM	NH	17	747	FYM	0
8Jan	31Jan	Dly	0845	HND	0945	ITM	NH	17	772	FYM	0
–	–	Dly	0930	HND	1030	ITM	JD	203	777	FCYL	0
–	–	Dly	0930	HND	1045	KIX	JL	345	777	JY	0
–	–	Dly	0945	HND	1045	ITM	NH	19	744	FYM	0
–	–	Dly	1045	HND	1200	KIX	NH	143	763	YM	0
–	–	Dly	1055	HND	1155	ITM	JL	103	744	JY	0
1Feb	–	Dly	1135	HND	1235	ITM	JD	215	AB6	FYL	0
–	7Jan	Dly	1155	HND	1255	ITM	NH	23	744	FYM	0
17Jan	–	Dly	1155	HND	1255	ITM	NH	23	747	FYM	0
8Jan	16Jan	Dly	1155	HND	1255	ITM	NH	23	773	FYM	0
1Feb	–	Dly	1205	HND	1320	KIX	NH	145	763	YM	0
–	31Jan	Dly	1210	HND	1325	KIX	NH	145	763	YM	0
–	7Jan	Dly	1230	HND	1330	ITM	JL	105	773	JY	0
2Feb	–	Dly	1230	HND	1330	ITM	JL	105	777	JY	0
8Jan	31Jan	Dly	1230	HND	1330	ITM	JL	105	777	JY	0
1Feb only		6	1230	HND	1330	ITM	JL	105	767	JY	0
–	–	Dly	1320	HND	1420	ITM	JD	205	777	FCYL	0
1Feb	–	Dly	1335	HND	1450	KIX	JL	347	767	JY	0
–	31Jan	Dly	1350	HND	1505	KIX	JL	347	767	JY	0
–	7Jan	Dly	1400	HND	1500	ITM	NH	27	744	FYM	0
1Feb	–	Dly	1400	HND	1500	ITM	NH	27	744	FYM	0
8Jan	31Jan	Dly	1400	HND	1500	ITM	NH	27	747	FYM	0
–	–	Dly	1515	HND	1615	ITM	NH	31	772	FYM	0
–	–	Dly	1530	HND	1630	ITM	JL	107	744	JY	0
1Feb	–	136	1530	HND	1645	KIX	TG★	6037	763	FCYM	0
–	–	Dly	1550	HND	1705	KIX	NH	147	763	YM	0
–	29Jan	136	1550	HND	1705	KIX	TG★	6037	763	FCYM	0
–	–	Dly	1610	HND	1710	ITM	JD	207	777	FCYL	0
2Jan	–	Dly	1245	NRT	1615	CPH	SK	984	343	ACDJY	0
			1700	CPH	1810	OSL	SK	468	M90	CDZJY	0
Papeete PPT 5895Mi											
–	13Jan	1	1100	NRT	0310		TN	77	342	JDYMK	0
20Jan	–	1	1100	NRT	0310		TN	77	343	JDYMK	0
–	7Jan	2	1740	NRT	1320		TN	87	343	PJDYM	1
14Jan	–	2	1740	NRT	1320		TN	87	343	JDYMK	1
–	11Jan	6	1840	NRT	1050		TN	77	342	JDYMK	0
18Jan	–	6	1840	NRT	1050		TN	77	343	JDYMK	0
Paris PAR 6032Mi										CDG-C de Gaulle ORY-Orly	
–	11Jan	156	1000	NRT	1435	CDG	JL	415	744	CDYBK	0
17Jan	–	156	1000	NRT	1435	CDG	JL	415	744	CDYBK	0
13Jan only		1	1000	NRT	1435	CDG	JL	415	747	CDYBK	0
–	–	Dly	1110	NRT	1545	CDG	JL	405	744	FCDYB	0
–	–	Dly	1150	NRT	1625	CDG	NH	205	744	FACZJ	0
–	–	Dly	1245	NRT	1720	CDG	AF	275	744	PFJCD	0
–	–	2357	1300	NRT	2040	CDG	SU	576	310	FCYSM	1
–	–	X45	2155	NRT	0435+1	CDG	AF	273	744	PFJCD	0
–	–	45	2155	NRT	0435+1	CDG	AF	289	744	PFJCD	0
					TRANSFER CONNECTIONS						
–	–	X37	0920	NRT	1200	ICN	KE	706	744	CIYTH	0
			1330	ICN	1730	CDG	KE	901	744	PCIYS	0
–	–	37	0920	NRT	1200	ICN	KE	706	744	CIYTH	0
			1320	ICN	1735	CDG	KE★	5901	777	CIYS	0
–	–	X4	1150	NRT	1635	ZRH	LX	169	M11	FJCDY	0
			1745	ZRH	1905	CDG	LX	644	320	JCDYM	0
–	–	37	1155	NRT	1520	HEL	AY	074	M11	JDIYB	0
			1605	HEL	1810	CDG	AY	873	321	CDIYB	0
–	–	3	1200	NRT	2040	DEL	AI	305	74D	JCDWY	1
			0110+1	DEL	0555+1	CDG	AI★	7147	343	JWYB	0
–	–	4	1200	NRT	2040	DEL	AI	307	74D	JCDWY	1
			0110+1	DEL	0555+1	CDG	AI★	7147	343	JWYB	0
–	–	Dly	1240	NRT	1610	LHR	BA	008	744	FJDWY	0
			1715	LHR	1925	CDG	BA	322	319	CDYBH	0
–	3Feb	1457	1245	NRT	1615	CPH	SK	984	343	ACDJY	0
			1715	CPH	1915	CDG	SK	567	M87	CDJYB	0
4Jan	–	Dly	1245	NRT	1615	CPH	SK	984	343	ACDJY	0
			1945	CPH	2145	CDG	SK	1563	M80	CDJYB	0
4Feb	–	X6	1245	NRT	1615	CPH	SK	984	343	ACDJY	0
			1715	CPH	1915	CDG	SK	567	M87	CDJYB	0
–	–	3	1600	NRT	0545+1	CAI	MS	0865	777	FCY	2
			1120+1	CAI	1510+1	ORY	MS	0799	340	FCYBQ	0
–	–	Dly	1820	NRT	2225	HKG	CX	505	744	FAJCD	0
			2345	HKG	0600+1	CDG	CX	261	744	FAJDI	0
Penang PEN 3268Mi											
–	–	25	1330	NRT	2005		MH	77	772	FACDY	0
					TRANSFER CONNECTIONS						
–	–	Dly	0935	NRT	1340	HKG	CX	509	773	JCDIY	0
			1515	HKG	2100		CX	721	330	JCDIY	1
–	–	Dly	1200	NRT	1820	SIN	SQ	997	744	FACDJ	0
			1910	SIN	2020		SQ	198	310	FAJDY	0
–	–	Dly	1900	NRT	0120+1	SIN	SQ	11	744	FACDJ	0
			0805+1	SIN	0915+1		SQ	192	310	FAJDY	0
Perth PER 4918Mi											
–	–	136	2045	NRT	0600+1		QF	70	763	JDYBH	0
					TRANSFER CONNECTIONS						
–	–	367	0925	NRT	1545	SIN	SQ	995	772	FACDJ	0
			1850	SIN	2350		SQ	215	772	CJDYB	0
–	–	124	0930	NRT	1800	SIN	SQ	987	744	FACJD	1
			1850	SIN	2350		SQ	215	772	CJDYB	0
–	8Jan	X6	1100	NRT	1735	DPS	GA	881	330	CDYML	0
			1950	DPS	2330		GA	726	734	CDYML	0
10Jan	–	1257	1100	NRT	1735	DPS	GA	881	330	CDYML	0
			1950	DPS	2330		GA	726	734	CDYML	0
–	–	3567	1200	NRT	1820	SIN	SQ	997	744	FACDJ	0
			0135+1	SIN	0635+1		SQ	225	772	CJDYB	0
–	–	135	1820	NRT	2225	HKG	CX	505	744	FAJCD	0
			2355	HKG	0735+1		CX	171	330	JCDIY	0
Philadelphia PHL 6756Mi										PHL-International	
–	3Jan	5	0930	NRT	1315	MNL	PR	431	330	JCYSM	0
			2030	MNL	1705	SFO	PR	114	343	FJCYS	0
			2215	SFO	0628+1	PHL	US	159	321	FAYBM	0
–	5Jan	7	0930	NRT	1315	MNL	PR	431	330	JCYSM	0
			2030	MNL	1740	LAX	PR	112	343	FJCYS	0
			2215	LAX	0611+1	PHL	US	46	321	FAYBM	0
2Feb	–	37	0930	NRT	1315	MNL	PR	431	330	JCYSM	0
			2030	MNL	1740	LAX	PR	112	343	FJCSY	0
			2215	LAX	0611+1	PHL	US	46	321	FAYBM	0
7Feb	–	5	0930	NRT	1315	MNL	PR	431	330	JCYSM	0
			2030	MNL	1705	SFO	PR	114	343	FJCSY	0
			2215	SFO	0627+1	PHL	US	159	321	FAYBM	0
6Jan	10Jan	15	0930	NRT	1315	MNL	PR	431	330	JCYSL	0
			2030	MNL	1705	SFO	PR	114	343	FJCYS	0
			2215	SFO	0627+1	PHL	US	159	321	FAYBM	0
8Jan	29Jan	37	0930	NRT	1315	MNL	PR	431	330	JCYSL	0
			2030	MNL	1740	LAX	PR	112	343	FJCYS	0
			2215	LAX	0611+1	PHL	US	46	321	FAYBM	0
17Jan	31Jan	5	0930	NRT	1315	MNL	PR	431	330	JCYSL	0
			2030	MNL	1705	SFO	PR	114	343	FJCYS	0
–	2Jan	4	1055	NRT	1510	HKG	CX	501	330	JCDIY	0
			1740	HKG	1820		KA	200	320	JCDPY	0
7Jan	–	24	1055	NRT	1510	HKG	CX	501	330	JCDIY	0
			1625	HKG	1815		KA	200	320	JCDPY	0
–	–	X6	1100	NRT	1600	SGN	VN	0951	763	CDSHK	0
			1740	SGN	1830		VN	0819	AT7	SHGLT	0
–	–	5	1820	NRT	2225	HKG	CX	505	744	FAJCD	0
			0810+1	HKG	0940+1		KA	200	320	JCDPY	0
–	–	7	1820	NRT	2225	HKG	CX	505	744	FAJCD	0
			0900+1	HKG	1040+1		KA	200	320	JCDPY	0
Phoenix PHX 5779Mi											
–	6Jan	X2	1700	NRT	0855	SFO	UA	838	744	FCDYB	0
			1110	SFO	1404		UA	790	733	FYBMH	0
13Feb	–	Dly	1700	NRT	0855	SFO	UA	838	744	FCDYB	0
			1105	SFO	1400		UA	790	733	FYBMH	0
7Jan	12Feb	Dly	1700	NRT	0855	SFO	UA	838	744	FCDYB	0
			1110	SFO	1401		UA	1649	733	FYBMH	0
11Jan	–	67	1900	NRT	1035	YVR	AC	004	343	JCYMB	0
			1250	YVR	1655		AC	675	319	JCYMT	0
–	6Jan	X2	1905	NRT	1110	SFO	UA	852	777	FCDYB	0
			1620	SFO	1911		UA	1930	733	FYBMH	0
13Feb	–	Dly	1915	NRT	1120	SFO	UA	852	777	FCDYB	0
			1245	SFO	1540		UA	791	735	FYBMH	0
7Jan	31Jan	Dly	1915	NRT	1120	SFO	UA	852	777	FCDYB	0
			1245	SFO	1538		UA	360	735	FYBMH	0
7Jan	12Feb	X7	1915	NRT	1120	SFO	UA	852	777	FCDYB	0
			1815	SFO	2105		UA	374	735	FYBMH	0
7Jan	12Feb	X67	1915	NRT	1120	SFO	UA	852	777	FCDYB	0
			1625	SFO	1915		UA	380	757	FYBMH	0
12Jan	9Feb	7	1915	NRT	1120	SFO	UA	852	777	FCDYB	0
			1625	SFO	1917		UA	380	735	FYBMH	0
Phuket HKT 3228Mi											
–	–	Dly	0945	NRT	1545		TG	643	777	CDYBM	0
–	–	Dly	0945	NRT	1545		NH★	5955	777	CDYB	0
					TRANSFER CONNECTIONS						
–	–	16	0935	NRT	1340	HKG	CX	509	773	JCDIY	0
			1525	HKG	1805		KA	212	320	JCDPY	0
–	2Jan	4	0935	NRT	1340	HKG	CX	509	773	JCDIY	0
			1500	HKG	1740		KA	212	330	JCDPY	0
9Jan	–	4	0935	NRT	1340	HKG	CX	509	773	JCDIY	0
			1445	HKG	1725		KA	212	320	JCDPY	0
Pittsburgh PIT 6598Mi											
–	3Jan	5	0930	NRT	1315	MNL	PR	431	330	JCYSM	0
			2030	MNL	1705	SFO	PR	114	343	FJCYS	0
			2230	SFO	0609+1		US	165	321	FAYBM	0
–	5Jan	7	0930	NRT	1315	MNL	PR	431	330	JCYSM	0
			2030	MNL	1740	LAX	PR	112	343	FJCYS	0
			2300	LAX	0623+1		US	56	321	FAYBM	0
2Feb	–	37	0930	NRT	1315	MNL	PR	431	330	JCYSM	0
			2030	MNL	1740	LAX	PR	112	343	FJCSY	0
			2300	LAX	0623+1		US	56	321	FAYBM	0
14Feb	–	5	0930	NRT	1315	MNL	PR	431	330	JCYSM	0
			2030	MNL	1705	SFO	PR	114	343	FJCSY	0
			2230	SFO	0601+1		US	165	321	FAYBM	0
6Jan	10Jan	15	0930	NRT	1315	MNL	PR	431	330	JCYSL	0
			2030	MNL	1705	SFO	PR	114	343	FJCYS	0
			2225	SFO	0556+1		US	165	321	FAYBM	0
8Jan	29Jan	37	0930	NRT	1315	MNL	PR	431	330	JCYSL	0
			2030	MNL	1740	LAX	PR	112	343	FJCYS	0
			2300	LAX	0623+1		US	56	321	FAYBM	0
17Jan	31Jan	5	0930	NRT	1315	MNL	PR	431	330	JCYSL	0
			2030	MNL	1705	SFO	PR	114	343	FJCYS	0
			2225	SFO	0556+1		US	165	321	FAYBM	0
7Feb only		5	0930	NRT	1315	MNL	PR	431	330	JCYSM	0
			2030	MNL	1705	SFO	PR	114	343	FJCSY	0
			2225	SFO	0556+1		US	165	321	FAYBM	0
–	–	Dly	1200	NRT	0820	ORD	JL	010	744	FCDYB	0
			1352	ORD	1622		AA★	4261	ERD	YBHK	0
–	6Jan	1457	1200	NRT	0820	ORD	JL	010	744	FCDYB	0
			1113	ORD	1332		AA★	4083	ERD	YBHK	0
7Jan	–	X6	1200	NRT	0820	ORD	JL	010	744	FCDYB	0
			1119	ORD	1338		AA★	4083	ERD	YBHK	0
–	6Jan	X2	1510	NRT	1130	ORD	UA	884	744	FCDYB	0
			1320	ORD	1543		UA	734	733	FYBMH	0
13Feb	–	Dly	1510	NRT	1135	ORD	UA	884	777	FCDYB	0
			1320	ORD	1547		UA	734	735	FYBMH	0
7Jan	8Jan	23	1510	NRT	1130	ORD	UA	884	744	FCDYB	0
			1320	ORD	1542		UA	734	320	FYBMH	0
9Jan	12Feb	Dly	1510	NRT	1135	ORD	UA	884	777	FCDYB	0
			1320	ORD	1542		UA	734	320	FYBMH	0
–	6Jan	X2	1755	NRT	1415	ORD	UA	882	744	FCDYB	0
			1600	ORD	1827		UA	576	733	FYBMH	0
13Feb	–	X2	1755	NRT	1415	ORD	UA	882	744	FCDYB	0
			1545	ORD	1808		UA	576	733	FYBMH	0
8Jan	12Feb	X2	1755	NRT	1415	ORD	UA	882	744	FCDYB	0
			1610	ORD	1836		UA	576	735	FYBMH	0
–	11Feb	2	1800	NRT	1420	ORD	UA	882	744	FCDYB	0
			1610	ORD	1836		UA	576	735	FYBMH	0
–	–	7	1300	NRT	1725	SVO	SU	576	310	FCYSM	0
			2215	SVO	2305		SU★	469	735	CYMT	0
Providence PVD 6730Mi											
–	–	Dly	1200	NRT	1020	JFK	JL	006	744	FCDYB	0
			1210	JFK	1305		AA★	4881	ER3	YBHK	0
–	4Jan	6	1510	NRT	1130	ORD	UA	884	744	FCDYB	0
			1316	ORD	1624		UA	1288	320	FYBMH	0
–	6Jan	X26	1510	NRT	1130	ORD	UA	884	744	FCDYB	0
			1315	ORD	1623		UA	1288	319	FYBMH	0
13Feb	–	Dly	1510	NRT	1135	ORD	UA	884	777	FCDYB	0
			1316	ORD	1624		UA	546	319	FYBMH	0
7Jan	8Jan	23	1510	NRT	1130	ORD	UA	884	744	FCDYB	0
			1315	ORD	1623		UA	546	319	FYBMH	0
9Jan	12Feb	Dly	1510	NRT	1135	ORD	UA	884	777	FCDYB	0
			1315	ORD	1623		UA	546	319	FYBMH	0
–	6Jan	X2	1755	NRT	1415	ORD	UA	882	744	FCDYB	0
			1545	ORD	1857		UA	1734	757	FYBMH	0
13Feb	–	X2	1755	NRT	1415	ORD	UA	882	744	FCDYB	0
			1545	ORD	1857		UA	1436	320	FYBMH	0
8Jan	12Feb	X27	1755	NRT	1415	ORD	UA	882	744	FCDYB	0
			1610	ORD	1922		UA	1462	757	FYBMH	0
12Jan	9Feb	7	1755	NRT	1415	ORD	UA	882	744	FCDYB	0
			1615	ORD	1929		UA	1462	733	FYBMH	0
–	11Feb	2	1800	NRT	1420	ORD	UA	882	744	FCDYB	0
			1610	ORD	1922		UA	1462	757	FYBMH	0
18Feb	–	2	1800	NRT	1420	ORD	UA	882	744	FCDYB	0
			1545	ORD	1857		UA	1436	320	FYBMH	0
–	–	Dly	1900	NRT	1530	ORD	JL★	5004	777	FCYB	0
			1956	ORD	2310		AA	1828	M80	FYBHK	0
–	10Jan	Dly	1900	NRT	1530	ORD	JL★	5004	777	FCYB	0
			1736	ORD	2042		AA	428	M80	FYBHK	0
12Jan	–	X6	1900	NRT	1530	ORD	JL★	5004	777	FCYB	0
			1736	ORD	2042		AA	428	M80	FYBHK	0
–	–	Dly	1955	NRT	1815	JFK	JL★	5014	777	FCYB	0
			2145	JFK	2240		AA★	4883	ER3	YBHK	0
Pto Princesa PPS 2226Mi											
–	4Jan	6	2120	NRT	0105+1	MNL	PR	4965	734	Y	0
			0800+1	MNL	0915+1		PR	195	734	YSTBH	0
Qingdao TAO 1082Mi											
–	–	146	0930	NRT	1205		JL	783	767	CYBKQ	0
–	–	36	1015	NRT	1245		NH	927	763	CJDYB	0
Raleigh/Dur RDU 6902Mi											
–	6Jan	X2	1200	NRT	0820	ORD	JL	010	744	FCDYB	0
			1157	ORD	1447		AA	1962	M80	FYBHK	0
31Jan	–	Dly	1200	NRT	0820	ORD	JL	010	744	FCDYB	0
			1157	ORD	1447		AA	1962	M80	FYBHK	0
7Jan	30Jan	Dly	1200	NRT	0820	ORD	JL	010	744	FCDYB	0
			1156	ORD	1446		AA	1962	M80	FYBHK	0
–	6Jan	X2	1510	NRT	1130	ORD	UA	884	744	FCDYB	0
			1345	ORD	1645		UA★	7791	CRJ	YBMH	0
9Jan	–	Dly	1510	NRT	1135	ORD	UA	884	777	FCDYB	0
			1350	ORD	1650		UA★	7414	CRJ	YBMH	0
7Jan	8Jan	23	1510	NRT	1130	ORD	UA	884	744	FCDYB	0
			1350	ORD	1650		UA★	7414	CRJ	YBMH	0
–	6Jan	X2	1755	NRT	1415	ORD	UA	882	744	FCDYB	0
			1605	ORD	1900		UA★	7882	CRJ	YBMH	0
8Jan	–	X2	1755	NRT	1415	ORD	UA	882	744	FCDYB	0
			1555	ORD	1850		UA★	7416	CRJ	YBMH	0
–	–	2	1800	NRT	1420	ORD	UA	882	744	FCDYB	0
			1555	ORD	1850		UA★	7416	CRJ	YBMH	0
–	–	Dly	1900	NRT	1530	ORD	JL★	5004	777	FCYB	0
			1741	ORD	2029		AA	1176	M80	FYBHK	0
Recife REC 10496Mi											
–	14Feb	1356	1900	NRT	0710+1	GRU	RG	8837	M11	FACDJ	1
			0915+1	GRU	1115+1		RG★	5420	733	CDJY	0
15Feb	–	1356	1900	NRT	0610+1	GRU	RG	8837	M11	FACDJ	1
			0915+1	GRU	1215+1		RG★	5420	733	CDJY	0
Reno RNO 5185Mi											
–	6Jan	X2	1905	NRT	1110	SFO	UA	852	777	FCDYB	0
			1255	SFO	1351		UA	1812	735	FYBMH	0
13Feb	–	Dly	1915	NRT	1120	SFO	UA	852	777	FCDYB	0
			1245	SFO	1342		UA	1054	735	FYBMH	0
7Jan	12Feb	Dly	1915	NRT	1120	SFO	UA	852	777	FCDYB	0
			1245	SFO	1340		UA	1280	319	FYBMH	0
Riga RIX 5026Mi											
8Jan	–	3	1155	NRT	1520	HEL	AY	074	M11	JDIYB	0
			1600	HEL	1715		AY	125	AT7	CDIYB	0
Rio d Janeiro RIO 11529Mi										GIG-International	
–	14Feb	1356	1900	NRT	0900+1	GIG	RG	8837	M11	FACDJ	2
–	21Feb	1356	1900	NRT	0900+1	GIG	NH★	5837	M11	CDYB	2
15Feb	–	1356	1900	NRT	0800+1	GIG	RG	8837	M11	FACDJ	2
22Feb	–	1356	1900	NRT	0800+1	GIG	NH★	5837	M11	CDYB	2
					TRANSFER CONNECTIONS						
–	13Feb	247	1815	NRT	1055	LAX	SQ	12	744	FACDJ	0

3. Flight Itinerary 보는 법

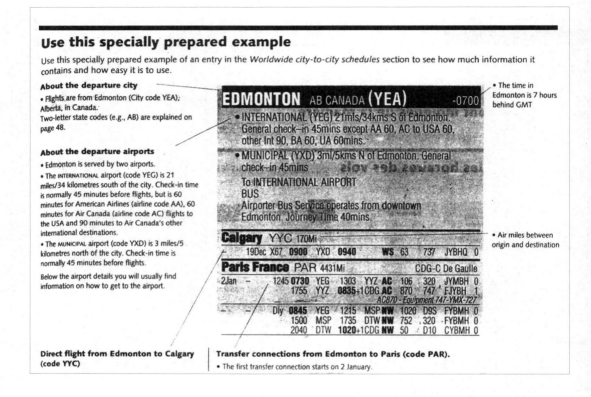

Use this specially prepared example

Use this specially prepared example of an entry in the *Worldwide city-to-city schedules* section to see how much information it contains and how easy it is to use.

About the departure city

• Flights are from Edmonton (City code YEA), Alberta, in Canada.
Two-letter state codes (e.g., AB) are explained on page 48.

About the departure airports

• Edmonton is served by two airports.
• The INTERNATIONAL airport (code YEG) is 21 miles/34 kilometres south of the city. Check-in time is normally 45 minutes before flights, but is 60 minutes for American Airlines (airline code AA), 60 minutes for Air Canada (airline code AC) flights to the USA and 90 minutes to Air Canada's other international destinations.
• The MUNICIPAL airport (code YXD) is 3 miles/5 kilometres north of the city. Check-in time is normally 45 minutes before flights.

Below the airport details you will usually find information on how to get to the airport.

• The time in Edmonton is 7 hours behind GMT

• Air miles between origin and destination

EDMONTON AB CANADA **(YEA)**   -0700
• INTERNATIONAL (YEG) 21mls/34kms S of Edmonton. General check-in 45mins except AA 60, AC to USA 60, other Int 90, BA 60, UA 60mins.
• MUNICIPAL (YXD) 3ml/5kms N of Edmonton. General check-in 45mins
To INTERNATIONAL AIRPORT
BUS
Airporter Bus Service operates from downtown Edmonton. Journey Time 40mins.

Calgary YYC 170Mi								
19Dec X67	**0900**	YXD	**0940**		**WS**	63	737	JYBHQ 0

Paris France PAR 4431Mi							CDG-C De Gaulle	
2Jan –	1245 **0730**	YEG	1303	YYZ **AC**	106	320	JYMBH 0	
	1755	YYZ	**0835**+1 CDG **AC**	870	747	FJYBH 1		
				AC870 - Equipment 747-YMX-727				
– –	Dly **0845**	YEG	1215	MSP **NW**	1020	D9S	FYBMH 0	
	1500	MSP	1735	DTW **NW**	752	320	FYBMH 0	
	2040	DTW	**1020**+1 CDG **NW**	50	D10	CYBMH 0		

Direct flight from Edmonton to Calgary (code YYC)

Transfer connections from Edmonton to Paris (code PAR).
• The first transfer connection starts on 2 January.

1) 항공스케줄 찾는 방법

여정 작성 시 출발지별 항공편 스케줄부분을 참조한다.

① 알파벳순으로 출발지(from)를 찾은 다음 목적지(to)를 찾는다.

② 출발지 도시명에 출발하고자 하는 도시명이 없을 경우, 가까운 도시를 선택하여 Direct Flight 및 Connecting Flight의 이용가능 여부를 확인한다.

③ 연결도시의 연결시간(connecting time), 연결되는 각 구간의 운항요일, 운항기간의 유효성을 확인하도록 한다.

2) 출발지 도시(Departure City)

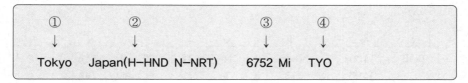

① 출발지

② 공항코드

③ 목적지까지의 마일리지

④ 출발지 코드

3) 목적지 도시(Destination City)

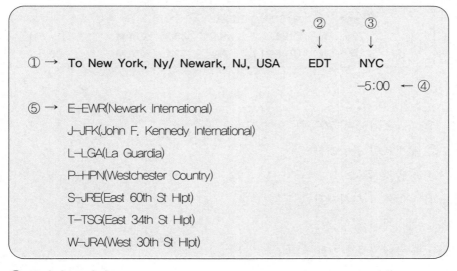

① 목적지 도시명

② 북미의 시간

③ 목적지 도시코드

④ GMT와의 시차

⑤ 목적지의 공항이 Multi Airport일 경우의 코드와 공항명

4) Direct Flight Schedule

①	②	③	④	⑤	⑥	⑦	⑧	⑨	⑩	⑪
X13	1100	N	1025	J	NH	10	FCWYB	744		O
	1200	N	1135	J	JL	006	FCWBM	744		O
	1555	N	1535	J	NW	18	FCYBM	747	DB	O
12	1725	N	2108	J	DL	6486	FCYBM	*	D	1

⑫ ⟶ DL 6486 Discontinued After 5APR
DL 6486 Equipment M11-PDX-767

167	1725	N	2108	J	DL	6486	FCYBM	*	D	1

⑬ ⟶ DL 6486 Effective 9APR Thru 26APR
DL 8486 Equipment M11-PDX-767

57	1725	N	2108	J	DL	6486	FCYBM	*	D	1

DL 6486 Effective 1MAY Thru 22MAY
⑭ ⟶ Ex 8MAY - 15MAY

	1725	N	2108	J	NH/DL	6486	FCYBM	*	D	1
	2139	N	0145+1	L	AA	2728	FCYBM	*	DS	1

⑮ ⑯

① 항공편이 운항 가능한 요일코드

② 출발지의 출발시간

③ 출발지 공항코드

④ 목적지의 도착시간

⑤ 목적지의 공항코드

⑥ 항공사의 2 Letter 코드

⑦ 항공편명

⑧ 서비스등급코드

⑨ 항공기의 기종코드

⑩ 제공되는 기내식

⑪ 중간기착지 수

⑫ 항공편의 중단시기

⑬ 항공편의 유효기간

⑭ 표시된 기간에 항공편이 운항(OP)되거나 운항되지 않음(EX)

⑮ 항공편의 익일도착

⑯ 항공사의 공동운항(joint operation)

5) Connecting Flight Schedule

(1) Single Connection(단일연결)

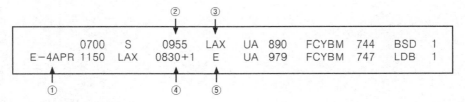

① 항공편의 유효기간

② 연결공항 도착시간

③ 연결공항의 코드

④ 목적지 공항의 도착시간

⑤ 목적지 공항

(2) Double Connection(이중연결)

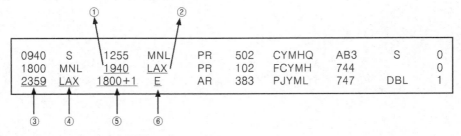

① 두 번째 연결공항 도착시간

② 두 번째 연결공항코드

③ 두 번째 연결공항 출발시간

④ 두 번째 연결공항

⑤ 최종목적지 공항 도착시간

⑥ 최종목적지 공항코드

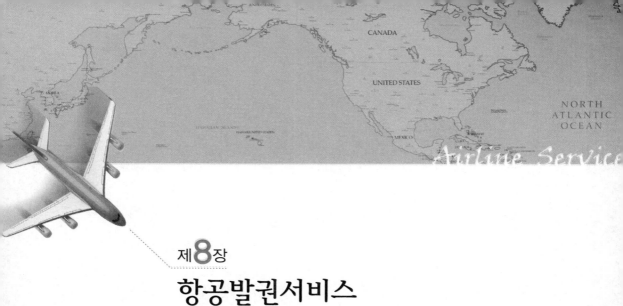

제**8**장

항공발권서비스

제 8 장
항공발권서비스

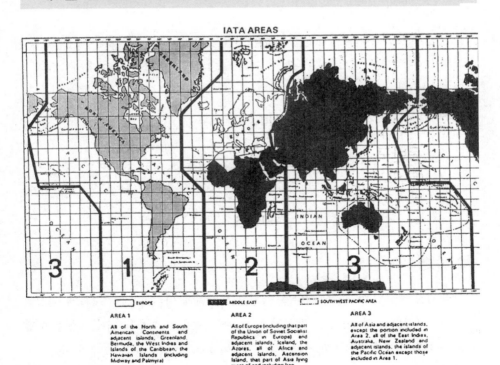

IATA AREAS

AREA 1

All of the North and South American Continents and adjacent islands, Greenland, Bermuda, the West Indies and Islands of the Caribbean, the Hawaiian Islands (including Midway and Palmyra)

AREA 2

All of Europe (including that part of the Union of Soviet Socialist Republics in Europe) and adjacent islands, Iceland, the Azores, all of Africa and adjacent islands, Ascension Island, that part of Asia lying west of and including Iran

AREA 3

All of Asia and adjacent islands, except the portion included in Area 2, all of the East Indies, Australia, New Zealand and adjacent islands, the islands of the Pacific Ocean except those included in Area 1.

185

1. IATA의 지역구분

IATA에서는 항공운임과 관련한 운임규정을 위해 편의상 세계를 3개 지역으로 구분하여 지역별로 운송회의(traffic conference)를 운영하고 있다. 각각의 IATA Area는 다시 SUB Area로 분류되며 이는 항공운임을 적용하는 데 매우 중요하다.

1) 제1운송회의 지역(TC 1, AREA 1)

TC 1은 IATA운임조정회의지구(IATA tariff coordinating conference area)를 의미하고 Area 1에 속한다. 이 지역에는 북남미지역 및 인근 부속도서, 중앙아메리카, 그린란드, 버뮤다, 서인도제도, 캐리비언군도, 하와이군도가 포함된다.

2) 제2운송회의 지역(TC 2, AREA 2)

TC 2에는 유럽대륙(러시아 일부 포함) 및 인근 부속도서, 아이슬란드, 아조래스군도, 아프리카대륙 및 인근 부속도서, 이란을 포함한 아시아대륙의 일부, 중동지역이 해당된다.

3) 제3운송회의 지역(TC 3, AREA 3)

TC 3는 TC 2에 속하는 지역을 제외한 아시아대륙 및 인근 부속도서, 동인도제도, 호주, 뉴질랜드 및 인근 부속도서, 태평양상의 제군도(하와이군도 제외)가 속한다.

2. 여행의 방향성

항공운임은 동일한 구간일지라도 여행하는 방향에 따라 운임이 다르게 설정될 수 있다. 그러므로 항공운임을 계산할 때, 정확한 운임의 적용을 위해 여행을 방향별로 지표화하여 사용하는데 이를 방향지표(global indicator : GI)라 한다.

특히 항공여정의 특성상 하나의 여정에 여러 개의 방향지표가 복합되어 있을 경우에는 Ocean(Atlantic, Pacific)횡단이 우선적 기준으로 적용된다.

GI	여정의 형태	적용여정의 예
EH	TS, RU, FE 제외한 동반구 내의 모든 여정	SEL–BKK–PAR SEL–HKG–KUL–PAR
WH	서반구 내의 모든 여정	LAX–SAO–NYC HNL–LAX–NYC
PA	태평양 횡단 여정(Area 1~Area 3)	SEL–SFO–YYZ SEL–HNL–LAX–NYC
TS	한국/일본과 유럽(Area 2) 간의 시베리아 횡단 여정	SEL–PAR–MOW SEL–PAR–ZRH–FRA
AT	대서양 횡단 여정(Area 2/3~Area 1)	SEL–HKG–LON–NYC SEL–SIN–PAR–WAS
AP	태평양과 대서양 횡단 여정	SEL–LAX–NYC–IST SEL–TYO–NYC–PAR
FE	한국/일본을 제외한 Area 3지역과 러시아 내 지점 간의 여정	BKK–SIN–MOW SEL–HKG–SIN–MOW
RU	한국/일본과 러시아 간의 직항 여정	SEL–MOW SEL–MOW–LED
PN	대양주와 남미 간의 여정으로 북태평양 경유 여정	SYD–LAX–RIO BUE–SAO–NYC–SYD–BNE
SA	ABCPU와 동남아 간의 여정으로 중앙아프리카/남아프리카를 경유하거나, 인도양을 직항편으로 경유하는 여정	SAO/JNB/BKK RIO/HKG

제2절 항공운임의 정의 및 종류

1. 항공운임의 정의

항공운임(air transportation fare)이란 항공승객(air passenger, air travellers) 또는 항공화물(air cargo) 운송의 대가로 운송의뢰인으로부터 받는 금액이다.

항공운송은 일반적으로 두 지역 간에 형성되어 있는 직항운임으로 공시되는 것이 원칙이다. 실례로 항공운임은 한 도시에 2개 이상의 공항(multi airport)이 있을 경우도 도시발착운임으로 공시되며, 운송조건의 규제가 엄격할수록 가격이 저렴해진다.

2. 항공운임의 분류

1) 항공운임의 성립과정에 의한 분류

(1) IATA운임

IATA운임은 IATA의 운송회의 등에 의해 채택된 운임이다. IATA의 운임규칙은 IATA Resolution으로 공시되며 IATA Fare Table(운임표)이 있다. IATA와 가맹한 항공사는 운송회의에서 결정한 운임을 채택하며 동일구간을 운항하는 항공사는 동일한 운임을 받는다.

국제선 항공운임은 IATA회의를 통하여 항공운임의 신설, 폐기, 인상 및 인하가 결정되며 운항거리, 출발지 국가의 사회경제적 수준, 탑승률, 예상수요, 관련국 및 관련항공사의 정책, 계절적 수요 등을 고려하여 책정된다.

(2) Non – IATA운임

IATA운임 이외의 운임으로 두 국가 간의 협정운임으로 성립된다. IATA의 운임기능이 점점 약해지는 현상이며 따라서 두 국가 간의 협정운임이 증가하는 추세이다. Non – IATA운임은 다음과 같이 구분할 수 있다.

① 정부의 명령에 의한 운임

정부가 사회적인 요청을 토대로 운임을 설정하여 양국을 운항하는 항공사에 의무적으로 적용시키는 운임이다.

② 두 국가 간의 협정운임

두 국가 간의 항공협정을 토대로 항공사가 자국과 상대국에 운임의 인가를 획득하여 실시하는 운임이다.

③ 그 외의 운임

종전까지는 IATA운임이었으나 그 후에 IATA에서 협정이 성립되지 않아 정식으로 IATA의 협정운임으로 효력을 갖지 못한 운임이다. 구 IATA운임 및 규칙을 토대로 운임인상 등의 결정이 행해지는 운임이다.

2) 지리적 분류

TC는 IATA운임조정회의지구(IATA tariff coordinating conference area)를 의미한다. TC 3는 제3지구를 의미하고 TC 23은 제2지구와 제3지구 간을 의미하고, TC 123란 제1지구, 제2지구, 제3지구의 전 지구를 의미한다. 또한 TC 23 간의 운임의 하나인 제1지구 경유운임은 IATA 제 규칙상에서는 TC 123이라고 표기하지만, 대서양운임의 TC 123운임과 구별하는 의미로 특히 TC 213라고 한다.

태평양운임은 TC 13라고 하지 않고 TC 31이라고 한다. 이를 종합하여 정리하면 〈그림 8-1〉과 같다.

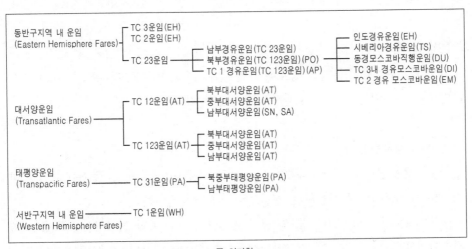

주 : ( ) 내의 2문자는 Air Tariff의 Global Indicator를 의미함.

그림 8-1 지리적 분류

(1) TC 3운임

IATA 제3지구, 즉 TC 2에 속하는 지역을 제외한 아시아대륙 및 부근 도서 내의 운임으로 여행의 방향성(GI)은 모두 EH(eastern hemisphere : 동반구지역)로 표기된다. 운임의 출발점과 도착점이 모두 제3지구 내의 운임으로 원칙적으로 제3지구 내의 지점만을 경유하는 운임이다.

현재 IATA협정이 성립되어 있는 운임은 일본/한국 간, 한국·일본과 동남아시아 보조 지구행, 또한 일본·한국과 중국, 괌, 사이판, 남서태평양 지역 간, 그리고 남아시아대륙 보조지구 내의 각 운임이 해당된다.

(2) TC 2운임

보통운임으로 통상 F, C, Y운임으로 채택되어 운영되고 있으나, 그 외에 YB운임이 설정되어 운용되고 있다. YB운임이란 Economy Budget Fare로 Y운임보다 낮게 설정된 운임이다. 또한 TC 2 지역 내에서는 여러 종류의 회유운임(excursion fare)이 설정되어 있지만, TC 2 이외의 타 지역에서는 판매가 일절 허용되지 않고 있다.

(3) TC 23운임

TC 2와 TC 3 간의 운임은 경로에 따라 남부경유운임, 북부경유운임, TC 1 경유운임으로 분류되는데 이는 구체적으로 다음과 같다.

① 남부경유운임

남부경유운임은 북부경유와 TC 1(제1지구) 경유 이외의 경로, 즉 동반구지역 내의 경로를 경유할 때 적용하는 운임으로 인도경유운임이라고도 한다.

이 운임은 발·착의 보조지구와 국가 및 보조지구에 따라 인도경유운임(EH), 시베리아경유운임(TS), 도쿄모스코바직행운임(DU), TC 3 모스코바운임(DI), TC 2 경유모스코바운임(EM) 등으로 세분화된다. 이 운임에는 서울/카이로(봄베이 경유)

행이 있다.

② 북부경유운임

한국·일본과 구주 간의 북극항로편(polar fare)의 경로를 포함한 TC 3와 TC 2 간에 적용되는 운임이다. 북극항로편은 앵커리지(TC 1 지역)에 일단 기착하기 때문에 TC 123운임이라고도 한다.

이 운임의 특징은 남아시아대륙, 남서태평양지역, 중국 등 일부의 동남아시아지역에서는 설정되어 있지 않고 TC 1 지역 내에서는 단 1회에서만 도중체류가 가능하다. 또한 항공운임표상에서는 공시되지만 IATA상에서는 도쿄발착운임에 TC 3 지점의 부가액(add-on)을 가산하는 방식으로 되어 있다.

③ TC 1 경유운임

북부운임 이외의 TC 1 경유운임으로 모두 대서양과 태평양을 경유하는 운임이다. 대서양운임 TC 123운임과 구별하기 위하여 TC 213운임이라고도 한다. 도쿄발착운임에 TC 3지점의 부가액(add-on)을 가산한다는 점과 인도대륙에는 설정되지 않는다는 점이 북부동일운임과 동일하다.

(4) 대서양운임

발착도시가 속하는 지역에 따라 북부대서양운임, 중부대서양운임, 남부대서양운임으로 분류된다.

① 북부대서양운임

이 구간의 운임은 요금변동이 심하여 항공운임표가 월 1회 이상 발간될 정도이며 각 항공사에서도 운임과 서비스등급을 다양하게 운영하고 있다. 따라서 보통운임에도 계절성에 따른 가격의 차별화를 적용하고 있다.

② 중부대서양운임

중부대서양운임은 남미 5개국, 즉 우루과이, 파라과이, 칠레, 아르헨티나, 브라질을 제외한 중남미 발착의 운임이다. 항공사에 따라 운임이 달라질 수는 있으나 북부대서양운임처럼 복잡하지는 않다.

③ 남부대서양운임

중부대서양운임에서 제외된 남미 5개국 운임으로 계절성에 따른 가격의 차별화는 없다.

(5) 태평양운임

TC 3와 TC 1 간의 태평양경유의 경로에 적용되는 운임으로 TC 3에서 발착한 도시가 속한 지역에 따라 북중부태평양운임과 남부태평양운임으로 분류된다.

(6) 서반구지구내운임

TC 1운임은 항공사에 따라 운용적용상의 차이가 크고 복잡하다.

3) 적용조건에 의한 분류

항공운임에는 항공여행자의 연령, 직업, 그리고 사회적 신분과 같은 자격조건(eligibility condition)과 여행일수, 도중체류 등의 여행조건(travel condition), 예약, 발권, 지급, 환급 등에 관한 수속조건(procedures condition) 등의 조건에 따라 다르게 적용되고 있다. 이와 같이 운임의 조건이 까다롭고 다양하기 때문에 IATA의 운임규칙에서는 제반조건을 분류하여 표준화하고 있다.

따라서 항공운임은 적용상의 조건에 따라 정상운임(normal fares)과 특별운임(special fares)으로 구분된다.

(1) 정상운임(Normal Fare)

정상운임은 대부분의 항공사들이 퍼스트, 비즈니스, 이코노미(F, C, Y)의 3클래스제를 도입하여 운영하고 있다. 또한 서비스(좌석)등급에 따라 차별화된 서비스를 제공함으로써 적용운임을 다양화하고 있다. Fare Basis는 P, F, J, C, Y 등으로 표기된다.

정상운임에는 YO2(Area 3과 북미 간 여정), Y2(Area 3과 중남미 간 여정)운임 등이 있으며, Child 75%, Infant 10%의 운임을 적용하고 있다. 그러나 정상의 항공운임은 좌석등급과는 무관하게 다음과 같은 제 조건이 전제되어야 한다.

① 12세 이상의 성인에 대해서는 여러 조건에 관계없이 적용이 가능하다.
② 항공권의 유효기간(validity)은 항공여행 개시일로부터 1년간이다.
③ 적용조건상의 여행일수, 도중체류, 예약, 지급, 발권, 경로, 항공사변경 등에 관하여는 제약조건이 전혀 없다.

(2) 특별운임(Special Fare)

특별운임은 촉진운임(promotional fare)과 비촉진운임(non-promotional fare)으로 구분한다. 촉진운임은 항공사가 판매촉진의 활성화를 위해 여행기간, 도중체류 횟수, 경유지 횟수, 여정의 형태 등을 제한하여 설정한 운임으로서 대표적인 예로 포괄관광(inclusive tour)을 들 수 있다.

비촉진요금은 항공사의 판매촉진의 목적보다는 유아, 소아, 환자 등과 같은 승객에 대해 일정의 항공여행조건을 설정하여 매우 엄격한 규제를 하고 있다.

① 판매촉진운임

판매촉진운임은 여행기간, 여행조건 등에 제한이 있으며 운임의 종류는 다음과 같다.

ㄱ 회유운임(Excursion Fare) : 회유운임이란 왕복할인운임으로 이 운임의 특징은 항공권의 유효기간과 최저 체재일수의 제한사항 이외에는 특별한

제한조건이 수반되지 않는다. 회유운임에는 YEE3M, YHEE3M, YLEE3M, YHEE6M, KLEE, YEE운임 등이 있다.

ⓛ 개인포괄운임(IIT : Individual Inclusive Tour) : 개인포괄운임은 여행에 관련된 항공, 숙박, 지상교통 및 식사 등 제반사항들의 비용을 전부 포함하여 여행업자가 일괄적으로 관장하여 판매하는 상품이다. 항공운임을 포함한 제반비용의 할인이 가능하므로 제반비용을 별도로 수배하는 것보다 일괄해서 수배하는 것이 저렴하다. 그러나 보장관광이 성립되기 위해서는 체재제한, 예약 및 여정 변경 등에 관한 제반조건이 수반된다.

ⓒ 단체포괄운임(GIT : Group Inclusive Tour) : 일정한 인원 이상의 단체에 적용되는 운임으로서 항공사가 대폭적인 할인요금을 적용하여 대량판매를 가능하게 하는 일종의 촉진용 운임이다. 이 운임의 특징은 단체에 적용할 수 있는 할인운임이므로 여행참가자의 동일 항공편 탑승, 도중체류의 횟수, 여정변경 등에 엄격한 제한이 있다.

ⓔ PEX운임 : Special Excursion운임으로서 Excursion운임보다 체재기간 등의 더 엄격한 제한조건은 있지만, 가격은 더 저렴하며 동남아지역에 주로 적용되는 운임이다. Fare Basis는 YPX3M, YHPX3M, YLPX3M 등으로 기재된다.

이외에도 미주지역 Routing 운임에 적용되는 APEX(YHPX3M, YPX3M)운임과 MAPB(MAPB 3M)운임, ZZ(YHZZ, YLZZ, YZZ)운임 등이 포함된다.

② 할인운임(Discounted Fare)

항공승객의 여행조건에 따라 정상운임이나 특별운임이 적용될 수 있다. 이 중에 할인운임은 비촉진운임의 성격을 띠며 연령, 직업이나 신분에 의한 할인운임으로 나눌 수 있다. Fare Basis는 QSTO, YLEE1M/CH33, Y/IN90, YGV10/CG00, LEMO, YCD 등으로 표기된다.

㉠ 연령에 의한 할인운임

• **소아운임**(CH : Child Fare) : 만 2세 이상부터 만 12세 미만으로 성인의 보호
자가 동반하는 소아가 항공여행을 할 경우 해당되는 운임으로서 일반적으로
성인운임의 75%를 적용한다. 항공권상 생년월일(DOB : date of birth), 동반
보호자의 항공권 번호를 기재한다.

　예) YLEE3M/CH25

성인과 동등하게 좌석예약이 가능하며 무료 수하물의 허용량도 성인과 동
일하다.

• **유아운임**(IN : Infant Fare) : 성인운임을 지급한 보호자가 유아를 전 여정에
동반하여 항공여행을 하는 경우 생후 14일 이상 만 2세 미만의 좌석 비점유
유아에 대하여 성인운임의 10%를 적용하는 운임이다. 성인 동반자 1명에
1명의 유아할인이 가능하다.

무료 수하물 허용량은 Piece System의 경우 115cm 미만의 1PC 및 접을 수
있는 유모차 1개가 허용된다.

㉡ 직업 및 신분에 의한 할인운임

• **학생운임**(SD : Student Fare) : 만 12세 이상 만 25세 이하로서 정규교육기
관의 6개월 이상 교육과정에 등록된 학생을 위한 할인운임이다. 제3지구
및 제 2·3지구 간에 정상 성인운임의 75%가 할인 적용된다. 특기할 사항
은 지역에 따라 할인율과 조건이 상이하다.

또한 항공권 발행 시에는 입학허가서, 학생증 사본, 재학증명서(원본) 등과
같은 증명서류를 제출해야 한다. 최초 발권 시 증빙서류의 제시가 불가한
경우에 일단은 정상운임으로 구입한 후에 여행개시 3개월 이내에 해당 증
빙서류를 제시하면 할인된 금액을 환급받을 수 있다.

　예) YOW/SD, LWSTO

• **이민운임**(EM : Emigrant Fare) : 우리나라를 포함한 Area 3지역에서 미국

이나 캐나다 등으로 이민가는 여행객에게 적용되는 할인운임으로서 이민사증(emigrant visa)을 소지하여야 한다. 항공여행 도중에 도중체류가 허용되지 않으며 일등석운임에 준하는 무료 수하물을 적용하는 것이 특징이다.

이외에도 선원운임(SC : ship's crew discount fare, Y/SC25), IATA대리점 임직원 할인운임(AD : agent discounted fare, Y/AD75) 등을 들 수 있다.

③ 특정항공여행에 의한 특별운임

　　㉠ 환자운임(SF : Stretcher Fare) : 신체적인 조건, 건강상의 이유로 여행자 스스로가 여행이 불가능하여 스트레처에 의존해야 할 때, 일등석의 4배를 지급하고 탑승하는 운임이다.

　　㉡ 국외관광안내원 할인운임(CG : Tour Conductor) : 국외관광안내원(TC)에게 적용되는 할인운임(free or reduced fares for tour conductors)은 IATA 규정과 Air Tariff에 의거하여 적용한다. 또한 운임의 범위는 단체여행객의 규모에 따라 할인율이 달라진다.

　　　예) YGV10/CG00, YGV10/CG50

단체여행객의 규모에 따른 할인율의 적용은 〈표 8-1〉과 같다.

표 8-1 단체여행자 규모에 따른 할인율

단체 구성원 수	국외관광안내원 수	할인율
10~14명	1명	50%
15~24명	1명	100%
25~29명	2명	100%(1명), 50%(1명)
30~39명	2명	100%(2명)

제3절 **항공여행의 형태**

1. 편도여행(OW : One Way Trip)

항공여행 시에 편도여행이라 함은 항공여행 중 왕복 및 일주여행에 해당하지 않는 모든 여정을 의미한다. 예를 들어 출발지와 도착지가 다르거나 여행 중에 국제선 구간에서 비항공 운송구간이 발생하는 경우도 포함된다.

예) • SEL ― TYO

   • SEL ― LAX ― NYC

   • SEL ― SIN ― × ― KUL ― SEL

2. 왕복여행(RT : Round Trip)

전 여정을 계속 항공편을 이용하며, 최초 출발지와 목적지가 동일하고 각 방향(outbound & inbound)에 동일한 운임이 공히 적용될 수 있는 여정이다. 공시운임 적용 시 1/2RT요금과 OW요금이 상이할 경우 1/2RT요금을 적용한다.

예) • SEL ― TYO ― SEL

   • SEL ― HKG ― SIN ― BKK ― SEL

3. 일주여행(CT : Circle Trip)

왕복여행에 속하지 않는 여정으로서 출발지에서 최종목적지가 되는 원래의 출발지점까지 항공편을 이용하여 되돌아오는 여정 중에서 왕복여행을 제외한 여정이다.

예) • SEL ― TYO ― PAR ― SEL

   • SEL ― HKG ― TPE ― OSA ― SEL

4. 세계일주여행(RTW : Round the World Trip)

세계일주여행이란 최초 출발지를 떠나 일정한 방향(동 또는 서 방향)으로 계속해서 여행하여 최종목적지가 원래의 출발지로 되돌아오는 일주여정의 일종으로 대서양과 태평양을 통과하는 여행이 여기에 속한다.

　예) SEL—LAX—NYC—LON—FRA—BKK—SEL(AP—EH)

5. 열린가위여행(OJT : Open Jaw Trip)

열린가위여행은 여행의 성격상 본질적으로 왕복여행과는 여행의 형태가 상이하며 편도여행에 속한다. 열린가위여행의 형태는 Single Open Jaw Trip, Double Open Jaw Trip로 나눌 수 있다.

1) Single Open Jaw Trip

(1) Turn Around Single Open Jaw Trip : TSOJT

항공여행에서 Outbound 여정의 도착지가 Inbound 여정의 출발지와 서로 상이한 여정이다. 예를 들어 Inbound의 출발지가 도쿄에서 서울이어야 하는데 오사카 – 서울이 된다.

　예) SEL – TYO × OSA – SEL

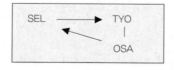

(2) Origin Single Open Jaw Trip : OSOJT

이 여행은 항공여행 시에 최초 출발지와 최종 도착지가 서로 상이한 여행이다. 즉 항공여행의 Outbound의 출발지와 Inbound의 최종 종착지가 서로 다른 여행을 의미한다.

예) SEL – LAX – TYO

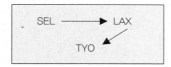

2) Double Open Jaw Trip : DOJT

항공여행에서 Outbound의 출발지와 목적지, Inbound의 출발지와 최종 목적지 4지점 모두가 제각기 상이한 여행형태이다.

예) Seoul – HNL × NYC – OSA

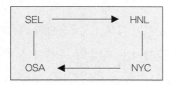

제4절 항공운임의 통화규정

1. NUC제도

항공운임은 원칙적으로 출발지국의 통화를 기준으로 공시되어 있다. 그러나 운임을 비교하거나 여정이 여러 구간으로 구성되어 결합할 경우에 운임의 산출을 위해 공통적인 단위로 운임을 환산할 필요가 있다. 이를 위해 통화규정이 설정되어 있으며 Air Tariff의 Fare Book에 공시되어 있다.

NUC(중립통화단위)제도는 모든 구간의 운임을 NUC(neutral unit of const-ruction) 및 출발지국의 통화로 공시하고 출발지국의 통화운임을 NUC로 환산하거나, NUC를 출발지국의 통화로 환산할 경우에는 IATA ROE(rate of exchange : 가상환율)를 사용하고 있다. 또한 운임을 결합 및 비교할 경우에는 NUC로 공시된 운임을 사용하고 있다.

2. 출발지국 통화운임 및 NUC의 환산법

출발지국의 통화운임과 NUC 표시운임은 다음과 같은 공식에 의해 환산된다.

> ① NUC＝출발지국 통화운임÷ROE
>
> ② 출발지국 통화운임＝NUC×ROE

운임계산용 통화단위인 NUC단위로 운임을 표시할 경우 소수 둘째자리까지 표시하고, 출발지국 통화로 운임을 표시할 경우 끝자리는 각각의 통화마다 정해진 단위로 표시한다. 즉 각 국가별 통화의 사사오입 규정에 따른다. 예를 들어 한국과 일본의 경우 100단위로 Rounding Up한다. ROE는 IATA에 의해 1년에 4회(JAN/APR/JUL/OCT) 발행한다.

〈표 8-2〉는 주요 국가의 통화코드 및 Rounding Unit를 나타내고 있다.

표 8-2 주요 국가의 통화코드 및 Rounding Unit

국가	통화코드	통화명	R/U	국가	통화코드	통화명	R/U
Canada	CAD	Dollar	1*	Japan	JPY	Yen	100
China	CNY	Yuan renminbi	10	Singapore	SGD	Dollar	1
France	FRF	Franc	5	Korea	KRW	Won	100
Germany	DEM	Mark	1	United Kingdom	GBP	Pound	1*
Italy	ITL	Lira	1000	U.S.A	USD	Dollar	1*
Hongkong	HKD	Dollar	10	모든 유럽국가	EUR	EURO	1

* : 반올림 처리함.

예제1) NUC 4034.34을 EUR로 환산할 경우

　　　EUR의 ROE : 0.821567

　　　EUR의 R/U : 1일 때

　　　4034.34 × 0.821567=3314.4806(1단위로 올림처리)

　　　따라서 EUR 3315가 된다.

예제2) NUC 842.49를 USD로 환산할 경우

　　　USD의 ROE : 1.00

　　　USD의 R/U : 1.00일 때

　　　842.49×1.00＝842.49(반올림처리)

　　　따라서 USD 842.00이 된다.

제5절 거리제도(Mileage System)

　마일리지 시스템이란 두 지점 간의 공시운임으로 여행할 수 있는 최대허용거리 (MPM)와 항공여행자의 여정에 따라 실제 여행할 구간거리(TPM)를 비교하여 운임 을 계산하는 방식이다. 이 제도는 항공운임계산규정의 토대가 된다.

1. Mileage System의 기본요소

마일리지시스템을 계산하기 위해서는 다음과 같은 세 항목이 필요하다.

1) 최대허용거리(MPM : Maximum Permitted Mileages)

　두 지점 간에 설정된 공시운임으로 여행할 수 있는 최대허용거리로 Air Tariff상 에 명시되어 있다. 공시운임으로 중간지점을 경유하지 않을 경우에는 공시된 운임 만으로 가능하다.

운임이 공시된 두 지점 간에 직항편이 있는지 또는 중간지점을 경유하여 여행하고자 할 때 예를 들면 Seoul/London을 여행하고자 하는데 직항편이 있는지 또는 Frankfurt의 경유가 가능한지의 여부를 확인해야 한다. 일반적으로 최대허용거리는 실제 구간거리보다 15~20% 정도 추가 설정되어 있다. 따라서 중간지점을 경유하여도 별도의 추가운임을 지급하지 않는 경우도 있다.

2) 발권구간거리(TPM : Ticketed Point Mileage)

발권구간거리는 여행자 항공권의 여정에 따라 실제로 탑승할 구간거리이다. 즉 각 구간의 거리를 모두 합하면 여행할 실제거리가 되며 이를 직항거리(non-stop sector mileage)라고도 한다.

또한 TPM은 항공편이 운항 중인 구간에만 설정되어 있다.

3) 초과거리할증(EMS : Excess Mileage Surcharge)

초과거리할증(EMS : excess mileage surcharge)은 발권구간거리(sector mileage)의 합계가 최대허용거리(MPM)를 초과할 때 일정 비율의 할증률을 말한다. 할증시에는 Air Tariff규정에 의해 5단계, 즉 5%, 10%, 15%, 20%, 25%로 운임할증률로 나누어 적용요금을 책정하고, 25%를 초과할 경우에는 운임마디를 나누어서 계산한다. 할증률 계산법과 적용 운임할증률은 다음과 같다.

할증률=Total TPM÷MPM×100

거리초과 비율	운임할증률
0% 초과 ~ 5% 이하	5%
5% 초과 ~ 10% 이하	10%
10% 초과 ~ 15% 이하	15%
15% 초과 ~ 20% 이하	20%
20% 초과 ~ 25% 이하	25%
25% 초과	운임마디를 나누어서 계산

2. Mileage System의 적용절차

① 우선 2지점 간의 공시운임(NUC) 및 MPM을 태리프에서 조사한다.

② 여정 각 구간의 TPM을 합산하여 Total TPM을 구한다.

③ MPM과 Total TPM을 비교하여 TPM이 MPM보다 같거나 적을 경우에는 태리프상의 운임을 그대로 적용한다. 반면에 Sector Mileage의 합산이 MPM보다 더 많을 경우에는 초과거리 할증법에 따라 할증치를 구한 다음, 할증액(surcharge)을 적용한다.

④ 각종 Charge가 있는지 확인한다(HKG Q CHRG 등).

⑤ 공시운임에 출발지국가의 ROE(rate of exchange)를 곱하여 출발지국의 통화로 환산한다.

예제1) SEL   —   HKG   —   BKK   —   SIN

            1295Mile   1065Mile   897Mile

- Economy Class
- SEL/SIN : KRW 756300/NUC 587.36
- MPM 3456 Mile

설명) 각 구간의 Sector Mileage의 합계는 3257마일로 MPM 3456보다 적다. 따라서 SEL/SIN의 적용운임은 NUC 587.36 그대로 적용시킬 수 있다. 이를 HKG Q—Charge(경유) 4.23 NUC를 가산하여 출발지국의 통화 KRW로 운임을 환산한다면 NUC 591.59×ROE 1220.50＝KRW 722,100이 된다.

예제2) SEL   —   LAX   —   DFW   —   BOS

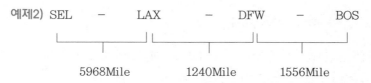

5968Mile   1240Mile   1556Mile

- Economy Class
- SEL/BOS : KRW 957400 NUC 1618.76
- MPM 8487Mile

설명) 각 구간의 TPM의 합산은 8764마일로 MPM보다 많은 경우로 할증치를 구하여 운임을 적용한다. 따라서 8764÷8487＝1.0326로서 5%의 초과 할증을 적용시킬 수 있으므로 이 여정의 적용운임은 NUC 1618.76× 1.05＝NUC 1699.69가 된다. 이를 다시 출발지국의 통화 KRW로 환산하면 NUC 1699.69×ROE 1220.50＝KRW 2,074,500이 된다.

예제3) SEL   —   SIN   —   BKK   —   DEL

2880Mile   897Mile   1815Mile

- Economy Class
- SEL/DEL : MPM 3477Mile

설명) 이때 TPM이 MPM을 초과하므로 할증치를 구한다. 할증치가 25%를 초과하므로 운임분리지점을 선정하여 2개의 마디로 나누어서 계산한다. 일반적으로 편도여정의 경우에는 여정의 방향이 바뀌는 지점을 선정하는 반면에 왕복 및 일주여정의 경우에는 출발지에서 가장 먼 지점이나 운임이 가장 높은 지점을 선정하고 있다.

따라서 이 여정에서는 여정의 방향이 바뀌는 SIN을 운임분리점(fare break point/fare combination point)으로 하는 것이 바람직하며 운임마디(fare component)로 나누어 계산한다.

- 첫 번째 운임마디 SEL/SIN : NUC 594.01

  단순노선이므로 해당운임을 그대로 적용한다.

- 두 번째 운임마디 SIN/BKK/DEL

  SIN/DEL : NUC 810.37

  MPM 3100Mile

총 TPM이 2712마일로 MPM이 더 크기 때문에 SIN/DEL 구간의 운임을 적용하고 각 운임마디, 즉 SEL/SIN과 SIN/DEL의 운임을 합산하여 전체의 운임으로 적용한다. NUC 594.01+NUC 810.37=NUC 1404.38이 되며 이를 다시 출발지국의 통화운임으로 환산하면 된다. 따라서 NUC 1404.38×ROE 1273.19 =KRW 1,788,100이 된다.

3. TPM 공제여정(TPM Deduction)

어떤 특정지점을 경유할 경우에 총 Sector Mileage의 합산에서 Extra Mileage Allowance를 공제할 수 있다. 이를 TPM 공제라 하며 Tariff의 Fare Construction Rule에 해당 여정이 수록되어 있다. 또한 한 여정에서 복수의 추가허용거리가 적용될 경우에는 그중에서 하나만 선택하여 적용한다.

예제) SEL   –   HNL   –   LAX   –   NYC

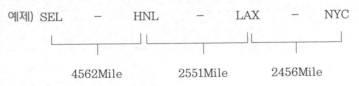

     4562Mile   2551Mile   2456Mile

- Economy Class
- SEL/NYC : NUC 1441.89

  MPM 8258Mile

설명) 이 여정의 총 Sector Mileage의 합산이 9569마일로 SEL/NYC 간의 최대허용거리 8258마일보다 많다. 그러나 USA와 AREA 3 간의 HNL을 경유하므로 800마일을 공제한 조정된 발권구간거리의 합은 8769마일이 된다. 이를 MPM과 비교하면 Total TPM보다 크므로 초과할증의 적용을 받게 된다.

따라서 초과거리 할증은 8769÷8258＝1.06로서 10% 할증되므로 적용되는 운임은 NUC 1441.89×1.10＝NUC 1586.07이 되며 이를 출발지국의 통화로 환산하게 된다. 즉 NUC 1586.07×ROE 1273.19＝KRW 2,019,400이 된다.

BETWEEN AREA 1 AND AREA 3

Between	And	Via	Mileage Deduction
USA(except Hawaii)/Canada	Area	Hawaii, for North or Central Pacific fares only	800

BETWEEN AREA 1 AND AREA 3

Between	And	Via	Mileage Deduction
Europe	Japan / korea	via both Mumbai and Delhi;or to/from Mumbai via Delhi;or to/from Delhi via Mumbai;or via both Islamabad and Karachi;or to/from Karachi via Islamabad;or to/from Islamabad via Karachi;or	700
Middle East	TC3(except South West Pacfic)	via both Mumbai and Delhi;or to/from Mumbai via Delhi;or to/from Delhi via Mumbai;or via both Islamabad and Karachi;or to/from Karachi via Islamabad;or to/from Islamabad via Karachi;or	700

WITHIN AREA 3

Between	And	Via	Mileage Deduction
Area 3 (except when travel is wholly within the South AsianSub Continent)	A point in Area 3	Both Mumbai(Bombay) and Delhi, or to/from Mumbai (Bombay) via Delhi,or via both Islamabad Karachi, or to/from Karachi via Islamabad, or to/from Islamabad via Karachi	700

그림 8-2 한국관련 TPM 공제 여정

4. Mileage System의 보완규정

Mileage System 적용 시 발생되는 운임의 모순점을 보완하기 위해서 중간 높은 운임(higher intermediate point check : HIP), 일주최저운임(circle trip minimum fare check : CTM), 편도최저운임(one way backhaul check : OWBC), 방향최저운임(directional minimum check : DMC) 등과 같은 각종 규정을 마련하고 있다.

제6절 항공권의 이해

운송증표는 상호정산이 가능하도록 IATA에서 정하는 표준양식을 사용하도록 하며 계약, 운송조건, 배상책임규정, 기타 주요 규정 등을 제시해야 한다.

1. 항공권의 정의

항공권(passenger ticket and baggage check)이란 승객과 항공사 간에 성립된 운송계약의 내용을 명시하고 정한 바에 따라 승객과 수하물을 운송하기 위한 증표이다.

2. 운송증표의 종류

운송증표는 상호정산이 가능하도록 IATA에서 정하는 표준양식을 사용하도록 하여 계약, 운송조건, 배상책임규정, 기타 주요 규정 등이 제시되어야 한다.

1) Passenger Ticket and Baggage Check
여객항공권과 수하물표로서 일반적으로 항공권이라 한다.

2) Miscellaneous Charges Order

MCO는 여객이 항공여행 및 관련 제반 서비스의 이용에 필요한 경비로 사용할 수 있도록 항공사나 대리점에서 발행한 증표로서 항공권과는 달리 지급증이라고 한다.

3) Excess Baggage Ticket

초과 수하물표는 승객의 초과 수하물 요금에 대한 영수증으로서 항공사가 발행하는 증표이다. 서비스등급에 따라 무료 수하물 허용량을 초과하였을 때 발행하고 있다.

4) Collective Ticket for Passenger and Baggage

단체항공권은 단체 및 전세여객(group/charter)을 위해 항공사의 운송계약에 의해 국제선 운항구간에 한하여 발행하는 항공권이다.

5) Trip Pass and Baggage Check

무임항공권은 무임으로 여행하는 여객과 수하물의 수송을 위하여 발행하는 항공권이다.

6) Manual Neutral Carbonized Multiple Purpose Document

MPD는 Passenger Service Conference의 결의에 따라 MCO를 통일하여 사용하던 종전의 방식에서 탈피하여 BSP 여행사는 MPD를 사용하는 것으로 변경되었다. 현재 국내에서는 Prepaid Ticket Advice(PTA), Specified Miscellaneous Charges Order(추가금액 징수 등), Agents Refund Voucher(항공권 재발행관련 환불처리) 등 세 가지 경우에만 사용할 수 있다.

3. 항공권의 종류

1) Manually Issued Ticket(M.I.T)

항공사에서 발행하는 항공권으로 모든 기재내용을 손으로 기재하는 방식으로 Flight Coupon이 2장인 항공권과 4장인 항공권으로 구분된다.

2) Transitional Automated Ticket(T.A.T)

전산항공권으로 전산시스템과 연결되어 모든 기재내용을 승객의 예약기록에 의해 예약 및 발권자료를 이용하여 항공권 프린터기로 기재하는 방식으로 수기가 불필요한 항공사용 항공권이다.

3) Off Premise TAT

BSP제도(bank settlement plan ticket)에 가입한 대리점용 항공권으로 은행결재항공권이라고 한다. 즉 은행에서 발행하여 대리점에 배포하는 항공권으로서 대리점과의 청산업무를 항공사가 직접 하지 않고 은행에서 대신하는 방식으로 BSP용 항공권이다. 항공사명 및 항공사번호가 사전에 인쇄되지 않고 항공권 발행시점에 항공권에 Imprint한다.

4) Automated Ticket and Boarding Pass(ATB Ⅱ)

컴퓨터에 입력된 자료를 쿠폰(탑승권)별로 낱장으로 발권하는 항공권이다. 입력자료는 마그네틱선에 암호화되어 저장되며 항공권 및 탑승권의 기능을 동시에 지니고 있는 겸목적용 항공권이다.

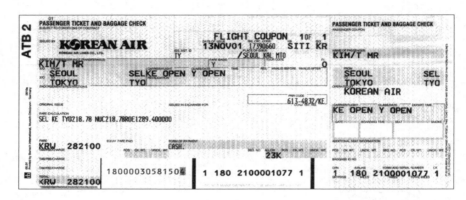

4. 항공권의 구성

1) 심사용 쿠폰(Audit Coupon)

항공권의 첫 번째 쿠폰으로 발권 후 적정운임의 여부를 심사하기 위해 판매보고서와 함께 항공사의 수입관리부로 송부하는 쿠폰으로 사용된다.

2) 발행점소용 쿠폰(Agent Coupon)

발권 후에 발권기록을 유지·보관하기 위해 항공권을 발행한 점소에서 보관하는 쿠폰이다.

3) 탑승용 쿠폰(Flight Coupon)

항공승객이 항공기 탑승수속 시 제출하는 쿠폰으로 2Coupon 항공권과 4Coupon 항공권이 있으며, 해당 공항에서 탑승수속 시에 탑승권(boarding pass)과 교환한 후에 수입관리부에 보고용으로 사용한다.

4) 승객용 쿠폰(Passenger Coupon)

승객이 탑승쿠폰과 함께 소지하는 승객보관용 쿠폰으로서 탑승쿠폰 사용 시에 제시하며 수하물과 관련된 손해배상의 청구 시에 사용된다. 여행을 종료할 때까지 여객은 소지하고 있어야 한다.

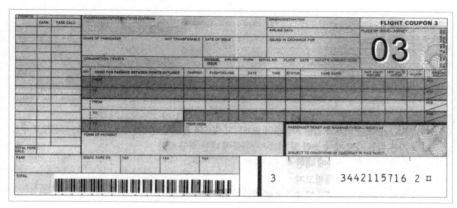

5. 항공권의 일반적 유의사항

1) 유효기간

국제선 항공권의 유효기간은 적용운임에 따라 결정되며 정상운임의 경우에는 여행개시일로부터 1년이며 여행개시 전에는 발행일로부터 1년이다.

특별운임의 경우에는 해당규정에 따라 유효기간이 서로 상이하며 최대/최소기간을 제한하고 있다.

2) 항공권의 양도

일단 발행된 항공권은 타인에게 양도할 수 없으며 항공권의 권한은 승객성명란에 명기된 승객에게 있다.

3) 적용운임 및 통화

항공운임은 운임산출규정에 의해 항공여행의 최초 국제선 출발국의 통화로 계산된다. 예를 들어 한국 출발일 경우에는 KRW를 출발지국의 통화로 사용하며 적용운임은 발권일 당시의 유효운임이 아니라 최초의 국제선 여행개시일의 유효한 운임을 적용하고 있다.

제7절 항공권의 발행

1. 항공권의 작성

1) 승객성명(Name of Passenger)

① 승객의 성(last name)을 먼저 기재하고 사선을 그은 다음 이름(first name)을 기입하고 마지막에 호칭(title)을 붙인다. 한국 및 중국인의 성명은 약자를 사용하지 않고 정자로 기입한다. 원칙적으로 항공권의 성명은 여권상의 성명(name spelling)과 동일하여야 하며 양도가 불가능하다. 일반적으로 호칭에는 MR., MRS., MISS., DR., PROF. 등이 있다.

② 비동반 소아(unaccompanied minor)인 경우 UM코드와 함께 연령을 표시한다.
예) KIM/YUNG SOO MSTR(UM10)

③ 추방자(deportee)인 경우에는 DEPO로 표시한다.

④ 입국불가자(inadmissible passenger)인 경우에는 INAD로 표시한다.

2) 도중체류 ×/○ 구분(×/○ Column)

적용된 운임의 규정상 도중체류가 허용되지 않는 도시명 앞에는 ×를 한다.

3) 승객의 여정(Passenger's Itinerary)

(1) From/To

출발도시, 경유도시 및 도착도시를 나타내며 여정상 한 도시에 2개 이상의 공항이 있는 경우에는 승객이 이용하는 공항/코드를 기재한다. 이때 도시명은 약자를 사용하지 않고 반드시 Full Spelling 대문자로 기입한다.

(2) Carrier

승객이 예약한 항공사의 2 Letter Code를 기재한다. 공란인 경우에 어느 항공사도 이용이 가능하지만, 적용운임상 탑승항공사가 제한되는 구간은 예약이 안 된 경우라 할지라도 항공사의 Code를 기재한다.

(3) Flight/Class

예약된 비행편명 및 예약등급(booking class)을 기재하고, 예약등급(booking class)은 항공사에 따라 서로 다른 Code가 사용되므로 퍼스트 클래스(P, F, A), 비즈니스 클래스(J, C), 이코노미(Y, K, M) 등으로 정확히 기재하는데, 예약등급의 예는 다음과 같다.

예약등급의 구분	
P, F, A	일등석(보너스/업그레이드 포함)
C, D, I	비즈니스석(보너스/업그레이드 포함)
Y, K, M, B, V, S, Q, E, O	일반석
U	일반석 보너스
G	단체
L	학생

(4) Date/Time

예약된 일자 및 출발시간은 현지시간을 기준으로 기재한다.

(5) Status

예약상황을 OK, RQ, NS, SA 등으로 기재한다.

① OK : 예약이 확약된 경우

② RQ : 대기자 명단에 있거나 예약을 했으나 아직 확정되지 않은 경우

③ NS : 좌석을 차지하지 않는 유아의 경우

④ SA : 사전예약은 불가하나 잔여좌석이 있는 경우에만 탑승이 가능한 경우

4) 운임의 종류(Fare Basis)

항공권에 적용된 운임의 종류를 Code로 표시한다. 이는 운임의 성격을 의미하며 여행목적, 기간, 연령에 따라 각각 다르다. 운임의 수준을 나타내는 코드는 Prime Code, Seasonal Code, Part of Week Code, Part of Day Code, Fare and Passenger Type Code, Fare Level Identifier로 구성되어 있으며 다음과 같다.

(1) Prime Code : Mandatory

- First Class(일등석) : R, P, F, A
- Business(비즈니스석) : C, D, I, J
- Economy(일반석) : Y, K, L, G, H, B, V, S, Q, E, O, U, M

(2) Seasonal Code : Conditional

• H : Highest Level	• K : 2nd Level
• J : 3rd Level	• F : 4th Level
• T : 5th Level	• Q : 6th Level
• L : Lowest Level	

(3) Part of Week Code : Conditional

- W : Weekend Travel Only(주말출발)
- X : Weekday Travel Only(주중출발)

(4) Part of Day Code(Conditional)

- N : Night(야간출발)

(5) Fare and Passenger Type Code : Conditional

이 유형의 코드는 EE(왕복조건), AP(사전 구매조건), PX(오픈 불가조건), ZZ(청년운임), SD(학생), GV(단체) 등이 있으며 구체적으로 설명하면 다음과 같다.

① Fare Type Code

Fare 및 Passenger Type Code는 다음과 같으며 Fare Type Code의 유효기간이 1년이 아닌 경우에는 코드 뒤에 유효기간을 반드시 표시하도록 한다.

Fare Type Code	할인 내용	적용 예
AB	Advance Purchase Fare(Lower) : AP+BD	MHAPB
AP	Advance Purchase Fare : 사전구입일 제한 운임	YAP6M
BD	Budget Discounted Fare : 여행자할인	YJWAB
EE	Excursion Fare : 여행자할인운임	YHEE1M
PX	PEX Fare : 발권일 제한운임	YPX3M
RW	Round the World Fare : 세계일주운임	YRW
ZZ	Youth Fare : 26세 미만 청소년운임	YLZZ

② Passenger Type Code

Passenger Type Code의 종류는 다음과 같으며 코드 뒤에는 할인율을 기록한다.

Passenger Type Code	할인 내용	예
AD	Agent : 여행사 임직원	YEE1M
CG	Tour Conductor : 단체인솔자	YGV/CG00
CH	Child : 12세 미만 어린이	YEE1M/CH33
EM	Emigrant : 이민자	LEMO
IN	Infant : 2세 미만 어린이	Y/IN90
SC	Ship's Crew Member(Individual) : 선원	Y/SC40
SD	Student : 학생	Y/SD25
ID	Air Industry : 항공사 임직원	Y/ID90

③ Group Code

단체코드 뒤에는 최소 단체의 구성원 수를 기재한다.

예) YHE35 GV10 : Economy Class High Season Excursion Fare for Group Inclusive Tour

이 밖에도 할인의 유형과 코드를 정리하면 다음과 같다.

Code	Type of Discount	Code	Type of Discount
AF	Area Fare	BT	Bulk Inclusive
CA	Charge Attendant	CD	Senior Citizen
CL	Clergy	DA	Discover America
DG	Government or Diplomatic or Specified Category of Persons	EG	Group Vocational Training Hips for Passenger Agents
GA	Affinity Group	GC	Common Interest Group
GE	Special Event Tour	GI	Incentive Group
GM	Military Group	GN	Non-Affinity Group
GO	Own Use Group	GP	School Party Group
GS	Ship's Crew Group	GV	Inclusive Tour Group
IG	Inaugural Guests	IT	Inclusive Tour
MA	Military	NA	Labour Disconm
OR	Orphan/Orphan Escort	PG	Pilgrim Fare
RG	General Sales Agents	RP	General Sales Agents
TD	Teacher Discount	TG	Tour Guide
UD	Delegate to Joint IATA/UFTAA meeting	VUSA	Visit USA

(6) Fare Level Identifier(Conditional)

동종의 운임종류 중에서 운임수준을 표시한다.

1 : Highest Fare Level

2 : Second Highest Fare Level

3 : Third Highest Fare Level

5) Allow(무료 위탁수하물 허용량)

예약된 항공편에 적재할 수 있는 무료 수하물 허용량을 표시한다. 예를 들면 Piece System과 Weight System에 해당되는 적용량을 기입하는데, PC는 미주지역에 적용되는 수하물의 개수이며, 이외의 지역은 예약등급에 따라 kg으로 표시한다.

6) Tour Code

단체포괄여행(Group Inclusive Tour) 운임적용 시에 여행알선업자가 항공사로부터 승인을 얻어야 하며, 항공사는 승인번호를 얻어야 한다. 포괄관광에 대한 공식 승인번호 기재의 예는 다음과 같다.

7) Not Valid Before/Not Valid After

① 항공권의 유효기간(validity)은 정상운임일 때 여행개시일로부터 1년이며 여행이 개시되지 않을 경우에는 발행일로부터 1년간 유효하다.

② 특별운임의 경우에는 해당운임이 정하는 규정에 따라 유효기간이 서로 상이하며, 최소/최대 체재기간을 제한하는 경우가 있다.

③ Coupons not Valid before는 최소 체류기간(minimum stay)을 규정하며 Coupons not Valid after는 최대 체류허용기간(maximum stay)을 제한하고 있다.

④ 정상적인 1년 유효기간을 가진 연결운항권이 아니거나 재발행할 수 없는 항공권인 경우에는 유효기간 칸에 기재하지 않는다.

8) 운임 및 Tax 기록

① Fare : 공항세를 제외한 운임의 총액을 국제선 구간이 출발하는 국가의 통화로 표시한 것이다. 할인이 적용될 경우에는 실제 금액과 다를 수 있다.
② Equiv, Fare Pd : Fare에 기재된 최초 출발지국 통화 이외의 다른 통화를 지급하는 경우에는 운임을 지급통화금액으로 환산하여 통화 Code와 함께 기재한다.
③ Tax : 항공권 발권 시에 징수한 각국의 Tax금액을 실제의 지급통화로 기재하며 관련국가 또는 Tax Code를 함께 기재한다.
④ Total : Fare란과 Tax란의 합계 금액을 출발지국 통화로 기재한다.

9) Form of Payment(지급수단)

운임의 지급수단을 표시하며 지급형태에 따라 상이한 코드가 적용된다. 재발행 시에는 최초 항공권 구입 시의 지급수단을 표시하기도 한다.

① CASH : 현금(대리점에서 발권할 경우 CASH/AGT)
② CHEQUE : Check, Cheque(CHEQUE/AGT)
③ A×3762 : Credit Card
④ PT/AGT : PTA(prepaid ticket advice)에 의한 항공권 발행(AGT 개입)
⑤ GR123234 : GTR(공무여행)에 의한 항공권 발행
⑥ NONREF/AGT : 적용된 운임의 규정에 의거하여 환급의 제한이 필요한 경우
⑦ FNPL234567 : FNPL에 의한 항공권 발권
⑧ INV/AGT : 신용판매의 경우(agent 개입)

10) Origin/Destination

여정에 따라 두 장 이상의 항공권이 연결되어 발권되는 경우에는 최초 출발지와 최종 목적지의 도시명(city code)을 기입한다.

11) Conjunction Tickets(연결항공권)

연결항공권은 여객의 여정이 2장 이상의 항공권으로 연결되어 발권되거나 유아·소아가 보호자와 함께 여행할 때 보호자임을 나타내는 경우 또는 환자와 보호자의 관계를 나타낼 경우에는 같은 형태의 항공권의 일련번호를 순서대로 기입하고, 최초 항공권에 연결된 항공권의 번호는 마지막 2자리만 기입한다.

예) 180 4404 146 771 / 72 / 73 / 74(4TKTS)

12) Issued in Exchange for/Original Issue

PTA 항공권을 발행할 경우에 MCO 또는 MPD 항공권 번호가 기재되는 칸이다. 또한 어떠한 사유로 인하여 항공권을 재발행할 경우, 교환되는 이전 항공권의 번호를 Issued in Exchange for란에 기재하며 재발행 시에 최초 발행된 항공권 번호와 발행장소, 일자, 발행장소의 고유번호를 Original Issue란에 표기한다.

13) Endorsements/Restrictions(제한사항 표시)

해당 항공권에 대한 제반 및 주의사항을 Free Format으로 기재한다.

(1) 이용 항공사 변경에 대한 배서

항공권이 발행된 후 이용 항공사를 변경할 경우에 사용한다.

예) ENDORSE TO JL/SEL FRM KE/SEL

(2) 환급 및 배서에 대한 제한

제한사항이 있는 항공권에 대한 환급이나 Endorsement의 경우에 반드시 최초에 발행한 항공사의 관련점소에 문의하여 승인을 얻은 후에 조치를 취한다.

예) NON REFUNDABLE/NON ENDORSABLE

(3) 운임적용에 대한 제한

적용한 운임은 IATA에서 인가한 운임이라 하더라도 해당국 정부의 승인이 없으면 유효하지 못하다. 기적용된 운임이 출발시점까지 정부의 인가를 얻지 못할 경우에는 이미 사용되고 있는 운임과의 차액이 사후 환급조치되어야 하며 이러한 경우에 사용하는 추가적용 사항이다.

예) FARE SUBJECT TO GOVERNMENT APPROVAL

(4) 유효기간에 대한 제한

유효기간을 기재하는 별도의 칸이 있으나 이러한 유효기간에 구체적으로 요일별, 시간별로 제한사항을 적용하거나 제한된 유효기간을 강조하기 위해 제한사항란에 유효기간을 명시한다.

예) ALL TRAVEL MUST BE COMPLETED BY MIDNITE OF 14 AUG 08

(5) 여정변경에 대한 제한

여정변경을 임의로 하지 못하도록 제한한 경우에 사용되는 사항이다. 그러나 여정변경 시에는 반드시 최초에 항공권을 발행한 항공사의 관련점소에 문의하여 승낙을 얻은 후에 조치하도록 한다.

예) NON REROUTABLE

14) Date and Place of Issue 칸

① 항공사 및 여행사명, 일련번호, 일자, 장소 등이 기재된 발행점소의 철인 (validation)이나 스탬프날인을 한다.

② 전산항공권의 경우에는 자동인쇄기에 의거하여 항공권의 기재사항과 함께

발행일자, 장소가 찍혀 나온다.

2. 전산항공권의 이해

① Name of Passenger : 승객의 성명

② X/O Column : 도중체류 X/O 구분

③ Passenger Itinerary : 승객의 여정

④ Fare Basis : 운임의 종류

⑤ Current Coupon Number : 해당 구간 탑승쿠폰

⑥ Total Flight Coupon Number : 전체 탑승쿠폰 수

⑦ IISI : 판매지표

⑧ PNR Code : 예약번호

⑨ Endorsement/Restrictions : 제한사항 표시

⑩ Original Issue : 최초 발행정보

⑪ Issued in Exchange for : 재발행 항공권 정보

⑫ Conjunction Tickets : 연결항공권

⑬ Fare Calculation : 운임계산란

⑭ Fare : 운임

⑮ Form of Payment : 지급수단

⑯ Allow : 무료 수하물 허용량

⑰, ⑱ Stock Number & Ticket Number : 항공권 재고번호 및 항공권 번호

3. 예약등급(Booking Class)

1) 예약등급과 서비스등급의 비교

예약등급이란 항공사가 판매 및 예약 시에 항공사의 영업정책에 따라 항공수요의 특성별로 구분한 것이다. 그리고 공급 가능한 좌석을 예약등급별로 최적이 되도록 통계적 방법에 의하여 시점별로 계산하여 예약 통제시스템(inventory control system)에 반영하는 즉 항공운임의 최적 배합운용과 연계된 판매등급이다.

서비스등급이란 일등석(first), 우등석(business), 보통석(economy) 등과 같이 실제 항공편에 설치되어 운영되는 등급을 의미한다.

2) Booking Class의 설정기준

TYPE	BASIS		CLASS
First Class	revenue	–	F
	non-revenue	–	A
	revenue	–	C
	non-revenue	–	D
Economy Class	Y, YO2, Y2, YD	From Korea	W
	Y, YO2, Y2, YD	Overseas	Y
	non-revenue	BF TKT	U
	non-revenue	–	Z
Discounted Fares	LSTO, LEMO, LMDO, YSD, YEM	–	L
Individual Promotional Fares	excursion fare YE, YEE	high yield	K
	promotional fares MAPB, YIT	low yield	M
	YE, YEE, YAP, MAPB YAS, YPX, YIT	fare to Korea (3/4 Traffic)	H
		fare from overseas to overseas (5/6 Traffic)	B(JAPAN)
			V(EUPA)
			S(SEA)
			Q(TPSP)
Group	GA, GV, GS, GV(minimum grp size 10)	–	G
	series booking group class	from Korea	X

4. 항공사의 Fare Table

국내 취항 주요 항공사별 Fare Table은 다음과 같다.

ANA / FARE TABLE

1/3

02-Apr

개인요금 유효기간: 02APR'3 - 31MAY'3 (출발일 기준)					*CHD: 성인요금의 75% 적용	
노 선 (서울출발)	FARE BASIS	Booking Class	판매가	(RT,KRW)	이용가능편명	REMARKS (UNIT:1,000)
OSA ICN-**KIX** (기내식 제공 無)	C	D-D (기내식 有)		520,000	NH172 / NH171	OW : RT 1/2 CHD : 420
	Y	H-H 신설 Class		280,000		OW : RT 1/2
	Y	W-W		250,000		OW : RT 1/2
	YGV10	W-W		240,000		OW :12만5천

노 선 (서울출발)	FARE BASIS	Booking Class	판매가	(RT. KRW)	이용편명	REMARKS (UNIT:1,000)
TYO ICN-**NRT** (기내식 제공됨/)	C	D-D		640,000	NH918/NH917 NH938/NH937 공용	OW : RT 1/2 CHD: 500
	Y	H-H 신설 Class		380,000		OW : RT 1/2
	Y	w-w		320,000		OW : RT 1/2
	YGV10	W-W (3M)		240,000	NH938 ONLY	OW :16만
ICN-OSA/NRT-	Y	W-Y-Y-W W-Y-W		340,000	국내선 NH3000번대가 4000 번대 사용불가	OW : RT 1/2

AmericanAirlines

일본경유 미주/캐나다 비수기 요금표 (ICN / PUS 출발)

15-Apr-03

유효기간 : 2003년 4 월 16 일 ~ 2003년 6 월 30 일(출발일/ 발권일 기준)

USA

Unit : KRW

Fare Basis	BKG CLS	Tour Code	MIN Stay	MAX Stay	T/L	Zone 1 / 2	Zone 3 / 4
MLER	S	KRUS100B	5 days	3 months	출발일 7일 전	790,000	990,000
MLEO	S	KRUS100B	NIL	NIL	출발일 7일 전	550,000	700,000
MLER	L	KRUS500C	NIL	6 months	NIL	1,060,000	1,250,000

Canada

Fare Basis	BKG CLS	Tour Code	MIN Stay	MAX Stay	T/L	XYZ / YUL / YOW
MLAPRT	S	KRCA100B	5 days	3 months	출발일 7일 전	990,000
MLAPOW	S	KRCA100B	NIL	NIL	출발일 7일 전	700,000
MLAPRT	L	KRCA500C	NIL	6 months	NIL	1,250,000

* CHD FARE 는 성인 판매가의 67 %

제8절 MCO의 발행

1. MCO의 개요

1) MCO의 정의

MCO(Miscellaneous Charges Order)는 제비용청구서이며 항공사에서 발행하는 증서로서 운송인 또는 그 대리인에 의해서 발행되는 증표이다. 이 증표에 기재된 승객에게 항공권을 발행하거나 적절한 서비스의 제공을 요청하는데 1Coupon과 4Coupon의 2종류가 있다.

1Coupon MCO는 사용목적이 발행 당시에 정해져 있는 경우로 정해진 목적만을 위해 사용한다. 주로 환급목적이나 PTA판매 시에 사용한다. 4Coupon MCO는 MCO 발행 당시 사용목적이 구체적으로 정해져 있지 않은 경우로 여행 도중에 발생될 수 있는 제반경비에 대한 지급목적으로 사용하고자 할 때 4Coupon MCO가 발행된다.

2) MCO(Miscellaneous Charges Order)의 구성

(1) 심사용 쿠폰(Audit Coupon)

MCO의 첫 번째 쿠폰이며 제반사항을 기록한 뒤 절취하여 수입관리부에 보고용으로 사용된다.

(2) 발행자용 쿠폰(Agent Coupon)

발행점소용으로 발행소에 보관용으로 사용된다.

(3) 교환용 쿠폰(Exchange Coupon)

MCO의 제반 사용목적을 위해서 사용되는 쿠폰으로서 1Coupon과 4Coupon MCO의 2가지가 있다.

항공여행과 관련된 제반경비를 지급할 목적으로 사용되며 교환표에 기재된 금액에 해당되는 서비스가 제공된다.

(4) 승객용 쿠폰(Passenger Coupon)

교환용 쿠폰과 함께 항공승객이 소지하는 쿠폰으로서 교환쿠폰의 사용 시에 제시되어야 한다. 또한 MCO의 사용완료 시까지 항공승객이 휴대하여야 한다.

3) MCO의 발행목적

항공여행과 관련하여 발생되는 제반경비에 대한 지급을 위해 사용된다. MCO는 다음과 같은 목적으로 발행된다.

- 항공 등 제반 운송비용
- 초과 수하물 추징금
- 화물로 발행되는 수하물요금
- 포괄관광(inclusive tour)의 지상편의비용
- 추가운임(additional charge : 상위등급, 여정변경)비용
- 세금(taxes)
- 호텔시설 이용비용
- PTA운임
- 기타 비용 등

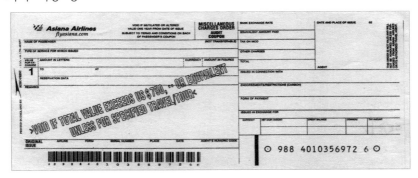

2. MCO의 작성

1) Name of Passenger

개별여객의 성명이 기재되거나 복수여객의 성명이 기재된다. 단체를 위해 발행되는 MCO의 경우에는 단체명이나 회사명 또는 단체의 대표자 성명이 기재되고 단체의 인원 수가 기재된다. 명단은 REMARKS, ENDORSMENT/RESTRICTION란에 기재한다.

- BROWN/B MR, C MRS, K MSTR
- KIM/YUNG HEE MR FOR 10 PSGRS(SEE PASSENGER LIST ATTACHED)

2) Type of Service for Which Issued

MCO의 발행용도를 기재하는 것으로 다음과 같다.

(1) Specified MCO

발행 당시 사용목적이 지정된 MCO로서 사용목적을 기재한다.

- SPECIFIED AIR TRANSPORTATION
- PTA(FOR WARDING PTA)
- PTA INCL TAX

(2) Unspecified MCO

MCO 발행 당시에 아직 사용목적이 확정되지 않은 경우이며 여행 도중에 발생될 수 있는 제반경비에 대하여 기본목적으로 사용되도록 기재한다.

- TRANSPORTATION AND/OR EXCESS BAGGAGE
- TRANSPORTATION AND RELATED SERVICE
  (UP-GRADE, BALANCE, DIFF CURRENGY)

3) Value for Exchange

지정목적의 여행 시에는 출발지의 통화를 기재하고 비지정목적의 여행 시에는 지급지의 통화를 기재한다. 이는 MCO 발행 당시에 사용목적이 정해져 있지 않은 경우이거나, 사용목적이 여행과 관련하여 지급지에서 MCO를 사용하기 시작한 경우이다.

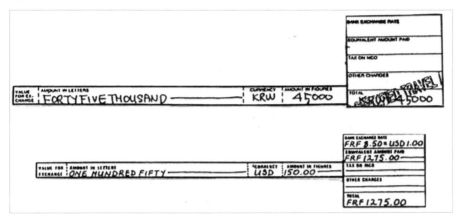

4) TAX on MCO

① MCO 발행지역 국가에 지급될 세금 기재는 TAX ON MCO란에 명시하고 EQUIV AMT PAID란의 금액과 함께 TOTAL란에 기재한다.

② MCO에 의해 여행이 개시될 지역국가에 지급될 세금은 VALUE FOR EXCHANGE란에 기재하고 TYPE OF SERVICE FOR WHICH ISSUED란 또는 REMARKS란에 INCLUDING TAX라고 기재한다.

5) Other Charges

PTA Service Charge와 같이 Ticket상에 나타나지 않는 Other Charge를 기재한다.

• XP USD 20.00

6) To/At : Reservation Date or Residual Value in Letters

① MCO의 발행목적과 관련된 여행 및 관련 서비스를 수행할 항공사 및 도시를 각각의 교환쿠폰에 기입한다.

② 만약에 비지정 여행 시에는 공란으로 비워두고 각각의 교환용 쿠폰 사용 시에 해당내용을 기입한다.

③ MCO의 발행 시 사전예약이 필요하면 구체적 내용을 RESERVATION DATE에 기재한다.

④ 인출식에 의한 MCO를 사용할 경우 교환용 쿠폰을 사용한 후에 잔액을 각 쿠폰 사용 시에 문자로 기재한다.

7) Remarks

MCO 발행과 관련된 필요한 정보 즉 Contact and Sponsor Information, Latest Travel Date, No Refund/No Endorsement, Fare Calculation Details 등을 구체적으로 기재한다.

Fare Calculation Details

```
REMARKS
NYC DB PAR708.00YL CC NYC708.00YL
NUC 1416.00END ROE1.00  XF JFK3
FARE USD 1416.00 EFP    GBP 874.00
TAX   USD    6.00U3     GBP    3.80
      USD    6.50YC     GBP    4.10YC
      USD    6.00XY     GBP    3.80XY
      USD    1.40FR     GBP    0.90
      USD    3.00XF     GBP    1.90
TTL   USD 1438.90       GBP 888.50
```

3. MCO 발행 시 유의사항

① MCO의 유효기간은 발행일로부터 1년이다.

② MCO는 송금목적으로 사용할 수 없다.

③ MCO의 발행항공사는 MCO에 지정된 항공사 또는 배서받은 항공사만이 사용

할 수 있다.

④ MCO의 환급은 최초로 발행한 항공사만이 가능하다.

⑤ 여행사에서는 발행항공사의 승인 없이 타 항공사의 항공권을 MCO로 재발행할 수 없다.

⑥ 기재사항의 변경이 불가하며 변경흔적이 있는 MCO는 발행항공사의 승인 없이 접수할 수 없다.

⑦ 여행자용 쿠폰 없이 교환쿠폰을 접수할 수 없다.

Airline Service

제**9**장
항공운송서비스

제 9 장
항공운송서비스

제1절 탑승수속 카운터 서비스

1. 탑승수속 준비

① 항공사의 공항 탑승수속 카운터 직원은 당일 항공편의 출발시간, 예약상태, 항공편별 좌석배정상태, VIP, CIP, 환자 등의 전반적인 정보를 탑승수속이 시작되기 전에 미리 파악하고 있어야 한다.

② CRT(cathode ray tube)가 정상적으로 작동하는지 확인한다.

③ 탑승수속 시에 필요한 각종 서류양식, 즉 탑승권(boarding pass), 수하물 (baggage) Tag, 출입국카드(E/D card) 등을 확인한다.

④ 항공사의 탑승수속 카운터(check in counter)는 승객과 직접적으로 대면하여 서비스하는 곳이므로 카운터 주위를 항상 청결히 한다.

2. 여행 구비서류의 확인

항공사의 카운터직원은 출발여객의 여행을 위해 여권 및 비자 또는 TWOV 조건, 국내체류 허용기간, 재반출 및 재반입 물품관련신고서, 출입국신고카드 작성, 병

무신고 등 관련 구비서류를 확인해야 한다. 특히 여권 및 비자에 관련된 사항은 TIM(Travel Information Manual) 및 TIMATIC의 규정을 참조하도록 한다. 참고로 2013년 7월 현재 우리나라와 사증(visa)면제협정 체결국가는 〈표 9-1〉과 같다.

표 9-1 사증면제협정 체결국가 현황 (2013. 7. 현재)

기간	국가
30일	튀니지
60일	레소토, 포르투갈
90일	**아주지역**: 태국, 뉴질랜드, 말레이시아, 싱가포르, 일본(구상서 교환)
	중동아프리카: 모로코, 라이베리아, 이스라엘
	미주지역: 바베이도스, 바하마, 코스타리카, 콜롬비아, 도미니카, 그레나다, 자메이카, 페루, 아이티, 도미니카, 세인트루이스, 세인트키츠네비스, 세인트빈센트그레나딘, 트리니다드토바고, 수리남, 안티쿠아바부다, 니카라과, 엘살바도르, 멕시코, 브라질, 파나마, 과테말라, 칠레, 베네수엘라, 우루과이
	구주지역: 그리스, 오스트리아, 스위스, 리히텐슈타인, 프랑스, 네덜란드, 벨기에, 룩셈부르크, 독일, 스페인, 핀란드, 스웨덴, 덴마크, 노르웨이, 아일랜드, 아이슬란드, 몰타, 폴란드, 헝가리, 불가리아, 체코, 터키, 슬로바키아, 리투아니아, 루마니아, 에스토니아, 라트비아, 영국, 이탈리아(상호주의)
6개월	캐나다(상호합의)
기타	라오스(15일)

자료 : 외교부 자료(2013), http://www.mofo.go.kr을 토대로 정리함.

〈여권, 비자〉

〈출입국 신고카드〉

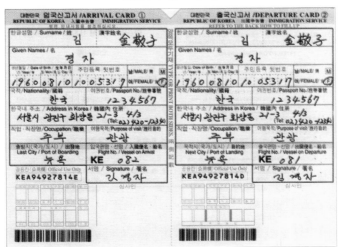

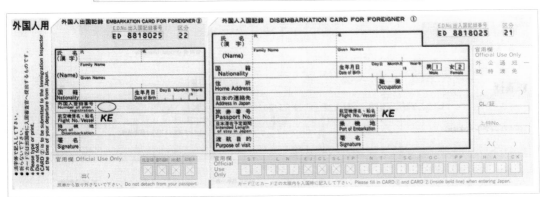

3. 항공권 접수

항공사의 카운터 직원은 항공승객(air traveller, air passenger)의 항공권을 통하여 다음의 사항을 반드시 확인한다.

① 항공권과 여권상의 성명일치 및 항공권의 유효기간

② 항공권의 Endorsement, 최소/최대 체류기간(min or max stay), 도중체류 (stop over)

③ 여객의 여정

④ Special Fare Restriction 및 단체형성 여부

⑤ Inadmissible Ticket 여부(fraud or stolen)

4. 좌석배정

1) 좌석배정 시 유의사항

① 좌석배정은 DCS(departure control system)에 의해 좌석배정 및 탑승권을 발급한다.

② 예약상황을 확인한다.

③ Aisle, Window, Bassinet Seat 등 여객이 선호하는 좌석을 가능한 반영한다.

④ 사전 좌석배정제도(ASP : advance seating product)에 의해 실시하고 있다.

⑤ Up-Grade, Down-Grade가 가능하다(voluntary/involuntary).

2) 좌석배정 시 기본지시형식

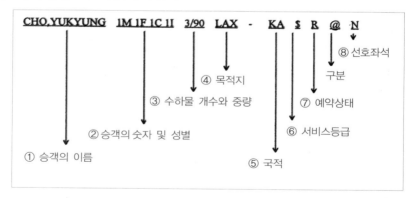

① 승객의 이름 : 승객의 성과 이름을 구분하기 위해서 성 뒤에 콤마(,)를 사용한다.

② 승객의 숫자 및 성별 : M은 남성, F는 여성, C는 소아, I는 유아를 의미한다.

좌석을 차지하는 유아는 C(소아)로 입력한다.

③ **수하물 개수와 중량** : 3PCS/90KG

④ **승객의 목적지** : 해당 Airport의 3Letter Code를 입력한다.

⑤ 주요 국가별 승객의 국적은 다음과 같다.

국적	Code	국적	Code
KOREA	KO	GERMANY	GM
JAPAN	JP	ITALY	IT
HONG KONG	HK	UNITED KINGDOM	UK
U.S.A	US	ALL AFRICAN COUNTRY	AF
FRANCE	FR	LATIN AMERICAN COUNTRY	LM

주 : KJ(재일동포), KA(재미동포), 기타 동포(KX).

⑥ **항공사 서비스(좌석)등급** : First Class : $, Business Class : B, Economy Class : 생략

⑦ **예약상태** : O : Open, W : Wait List, R : Reduced Rate Stand by

⑧ **선호좌석** : 승객이 요청하는 Zone이나 실제의 좌석번호를 지정한다.

5. 수하물 접수

이름표 및 수하물의 포장상태, 운송제한품목, 세관반출신고에 필요한 물품의 소지여부를 확인한 다음 수하물을 계량하고 초과 수하물 요금을 징수한다. Baggage Tag을 부착한 다음, X-RAY 투시 및 개봉검사에 의한 수하물 보안검사를 한다.

6. 탑승권(Boarding Pass) 부여

탑승권(boarding pass)에는 승객의 성명, 항공편명, 목적지, 좌석등급, 좌석번호, Security No., 출발일자, 수하물 개수 및 무게 등이 표시되어 있다. 탑승권은 좌석등급에 따라 구분된다.

〈보딩패스의 종류〉

7. 출입국절차

1) 출국절차

(1) 보안검사(Security Check)

항공여객은 항공사의 탑승수속이 완료되면 출국장에 입장하여 보안검사를 받는다. 즉 신체, 휴대수하물, 기내 휴대제한품목, 외환 과다소지 여부에 대한 검사과정을 거친다.

(2) 세관신고

고가품(카메라, 시계, 보석류 등)을 휴대하거나 입국 시에 재반출조건으로 휴대
반입한 물품이 있는 승객은 휴대물품 반출신고서, 재반출조건 일시반입물품 신고
서를 확인한다.

(3) 법무부 출국사열(Emigration Check)

출국장 안에 있는 출입국관리 심사대에서 항공승객들은 출국자격에 대한 심사,
여행서류 확인, 체류기간 및 출국제한자 여부를 확인한 후, 출국날인을 받는다.

2) 입국절차

(1) 검역

동식물류를 휴대하여 입국하는 항공승객은 농림축산검역본부 동물·식물수출
검역실에서 검역을 받아야 한다. 검역대상은 식물의 경우에는 과실류, 채소류, 곡
류, 종자류 등이며 동물은 개, 고양이, 조류 등이 이에 속한다.

(2) 입국심사

목적지 공항에 도착한 항공승객은 의학적으로 긴급한 조치를 요하는 승객, VIP
& CIP, 퍼스트승객, 비즈니스승객, 비동반 소아(UM), 운송제한 승객, 스트레처
(stretcher) 승객 등의 순서에 따라 하기하며 승객은 법무부 소관의 입국심사를 받
는다.

이 절차에서는 여객의 여권의 유효성, 사증의 소지여부, 입국목적(interview),
입국제한자(black list), 체류기간 결정(duration of stay), 출입국신고서를 제출하
고 입국날인(stamp)한다.

(3) 세관검사

수하물을 인도한 항공승객은 세관신고서(여행자 휴대품신고서)를 지참하고 면

세에 해당하는 물품만을 휴대한 승객은 면세(녹색)검사대를, 휴대품에 신고대상 물품(가격총액이 40만 원 이상인 경우)이 포함되어 있는 승객은 과세(적색)검사대에 가서 세관검사과정을 통과한다.

이와 같이 항공여행을 하고자 하는 승객은 공항에서 항공사뿐만 아니라 정부의 여러 관련부처로부터 여행에 관련된 일련의 출입국절차를 거치게 된다.

국제선 출입국 승객의 흐름은 〈그림 9-1〉과 같다.

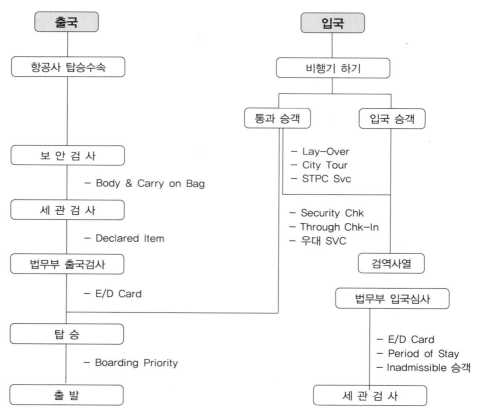

그림 9-1 **출입국 승객 흐름**

제2절 **탑승 및 통과승객 서비스**

1. 탑승업무

1) 탑승절차 업무

① 항공사의 담당직원은 항공기 출발 1시간 전부터 항공기 연결편, 탑승준비상 태, 각종 서류의 기내전달, Gate System 작동여부를 확인한 후에 탑승순서 (boarding priority)를 방송하고 승객을 안내하도록 한다. 항공기의 탑승순서 는 아래와 같다.

- 스트레처(stretcher)승객 및 기타 운송제한 승객(UM, WCHR 승객 포함)
- 유, 소아 동반 승객이나 노약자 등
- 이코노미(economy class) 승객
- 비즈니스(business class) 승객
- 퍼스트(first class) 승객
- VIP 및 CIP

② 출발시간 30분 전부터 탑승(boarding)하기 시작한다.

③ 탑승이 완료되면 지상의 담당직원은 기장에게서 기적확인서(load sheet)에 사인을 받는다.

④ 출발시간 5분 전이 되면 탑승객의 수를 최종적으로 확인하게 되는데, 이때에 는 승무원이 Head Count한 승객 수와 승객명단의 수, 탑승 시에 절취한 쿠 폰의 수가 일치되어야 한다.

또한 최종적으로 Check-In Final의 변동여부를 확인하고 미탑승 승객의 탑 승 여부를 결정한다. 그런 다음 항공기의 Door를 닫는다. 그리고 당일 해당 항공편의 Handling 일지를 작성하고 정리함으로써 탑승업무를 마무리한다.

2) 출항허가

항공편의 출항허가기관은 법무부 출입국관리사무소, 세관 승기실이며 항공사가
출항허가 시 제출해야 할 서류는 아래와 같다.

- GD(General Declaration) : 항공편의 일반적 사항
- PM(Passenger Manifest) : 탑승객 명단
- CM(Cargo Manifest) : 화물적재목록
- Load Sheet : 기적 확인서(항공기에 탑재되는 서비스물품 목록)
- Passenger Information : 퍼스트, 비즈니스승객이 있는 항공편만 해당된다.

2. 통과승객업무(Transit Passenger Handling)

1) 통과승객 처리절차

① 항공사 담당직원은 항공편 도착 20분 전에 도착할 항공편과 관련된 Message
   및 Information을 수집한다.
② 항공기의 도착 예정시간 및 게이트(gate)를 확인한다.
③ 통과승객(transit passenger) 명단을 확보한다.
④ 통과승객에게 교부할 통과승객용 보딩패스를 준비한다.
⑤ 항공편이 도착하면 INAD, TWOV, SUS승객에 관련된 서류를 접수한다.
⑥ 통과 R/I를 접수한다.
⑦ 통과승객을 찾아서 안내한다.
⑧ 게이트를 안내한다.

2) 통과승객 처리 시 유의사항

원칙적으로 경유지 공항에서 하기조치를 해야 하지만, 해당 정부의 규정이나 제
한된 시간으로 인하여 기내에서 대기할 수 있다. 그러나 승객의 하기 시에는 도중
체류(STPC : Stopover on Company's Account) 서비스의 일환으로 3시간 이상의

통과승객은 Transit 라운지에 머무는 동안 식사 쿠폰(meal coupon)을 제공한다.

제3절 수하물 서비스

1. 수하물의 정의 및 분류

수하물(baggage)은 항공여행 시에 승객이 휴대하는 물품이며 다음과 같이 구분된다.

1) 위탁수하물(Checked Baggage)

위탁수하물은 승객이 항공사에 수하물을 위탁함으로써 항공사에 등록된 수하물(registered baggage)이다. 즉 항공사에서 수하물표(baggage claim tag)를 발급하여 수하물 운송에 대해 책임을 지는 수하물이다. 위탁수하물의 운송제도에는 무게제도(weight system)와 개수제도(piece system)가 있으며 해당 조건을 초과할 경우에는 초과운임을 징수한다.

2) 휴대수하물(Unchecked Baggage, Hand Carry Baggage)

승객이 항공사에 위탁하지 아니하고 직접 항공기 내에 휴대하는 수하물로서 Baggage Claim Tag을 발급하지 않는다.

기내 보안 및 안전을 위하여 칼, 가위, 송곳, 건전지 등과 같은 기내 휴대제한품목(restricted items)은 휴대할 수 없고, 항공사의 보관하에서 운송된다. 또한 승객의 좌석 밑이나 기내선반에 넣을 수 있는 물품이어야 하며, 삼면의 합이 115cm를 초과할 수 없고 개수도 1개로 제한하고 있다. 무료 휴대수하물에는 핸드백, 지갑, 외투, 담요,·우산 또는 지팡이, 소형카메라, 망원경, 기내용 유아식, 유아용 요람, 환자수송용 Wheel Chair, 목발, 공항면세점에서 구입한 소형물품, 고가의 Fragile

물품 등을 들 수 있다.

3) 동반수하물(Accompanied Baggage)

동반수하물은 해당 항공편에 승객과 수하물이 함께 운송되는 수하물이다.

4) 비동반수하물(Unaccompanied Baggage)

승객의 항공편과 관계없이 별도의 항공편으로 운송되는 수하물이다. 즉 항공화물(air cargo)의 형태로 운송되는 수하물을 말한다.

2. 무료 수하물 허용량(Free Baggage Allowance)

항공승객은 일정한 한도 내에서 별도의 요금을 지급하지 않고 일정한 양의 수하물을 위탁할 수 있는데 이를 무료 수하물 허용량이라 한다. 미주지역을 출발 또는 도착하는 항공편에는 Piece System을, 그 외 지역의 항공편에는 Weight System을 실시하고 있다. 한편, 항공사의 서비스(좌석)등급에 따라 무료 수하물 허용량 및 기내 휴대 제한품목(restricted items)으로 구분된다.

1) 위탁수하물의 무료 수하물 허용량

무료 수하물 허용량은 운항지역과 위탁수하물 승객의 서비스(좌석)등급에 따라 서로 차이가 있는데, 위탁수하물의 경우는 〈표 9-2〉와 같다.

표 9-2 위탁수하물의 무료 수하물 허용량

구분		Weight System	Piece/Dimension System
위탁 수하물	적용노선 (From/To)	미주 외의 전 구간(한·일, 동남아, 구주, 중동)	미국(부속영토 포함), 캐나다, 중남미
	First Class	40kg	2Pieces 158cm/PC(3면의 합) 32kg/PC(piece당 32kg 이내)
	Business Class	30kg	First Class와 동일
	Economy Class	20kg	2Pieces 158cm/PC(3면의 합) 23kg/PC(piece당 32kg 이내)
	Child	성인과 동일	성인과 동일
	Infant	10kg 유모차, 운반용 요람 1Piece	1Piece, 접을 수 있는 유모차 115cm/PC
	Stretcher	120kg	12Pieces
휴대 수하물	Hand Carry Passenger	3면의 합이 115cm 이내, 1Piece	

주 : 미주지역(캐나다, 미국, 미국령, 멕시코, 중미, 카리브해 지역, 남미 출발/도착 노선).

2) 단체승객의 수하물 징수(Baggage Pooling)

단체승객의 수하물 징수는 IATA규정에 의하면 동일편, 동일 목적지를 여행하는 2명 이상의 승객이 탑승수속을 할 때 해당된다. 이때 수하물을 동시에 위탁할 경우 각 개인의 무료 수하물 허용량의 합산한 양을 단체승객 전체의 무료 수하물 허용량으로 인정하는 것을 Baggage Pooling이라 한다.

승객 각 개인의 수하물량에는 관계없고, 항공좌석의 서비스등급이 동일하지 않아도 되나, 반드시 동일한 장소에서 동시에 수속해야 하는 특징이 있다.

예제) 승객 A와 B가 KE 703편 Economy Class로 동시에 수속하려고 한다. A씨는 30kg, B씨는 10kg의 수하물을 소지하고 있을 때, 무료 수하물 운송이 가능할까?

① Weight System의 적용 시 : 한일노선

승객 2인×20kg(무료 수하물 허용량)=40kg

② 승객 A, B의 수하물의 합은 40kg이므로 동시에 수속하고 동일편, 동일 목적지이기 때문에 수하물의 양이 각기 다르다 할지라도 무료 운송이 가능하다.

3. 초과 수하물 적용

1) 무게제도(Weight System)

무료 수하물 허용량을 초과하는 수하물은 개수제도(piece system)를 적용하는 미주지역을 제외한 전 구간에 적용된다. 예를 들면 한일, 동남아, 중동노선의 경우는 kg당 이등석(economy class) 성인 편도 정상요금의 1.5%를 징수한다.

2) 개수제도(Piece System)

수하물을 무료허용량의 무게, 개수, 크기(길이) 등 여러 조건과 비교하여 초과되는 경우 Unit Charge 형태로 징수한다. 가령, 한 개 수하물의 길이 및 중량이 초과될 때에는 길이 또는 중량 중에서 많은 쪽 한 개만 적용하여 초과 수하물 요금을 징수하고 있다.

참고로, 수하물요금표(baggage rates table)에 의하면 미주지역의 뉴욕, 토론토 등은 1Unit당 135,000원이며 로스앤젤레스, 밴쿠버는 110,000원의 초과 금액을 징수하고 있다.

표 9-3 Unit Charge의 징수기준

구분	초과징수기준	Unit 적용
개수	수하물 1개당	1Unit
크기 (길이)	158~203cm	1Unit
	203cm 이상	3Unit
무게	32~45kg	3Unit
	45kg 이상	10kg마다 1Unit 추가

초과 수하물 요금 징수표
(Excess Baggage Charge Slip)

C H K I N	조회번호 Ref.No.		편명/날짜 FLT/Date	
	승객명 PAX Name			AGT COD
	좌석번호 (Seat No.)		구 간 Portion	
	초과수하물 Excess Bag		금 액 Amount	
T K T G	티켓번호 E/B TKT No.	180 -		
	FOP Amount		담 당 Agent	
	비 고 Comment			

K⊙REAN AIR

Piece System 초과 수하물의 적용 시 사례를 보면 다음과 같다.

예제1) 항공승객 K씨가 KE : 081편 SEL/NYC 구간을 Economy Class로 이용하려 할 때 K씨의 위탁수하물은 다음과 같다. 초과 수하물의 적용은?

· 수하물 : A-150cm, 30kg

B-145cm, 30kg

C-140cm, 30kg일 때

설명) 개수에 대한 초과분 : 1Unit

크기에 대한 초과분 : 1Unit

따라서 K씨의 초과 수하물은 2Unit를 적용한다.

예제2) 항공승객 P씨의 경우 초과 수하물 적용은?

· 수하물 : A-210cm, 30kg

B-100cm, 20kg

설명) 개수, 무게는 초과와 무관하고 단지 크기에 대한 초과 수하물분

3Unit를 적용한다.

4. 수하물의 운송수속

1) 수속 시 유의사항

① 수하물은 항공승객과 동일편으로 운송하는 것이 가장 바람직하다. 예를 들면 Short Check-In, Over Check-In, Cross Check-In이 되지 않도록 최선을 다해야 한다.

② 수하물 운송에 필요한 무료 수하물 허용량, 제한품목 등에 대한 제반지식을 사전에 충분히 습득하여 승객이 안전하고 편안한 항공여행이 될 수 있도록 한다.

③ 포장 자체가 불량하거나 수하물 자체에 손상이 있을 경우에는 사전에 항공사의 책임 여부를 명백히 해야 한다.

④ 수하물 각각에 대하여도 Identification Tag을 부착하여 단체별 확인이나 수하물 취급에도 용이하도록 해야 한다. 수하물 Tag의 종류에는 단체(group baggage), 휴대 수하물(hand carry tag), 단일구간 수하물표(baggage claim tag), 관리 요주의 수하물(baggage fragile), 바르게 세워야 하는 수하물(상하 구분) 등이 있다.

〈각종 수하물 Tag〉

2) 수하물의 규제조건

운송조건	규제 품목
수하물로 운송 불가	폭발성물질, 각종 가스류, 인화성액체, 산화성물질, 독극성/전염성물질, 방사성물질, 부식성물질, 기타 위험품 등
위탁수하물 및 휴대수하물로 가능	알코올류, 헤어 스프레이류, 향수류, 드라이아이스, 소형 가스산소통, 소형수은체온계 등
위탁수하물만 가능	스포츠용 총기에 사용할 목적의 화약, 휠체어, 소형산소발생기 등
개인소지 시 가능	성냥 또는 라이터, 심장박동기
항공사의 승인 시 가능	드라이아이스(1인당/2kg), 스포츠용 총기에 사용할 화약, 휠체어, 소형산소발생기, 냉액체 질소를 포함한 용기
기장에게 위치 통보 시 가능	휠체어 또는 배터리 동력의 탈것, 수은온도계 및 기압계(대형)

3) 수하물 Through Check-In

수하물을 Through Check-In 할 경우에는 다음과 같은 제반조건과 상황시에 가능하다.

① 항공승객의 수하물은 최종 목적지까지 Through Check-In 하는 것이 원칙이며, 계속편에 대한 예약이 확약된 항공권을 소지해야 한다. 예약확인이 불투명한 여행자(open, stand-by, requested 상태) 등의 수하물은 해당되지 않으며, MCT(minimum connecting time)를 준수하고 당일 동일 공항에서 연결되는 항공편이어야 한다.

② 연결편과의 최소 연결시간(MCT : minimum connection tim e)은 반드시 준수해야 한다. 또한 당일 연결편(same day connection)이어야 한다.

③ 동일 공항(same airport)이어야 한다. 즉, 연결지점(connection point)에서 도착공항과 출발공항이 서로 다른 경우에는 특별한 경우를 제외하고는 Through Check-In 할 수 없다.

④ 국제선에서 국내선으로 연결되는 수하물의 Through Check-In은 허용되지 않는다.

5. Lost & Found

1) 수하물사고의 유형

항공 수하물사고의 유형은 수하물의 지연도착(delay), 분실(missing), 파손(damage), 부분 분실(pilferage) 등으로 구분할 수 있다.

(1) 지연도착(Delay)

수하물이 Mis-Loading, Short-Carriage or Over-Carriage, Mis-Tagging, Tag Torn-Off 및 Identification 불가, Left-Behind, Interline Baggage Mis-Connection 등으로 인하여 승객의 동일편 내지 위탁한 항공편에 수하물이 도착되지 않은 경우이다.

(2) 분실(Missing)

수하물이 Name Label을 부착하지 않았다든가, Tag Torn-off와 Mis-Loading이 동시에 발생하였거나 관리소홀로 없어진 경우를 말한다.

(3) 파손(Demage)

조업사의 Rough Handling, Fragile Tag(관리 요주의품목)을 미부착했을 때, 포장이 불량할 경우에 발생한다.

(4) 부분 분실(Pilferage)

부분 분실이란 포장불량 등으로 인하여 수하물의 내용이 없어진다든가, 의도적으로 분실된 경우가 이에 속한다.

2) 수하물사고 처리

항공사는 수하물사고가 발생하면 수하물사고 접수, 수하물사고보고서(PIR :

property irregularity report)를 작성하고 World Tracer를 이용한 추적작업 등으로 수하물사고 처리절차에 의하여 수행한다.

또한 수하물의 Claim 발생 시 사고유형에 따른 배상기준에 의해 처리한다. 특히 IATA Resolution 780조에 의하여 항공사 간의 기본처리규정을 적용하여 승객을 운송한 최종 항공사에서 승객의 Claim을 처리하고 수하물 IRR에 대한 항공사 간의 책임소재를 가려 정산처리한다.

제4절 항공 운송관련 서비스

1. 연결편 승객 우대서비스

1) 우대서비스의 정의 및 내용

항공승객이 여정상 연결편의 탑승을 위해 도중체류 시의 여러 비용을 항공사가 부담하는 서비스로서 이를 STPC(stopover on company's account)라고 한다. 이때 제공되는 서비스는 다음과 같다.

- 2~3시간 : 음료수
- 3~6시간 : 음료수, 스낵 또는 식사, 시내관광 및 교통편의
- 6시간 이상 : 음료수, 식사, 호텔주간 사용 또는 시내관광, 호텔숙박

2) 서비스조건

아래의 조건에 해당하는 통과승객에 한하여 위와 같은 서비스가 제공된다.

① 연결편의 예약이 확인된 항공권을 소지해야 한다.

② 항공기가 도착한 후 24시간 이내에 출발하는 해당구간의 첫 항공편이어야 한다.

③ 승객이 고의적이거나 출발지로 되돌아가기 위한 체류의 경우에는 서비스가

제공되지 않는다.

④ 특별 운임 또는 무임 우대 항공권소지자 등은 서비스가 제공되지 않는다.

2. 비정상 항공편 승객 의무서비스

1) 서비스 내용

항공사 측의 여러 사유로 인하여 지상 대기시간 동안 항공사가 의무적으로 제공하는 서비스(obligatory service)이다. 이 서비스는 항공편 지연, 회항, 결항, 항공기와 통과여객 접속으로 인한 지연, 초과예약, 초과판매, No-Record로 인한 탑승이 불가한 상태와 항공기 변경(A/C change)에 의해 대형기에서 소형기로 변경되어 탑승이 불가한 경우에 의무적으로 제공된다.

그러나 기상조건, 천재·지변, 자항공사 이외의 종업원의 파업, 사회적 소요상태(반란, 폭동), 전쟁, 정부의 법령이나 규정에 의한 상황, 타 항공사의 사유로 인한 연결 불가 등의 경우는 서비스를 제공할 의무가 없다.

서비스는 지상대기 시간대별로 구분되어 다음과 같이 제공된다.

* 1~2시간 : 음료수 또는 스낵
* 2~3시간 : 음료수 및 스낵
* 3~6시간 : 음료수 식사 또는 스낵 시내관광, 지상관광
* 6시간 이상 : 음료수, 식사, 호텔 주간사용, 숙박, 시내관광, 1인당 전보 1매 및 2통화(6분) 국제전화

2) 항공편 지연 시의 서비스절차

항공편의 지연이 확실시될 때에는 신속 정확하게 지연시간 및 사유를 알리고 그에 따른 조치를 강구해야 한다.

① 해당 항공편의 예상지연시간, 승객규모, 필요인력 등을 감안하여 Flight Handling 계획을 수립한다.

② 지연에 대한 안내서비스를 실시한다. 승객이 공항에 도착하기 전에는 예약 지점에서 스케줄 변경 등을 안내해야 하고, 승객이 공항에 도착한 후에는 지연에 대한 안내문 및 안내방송을 실시한다. 이미 여객이 탑승한 후(이륙 후 회항 시)에는 먼저 관련부서와 협의한 후 기장 및 사무장 등과 논의하여 제반사항 등을 고려하여 승객이 기내체류할 것인지, 하기할 것인지의 여부 등을 결정한다.

③ Special 승객(VIP/CIP, RPA) 등을 철저히 관리한다.

④ 원칙적으로 1시간 이상 지연 시 여객을 하기 조치하고 적절한 서비스 범위를 정하여 의무서비스를 제공한다.

3. 라운지 서비스

항공사들은 일등석과 비즈니스, 상용 및 주요 승객들이 공항에서 항공기를 탑승하기 전에 쾌적하고 안락한 분위기에서 탑승절차를 기다릴 수 있도록 별도로 마련한 공항라운지에서 음료수, 국내외 발간 각종 주요 독서물, 무료 팩시밀리 이용 등 다양한 서비스를 제공하고 있다.

대한항공은 모닝캄 라운지(Morning Calm Lounge), 아시아나항공은 아시아나 라운지(퍼스트라운지, 비즈니스라운지)를 각각 운영하고 있다.

4. 국내선 및 국제선 연결서비스

당일 국내선에서 국제선으로 연결되는 승객은 국내선 출발공항에서 국제선 연결편의 좌석배정 및 수하물을 Through Check-In한다. 또한 당일 국제선으로 도착하여 국내선으로 연결되는 승객은 도착 안내 카운터에서 위와 마찬가지로 국내선 연결 항공편에 대한 서비스를 제공한다.

5. 도심 공항터미널 탑승수속 서비스

당일 출발하는 KE와 OZ 등의 항공사를 이용하는 항공승객은 도심 공항터미널에서 항공권 예약, 발권, 탑승수속 및 탑승권 교부, 출국심사에 이르기까지 모든 탑승수속을 마칠 수 있는 서비스이다.

6. 미국 사전 입국심사제도(APIS : Advance Passenger Information System)

항공승객이 출발하는 공항의 항공사가 예약과 발권 또는 탑승수속 시 탑승승객에 관한 필요한 정보 즉 승객의 여권상의 Full Name, 생년월일, 국적, 성별 및 여권번호 등을 미국 법무부와 세관 당국에 통보하여 미국에 도착하는 탑승객에 대하여 사전 검사를 가능하게 함으로써 승객이 미국에 도착하였을 때 입국심사에 소요되는 시간을 단축할 수 있는 제도이다.

제5절 운송제한 승객서비스

항공사는 유상승객에 대하여 운송의 의무와 책임이 있다. 그러나 안전운항상, 관련국가의 출입국 규정의 위배 시, 또한 승객의 행동과 연령, 정신적 또는 육체적 상태가 다른 승객에게 불편함을 주거나 안락한 항공여행을 방해하거나 승객 자신이나 기타 승객에게 위험을 초래할 가능성이 있는 경우에는 승객의 운송을 거절하거나 예약을 취소할 수 있도록 규정하고 있다.

따라서 항공사는 모든 항공여행자의 안락하고 안전한 운송을 위해 운송을 제한하는데 이를 운송제한승객이라 한다.

운송제한승객에는 운송제한자(육체적 · 정신적 신체부자유자)와 비동반 · 동반 소아, 유아, 노약자, 임산부 등이 해당된다.

1. 운송제한자(Incapacitated Passenger)

운송제한자란 항공여행 시 일반적인 서비스 이외에 별도로 제공되는 개인적인 서비스를 필요로 하는 육체적 · 정신적 신체부자유자 등의 승객을 말한다. 운송제한자를 구체적으로 나열하면 다음과 같다.

① 전염병 환자

② 다른 승객에게 위배한 행동을 하거나 위험성이 있는 정신질환자

③ 심장 또는 심동맥부전증환자

④ 대수술 후 10일 미만 환자

⑤ 항공여행으로 병세 악화나 생명에 지장이 있는 환자

　　단, 선천성 신체부자유자, 청각장애자 등은 제외된다.

그러나 위의 사항에 해당되지 않는 여객은 다음과 같은 경우에는 항공운송을 허락할 수 있다.

① 예약 또는 발권 시 건강진단서 3부(INCAD : Incapacitated Passenger Handing Advice) 제출

② 항공운송 시 건강상태에 유해한 결과가 발생하더라도 항공사에게 책임을 부과하지 않는다는 서약서 2부를 제출하고 환자가 보호할 보호자나 의사 및 간호사가 동반할 경우에는 가능하다. 예를 들면 스트레처(stretcher)환자의 운송조건은 다음과 같다.

• 여행 중에 의사 또는 간호사 1명을 동반해야 한다.

• 예약은 Stretcher장착 등으로 인하여 해당 항공편 출발 72시간 이전이어야 하며, 운임은 성인 편도 Economy Class 정상운임의 6배를 적용한다.

2. 비동반 소아(UM : Unaccompanied Minor)

생후 3개월 이상 만 12세 미만의 유아나 소아가 성인승객을 동반하지 않고 항공여행을 하는 승객을 비동반 소아(UM)라고 하며, 3개월 미만의 유아는 어떠한 조건에서도 UM으로 여행을 할 수 없다. 이때 UM의 항공운임은 3개월 이상~5세 미만은 성인정상운임을 적용하고 5세 이상~12세 미만은 소아요금을 적용한다.

1) 운송조건

① 국제선의 경우에는 해당 항공편의 출발 7일 전에 예약을 해야 한다.
② 예약 시 비동반 소아 운송신청서 및 서약서 2부(판매소, 출발지 공항용)를 제출한다.
③ 출발·도착지 공항에 부모 또는 보호자가 동반·출영하여 비동반 소아를 인도하여야 한다.

2) 출발·도착지 공항의 업무

① 출발지 공항은 예약전문에 의하여 UM에게 적합한 사전 좌석배정(pre-assignment)을 하며 탑승수속에 필요한 구비서류를 확인한다. UM Badge를 부착하고 출국수속을 대행해 준다. 탑승수속 후에는 UM사항을 시스템에 입력하고 항공권 및 기타 서류를 UM Envelope에 넣어 사무장에게 인도한다. 마지막으로 관련 공항에 UM 탑승 전문을 처리한다.
② 도착지 공항은 UM에 관한 전문을 접수한 후, 보호자와 연락을 취하여 공항에서 인도하도록 조치한다. 그 후 항공기가 도착하면 사무장으로부터 UM 및 관련 서류를 인도받고 입국수속을 대행하여 보호자에게 인도한 후 관련공항에 결과를 전문으로 통보한다.

3. 임산부(Pregnant Woman)

항공여행은 임신 32주(8개월) 이상인 임산부에게는 건강에 악영향을 미칠 우려가 있기 때문에 주의를 요한다. 따라서 항공편 출발 72시간 이내에 산부인과 의사가 발급한 건강진단서 3부, 서약서 2부 등을 제출해야 한다. 또한 출발지 공항에서는 승객의 건강상태를 확인하여 탑승가능 여부를 판단하고 건강진단서 1부는 사무장에게 인계하고 기타 관련서류는 보관한다.

지상공항 담당자는 Check-In Comment에 임산부 관련 내용을 입력하고 도착지 공항에 전문으로 통보한다.

4. 맹인(Blind Person)

맹인은 성인승객이나 맹인 인도견(seeing-eye dog)이 동반할 경우에 항공기 탑승이 가능하다. 그러나 성인이나 인도견을 동반하지 않는 맹인인 경우에는 운송제한 승객으로 분류되어 공항에서 Escort하며 서약서 등을 작성하여야 항공기 탑승이 가능하다.

5. 기타

알코올 및 약물중독자(intoxicated person)는 타 승객의 안전한 여행을 위하여 증상을 판단한 뒤 항공여행 가능 여부를 결정한다. 또한 죄수(prisoner)의 운송은 정부의 관계기관과 긴밀한 협조하에 운송하고 있다.

Airline Service

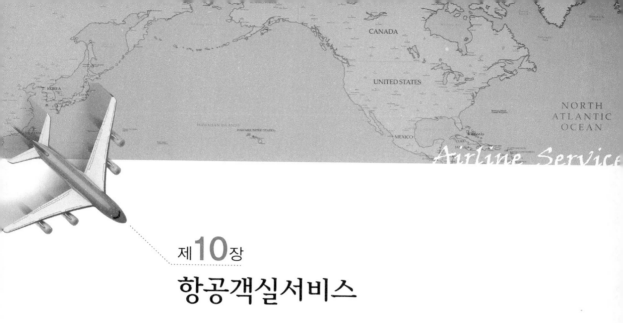

제 **10** 장

항공객실서비스

제 10 장
항공객실서비스

항공기의 기내를 캐빈(cabin) 또는 객실이라 한다. 승객이 항공기에 탑승하여 기내에서 제공받는 서비스를 객실서비스, 기내서비스(in-flight) 또는 Cabin서비스라고 한다.

제1절 객실승무원의 개념적 이해

1. 객실승무원의 정의 및 업무내용

항공기에는 여객이 안전하고 안락한 항공여행을 할 수 있도록 서비스를 제공하는 일정수준의 승무원이 탑승한다. 항공승무원은 크게 운항승무원(cockpit crew)과 객실승무원(cabin crew)으로 대별할 수 있다.

항공기운항 및 안전운항에 대한 책임은 기장에게 있으며, 기내서비스 등 항공기운항과 무관한 사항은 사무장에게 책임이 부여된다. 객실승무원은 사무장, 부사무장, 일반승무원, 현지승무원(local cabin crew)으로 구분되며 또한 승무원의 지휘계통은 기장, 사무장, 부사무장, 일반승무원 순으로 이어진다.

일반적으로 항공승객이 흔히 접할 수 있는 승무원은 실제로 객실에서 서비스를 제공하는 남·여 객실승무원일 것이다. 그러므로 객실승무원의 서비스는 항공사의 서비스 질을 판단할 수 있는 중요한 잣대이기도 하다. 객실승무원의 근무규정에 의하면 엄격한 자격조건과 임무수행을 따라야 하며 객실승무원의 임무는 직책에 따라 다음과 같이 구별된다.

1) 사무장(Purser)

① 객실 브리핑(briefing)을 주관하고 승무원업무를 할당(duty assign)한다.
② 비행 전의 기내설비 및 장비의 작동을 점검한다.
③ 기내서비스의 진행을 관리하고 감독한다.
④ 항공기 출입항 서류 및 Ship Pouch를 관리한다.
⑤ VIP, CIP 등 특별한 승객을 관리한다.
⑥ 비행 중에 발생하는 비정상적인 상황을 해결한다.
⑦ 퍼스트 클래스(first class) 승객을 위한 서비스를 수행한다.
⑧ 비행안전을 위한 제반조치를 취한다.
⑨ 해외 체재 시 승무원을 관리하고 해외 지점과의 업무연계를 유지한다.

2) 부사무장(Assistant Purser)

① 사무장 유고 시에는 임무를 대행한다.
② 보통석(economy class)의 승객서비스를 수행하고 관리한다.
③ 기내서비스용품의 탑재 여부를 확인한다.
④ 비행안전에 대한 제반업무를 수행한다.
⑤ 수습승무원(trainee)을 지도 및 평가하고 일반승무원의 업무도 수행한다.

3) 일반승무원(Steward, Stewardess)

승무 중에 할당된 업무 이외에도 상기 열거된 사항을 공통적으로 수행한다.

4) 현지승무원(Local Cabin Crew)

승무 중에 할당된 업무를 수행하고 해당 언어권 승객의 의사소통을 원활하게 해주고 비행 중 모든 기내방송을 자국어로 실시한다.

2. 국제선 승무원의 업무절차

국제선 객실승무원의 서비스절차는 〈표 10-1〉에서 보는 바와 같이 비행준비, 지상업무, 기내서비스, 착륙준비, 착륙 후, 도착 후 업무단계로 구분할 수 있다.

표 10-1 국제선 객실승무원의 업무절차 및 내용

준비 단계	객실승무원의 업무절차 내용
비행준비	• 출근 • Briefing • Show Up 및 용모, 복장 점검 • Per Diem 수령 • 객실 Briefing • 합동 Briefing • Baggage 탁송
지상업무	• Pre-Flight Check • Ground 서비스 준비 • 승객탑승 • Ground 서비스 실시 • Door Close & Welcome 방송 • Safety Demonstration • 이륙준비 • 승무원 착석
기내서비스/ 착륙준비	• Hand Towel 및 Menu Book 서비스 • 음료 서비스 • Meal 서비스 • 입국서류 작성 및 협조 • 기내판매 • 객실정리 • 입국서류 작성 확인
착륙 후 업무	• 담당구역 승객의 착륙준비 점검 • Door Open 및 승객하기 • 기내점검
도착 후 업무	• 서비스 Items 인계 • Flight Coupon 인계 • 기내판매대금 반납

제2절 국제선 승무원의 지상업무

국제선 객실승무원의 지상업무는 국내선과는 달리 운항성격상 2개국 이상이 관련되어 있을 뿐 아니라 비행시간이 장시간인 관계로 서비스의 내용은 복잡하고 다양하다. 구체적으로는 안전운항을 위한 비행점검, 기내서비스를 위한 각종 Item 점검 등의 사전 비행체크(pre-flight check)를 비롯하여 항공기가 이륙하기 전까지 이루어지는 국제선 객실승무원의 서비스 준비 및 지상서비스 업무가 포함된다.

1. 사전 비행체크

사전 비행체크(pre-flight check)는 비상 및 보안장비의 위치와 상태를 확인하고 승객좌석 및 객실주변의 청결상태 등을 점검하는 것이다. 또한 각 Compartment 청결, 정돈상태와 Galley의 점검과 기물, 기내식, 객실용품 등의 상태를 확인한다.

2. 지상서비스 준비

① Serving Cart 차림으로 신문과 잡지를 준비한다.
② 화장실용품(dry item drawer, compartment)을 확인하고 Setting한다.
③ Liquor와 Beverage를 준비한다.
④ 기내 판매용품의 종류 및 수량을 정확히 인수하고 보조용품을 확인한다.
⑤ Crew Seat Tag과 같은 기내부착물을 게시한다.
⑥ Boarding Music 및 Air Show를 작동한다.

에어쇼(air show)는 비행속도, 고도, 현재의 위치, 외부온도, 목적지 현지 시각 등 다양한 각종 운항과 관련된 정보를 컴퓨터그래픽으로 기내스크린을 통하여 보여주는 시스템이다.

3. 승객탑승

승객탑승이 시작되면 객실승무원은 환영인사와 함께 담당(zone)별로 승객탑승 우선순서에 따라 승객을 좌석으로 안내한다. 또한 안전운항과 Check-In 승객의 미탑승을 방지하기 위하여 승객을 Head Counting한다.

4. 지상서비스

① Cart를 이용하여 신문 및 잡지의 종류를 소개하고 승객의 주문에 의하여 서비스하고 비행 중에도 서비스한다.
② 볼거리(신문, 잡지)서비스가 끝난 후에 Zone별로 Welcome Drink 서비스를 한다.
③ Serving Cart를 이용하여 Zone별로 헤드폰(headphone)을 서비스한다.

5. Door Close와 Welcome 방송

① 사무장은 공항지상직원으로부터 운송관련 서류를 인수받고 승객탑승이 완료되면 항공기의 Door를 닫는다.
② Door Close 직후, 사무장의 방송에 맞추어 Slide Mode 변경 후 Welcome방송에 맞추어 전체 승무원은 해당 Door Side에서 승객을 향해 인사한다.

6. Safety Demonstration

비행 중 발생할 수 있는 비상사태에 대비하여 금연, 좌석벨트의 사용, 비상탈출구의 위치, 구명복(life vest)과 산소마스크의 위치와 사용법에 대하여 시범을 보인다.

7. 이륙준비

항공기가 이륙하기 전에 승무원은 담당구역별로 안전을 위하여 다음 사항을 확인한다.

① 승객의 안전벨트, 좌석 등받이, Tray Table, Arm Rest

② 전자기기 사용금지 안내

③ Door Side 및 Aisle의 청결

④ 휴대 수하물 및 유동물건의 고정

⑤ 객실 내 시설물의 안전상태

⑥ Galley

⑦ 화장실

⑧ 객실의 조명

제3절 기내서비스

1. 기내서비스의 흐름

기내서비스는 일반적으로 비행거리에 따라 다르다. 대체로 장거리의 기내서비스는 12단계에 거쳐 이루어진다. 그러나 중·단거리의 기내서비스는 장거리 기내서비스 순서를 생략·축소한 형태로 서비스된다. 장·중·단거리 비행의 일반적인 서비스 순서는 〈표 10-2〉와 같다.

표 10-2 장·중·단거리 기내서비스 비교

단거리	중거리	장거리
↓	Hand Towel 서비스	Hand Towel 서비스
	↓	Menu Book 서비스
	아리랑 Cart 서비스	아리랑 Cart 서비스
Meal 서비스 ②	Meal 서비스	Meal 서비스
입국서류 배포 ①	입국서류 배포 및 작성 협조	입국서류 배포 및 작성 협조
기내판매 ③	기내판매	기내판매
↓	영화 상영	영화(Movie)상영
	↓	2nd Hand Towel 서비스
		Early Bird Cart 서비스
		2nd Meal 서비스
		입국서류 작성 재확인
착륙준비	착륙준비	착륙준비

주1 : 단거리의 경우 입국서류 배포 → Meal 서비스 → 기내판매 순.
주2 : 대한항공 국제선의 경우.

2. 기내서비스

1) Hand Tower 및 Menu Book 서비스

① **장거리 1st Meal 서비스** : 우선 면타월을 Heating하여 준비한 후에 담당 Aisle별로 서비스하며, 서비스 전에 온도, 습도, 냄새 등을 점검하고 회수 시에는 승객이 Basket에 직접 담을 수 있도록 하고 하기 시에는 정위치에 보관한다.

② **단거리 및 2nd Meal 서비스** : Disposable Towel을 손으로 하나씩 서비스하며 Tongs는 사용하지 않는다.

③ 메뉴 북(menu book)서비스는 Small Tray에 Zone별로 탑승객 수만큼 준비하며 Duty 승무원이 Menu Book Cover가 승객의 정면을 향하도록 1개씩 개별로 서비스한다.

항공사마다의 이미지 제고와 타 항공사와의 차별화전략의 수단으로 메뉴 북 표지의 색상, 디자인, 기내식의 내용 등을 구간에 따라 다양화하여 제공하고 있다.

2) 음료서비스

식욕을 돋우기 위한 식사 전의 음료서비스는 출발시간, 비행시간, 식사시간대에 따라 트레이, 카트를 이용하여 서비스하고 있다.

(1) 아리랑 Cart 서비스

① 비행시간이 3시간 이상, 예를 들어 SEL/HKG 구간을 비롯한 Flight에서 1st Meal서비스를 실시하며 음료를 카트(cart)에 셋업(set up)하여 서비스한다.
② Zone, Aisle, 기종별 서비스 흐름(service flow)에 따라 각각 다르다.

(2) Early Bird Cart 서비스

휴식을 취하고 있는 승객에게 커피와 같은 뜨거운 음료를 제공하는 것으로 2nd Meal 서비스가 있는 장거리 노선에서 식사서비스 전에 기종별 흐름에 따라 Zone별, Aisle별로 서비스한다.

(3) Snack Bar Cart 서비스

각종 음료와 스낵을 서빙 카트(serving cart)에 준비하여 Door Side에 비치하고 영화 상영 시부터 2nd Meal 서비스 시작 30분 전까지 제공한다.

(4) 트레이 서비스(Tray Service)

각종 주스류, Soft Drink, Beer를 준비하고 승객분포를 고려하여 큰 트레이에 각종 음료를 세팅하여 담당구역별로 서비스한다.

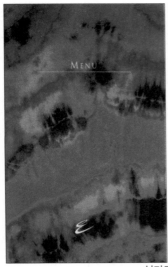

SINGAPORE · BANGKOK
DINNER

Mixed rice and corn salad

Duck meat loaf with sweet potato puree

Thai steamed fish with chillies in lime sauce
Broccoli and carrots
Steamed rice with spring onions

Raisin bread pudding with raspberry-cinnamon cream

Roll and butter

Coffee · Tea
Chinese tea

Exclusively created by Mr David Burke

We wish to apologize if occasionally your choice is not available due to unexpectedly high demand.

싱가포르항공

Menu

Lufthansa **Economy Class**

Dinner

We exclusively serve beef imported from South America.

Hors d'oeuvre

Seasonal Greens with Tuna Fish
presented with Italian Dressing

Roll, Cheese and Butter

Entrees

Breast of Chicken accented by Honey Thyme Sauce
served with a Vegetable Medley and Orzo Pasta

Beef Pokkumbop
accompanied by Eggplant and Rice

Dessert

Caramel Brittle Crème

Breakfast

A hearty breakfast will be offered prior to arrival

Chopsticks are available upon request.

Please accept our apology if occasionally your selection is not available.

루프트한자항공

그림 10-1 메뉴 북의 예

3) Meal 서비스

기내식은 서양식을 근간으로 하고 있으며 디너(dinner)정식 코스를 하나의 트레이에 세팅하여 서비스하며, 한식으로는 비빔밥이 서비스된다. 아침식사는 American Breakfast Menu로 구성되어 있다.

Economy Class 기내식은 아침, 늦은 아침, 점심, 저녁, 중참으로 분류되는데, 그 종류와 시간대를 정리하면 〈표 10-3〉과 같다. 또한 구간별 기내식의 종류에 따른 내용은 〈표 10-4〉와 같다.

표 10-3 서비스 시간대별 Economy Class의 기내식의 종류

기내식의 종류 및 약어	서비스 시간대
아침식사(Breakfast : BRF)	05 : 00~09 : 00
늦은 아침(Brunch : BRCH)	09 : 00~11 : 00
점심식사(Lunch : LCH)	11 : 00~14 : 00
저녁식사(Dinner : DNR)	18 : 00~22 : 00
중참(Supper : SPR)	22 : 00~01 : 00
중참(Snack : SNK)	기타 시간

표 10-4 구간별 기내식의 내용

분류	기내식의 내용			
	간단한 식사 Light Meal	가벼운 식사 Hot Refreshment	아침식사 Breakfast	점심식사 Lunch
싱가포르 –방콕 SQ880	•오르되브르 •새우, 가리비, 생선, 　계란과 타이식 　국수볶음 •쇠고기 스튜요리, 　계절모듬야채, 　버터에 볶음밥 •롤빵과 버터 •커피 또는 홍차, 　중국차			
방콕 –서울 SQ880		•해물피자 •카레요리 •커피 또는 홍차, 　중국차	•아침주스 •과일전채 •새우, 닭고기, 쌀밥 •오믈렛, 소시지, 　체리토마토, 채두콩, 　감자구이 •롤빵, 버터, 과일잼 •커피, 홍차, 중국차	
싱가포르 –서울 SQ882	•모듬샌드위치 •커피, 홍차, 중국차		•과일주스 •과일전채 •야채, 계란국수 •오믈렛, 토마토, 　치포라타, 구운 감자 •롤빵, 버터, 과일잼 •커피, 홍차, 중국차	
서울– 싱가포르 SQ883	•모듬샌드위치 •커피, 홍차, 중국차			•오르되브르 •새우전, 튀김, 계절 　모듬야채, 쌀밥 •쇠고기안심요리, 　치즈, 크래커, 　초콜릿케이크 •롤빵, 버터 •커피, 홍차, 중국차

자료 : 싱가포르항공의 Menu Book을 재정리함.

① Meal 서비스는 우선 다음과 같은 사항을 준비해야 한다.

- Entree Heating 및 Setting
- Wine Open
- Bread Warming(soft roll, croissant)
- Cart 상단 Setting(beverage용 drawer, 고추장, hot water)

② Meal Tray 서비스에는 양식, 한식, 특별식 서비스가 있다.

 ㉠ **양식 서비스** : 우선 승객의 Seat Table을 펴고 앙트레(entree)의 종류와 내용을 설명한 뒤 Meal을 선택하도록 한다. 이때 Wine, 고추장, 그 밖의 음료를 권한다.

 ㉡ **한식 서비스** : Tray는 비빔나물과 밥이 승객 앞쪽에 놓이도록 하고 미역국을 먹을 수 있도록 뜨거운 물을 서비스한다. 또한 와인이나 그 밖의 음료를 권한다.

 ㉢ **특별식 서비스** : 특별식은 승객의 건강, 종교, 축하 등의 이유로 탑재되는 음식으로서 승객의 예약 시 주문에 의한다.

  Galley 임무 승무원이 S.H.R(special handling request)상의 특별기내식 주문내용을 확인하고 해당 Special Meal Tag에 승객의 성명과 좌석번호를 기입한 뒤 주문 여부를 확인한 후에 제공한다. 만약 특별기내식이 탑재되지 않았을 경우 공항의 지상직원에게 요청한다. 참고로 Economy Class Dinner의 양식 및 한식 Tray의 모형은 〈그림 10-2〉와 같다.

③ **Water/Wine Refill** : Meal 서비스가 끝난 후에 물과 Wine의 잔량이 1/3 이하인 경우에 Refill한다.

④ **Hot Beverage 서비스** : Dessert와 함께 드실 수 있도록 승객의 식사속도를 감안하여 반드시 2회 이상 Refill하며 항상 뜨거운 상태로 서비스한다.

⑤ **Tray 회수** : Meal Cart 상단에 Refill용 물, 그 밖의 음료, 핸드타월을 준비하고 회수한다.

EY/CL Dinner 양식 Tray 모형

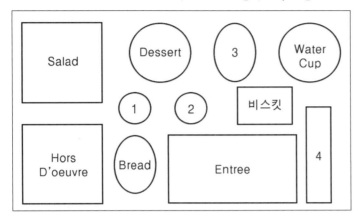

1. 고추장
2. Salad Dressing
3. Cheese, Wine Cup
4. Cutlery Set
*Soup 서비스 생략

EY/CL Dinner 한식 Tray 모형

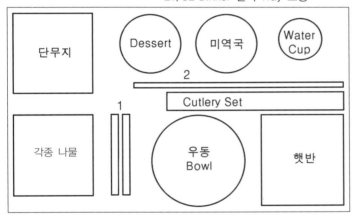

1. 고추장, 참기름
2. 젓가락
*Tray 제공 후 미역국에
 물을 부어 드린다.

그림 10-2 기내식의 모형

제4절 착륙업무

1. 착륙 전 업무

① 객실 정리·정돈
- Aisle **담당승무원** : 담당구역별로 Aisle, 화장실, 승객좌석주변, Seat Pocket 등을 정리·정돈한다.
- Galley **담당승무원** : 서비스용품을 정리하고 Dry Item 및 Liquor Inventory List를 작성한다.

② 입국서류 작성 확인 : 전 승무원은 담당구역별로 서류작성에 협조하고 UM과 TWOV승객 등 도움이 필요한 승객의 입국서류 작성을 도와준다.

③ Headphone 및 잡지회수

④ Galley 내 Compartment Seal 및 Lock

⑤ 승객의 착륙준비 점검 및 승무원 착석

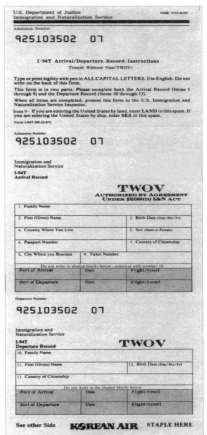

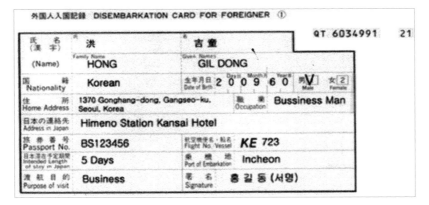

DEPARTMENT OF THE TREASURY
UNITED STATES CUSTOMS SERVICE

세관신고서

19 CFR 122.27, 148.12, 148.13, 148.110, 148.111, 1498; 31 CFR 5316

서식승인
OMB 번호 1515-0041

입국하는 모든 여행자 또는 책임 있는 가족은 다음의 정보를 제공해야 한다 (가족 당 한 장의 신고서만 작성하여야함):

1. **성**

   이름 _____ 중간이름

2. **생년월일** 일 _____ 월 _____ 년 _____

3. 여행에 동반하는 **가족의 수**

4. (a) 미국 내 주소 (호텔 이름/목적지)

   (b) 도시 _____ (c) 주

5. **여권 발행국가**

6. **여권번호**

7. **거주 국가**

8. 이번 여행 중 미국 도착 전에 방문한 **국가들**

9. **항공사/항공편 번호 또는 선박명칭** **KE**

10. 이번 여행의 일차적 목적은 **사업임**: 예 □ 아니오 □

11. 본인(우리)은 다음의 것을 휴대하고 있음

    (a) 과일, 식물, 식품, 곤충: 예 □ 아니오 □

    (b) 육류, 동물, 동물/야생생물 제품: 예 □ 아니오 □

    (c) 병원체, 세포 배양물, 달팽이: 예 □ 아니오 □

    (d) 흙 또는 농장/목장/목초지를 다녀왔음: 예 □ 아니오 □

12. 본인(우리)은 **가축과 가까이 지냈음**
    (만지거나 다루는 등): 예 □ 아니오 □

13. 본인(우리)은 미화 1만 달러 이상 또는 그에 상당한 외화금액의 **통화 또는 금전적 수단**을 소지하고 있음: 예 □ 아니오 □
    (뒷면의 금전적 수단의 정의를 참조 바람)

14. 본인(우리)은 **상업용 물품**: 예 □ 아니오 □
    (판매할 상품, 주문을 청하기 위해 사용하는 견본, 또는 개인용품으로 간주되지 않는 물건들)을 가지고 있음

15. **거주자** — 본인(우리)이 해외에서 구입 또는 취득하여, 미국으로 가지고 오는 상업용 물품을 포함한 **모든 재화** (다른 사람에게 줄 선물은 포함하되, 미국으로 우송한 물건은 제외함)의 **총가액**은 미화: $ _____

    방문자 — 상업용 물품을 포함하여 미국에 남아 있을 **모든 물건의 총가액**은 미화: $ _____

이 서식의 뒷면에 적힌 지시사항을 읽어보십시오. 귀하가 신고해야만 하는 모든 품목을 기재할 지면이 제공되어 있습니다.

본인은 이 서식의 이면에 적혀 있는 중요한 정보를 읽었으며 사실 그대로 신고를 하였음.

X _____ (서명)   작성일자 (일/월/년)

공적인 용도에 국한함

KOREAN AIR   Customs Form 6059B (Korean) (11/02)

2. 착륙 후 업무

① 승객의 안전을 위하여 Taxing 중에는 반드시 착석하도록 한다.
② Slide Mode 변경 및 수신호 보내기 : 사무장의 방송에 따라 전 승무원은 Slide Mode를 변경하고 Cross Check한 후에 사무장에게 수신호를 보낸다.
③ Door Open 및 승객 하기 : 사무장은 Fasten Seat Belt Sign이 켜진 것을 확인한 후에 지상직원에게 Door Open 허가 사인을 주어 Door를 열도록 한다. 또한 운송담당직원에게 Ship Pouch를 인계한다. 탑승구에서 Farewell 인사를 하고 하기순서에 따라 승객을 하기시킨다.
④ 기내점검 : 화장실용품을 회수하고 Slide Mode, 인수 인계품, 승객유실물 등을 확인한다.
⑤ 기내 판매품 인계
⑥ 승무원 하기

3. 도착 후 업무

항공기가 목적지에 도착하면 승무원은 다음과 같은 업무를 수행한다.
① 서비스품목 인계
  • 항공기용품은 탑재된 위치에 보관한다.
  • Liquor는 Liquor Cart 또는 Carrier Box에 넣어 Sealing하고 Liquor Seal Number 인수인계서를 작성하여 탑재원에게 인계한다.
  • 기물은 출발 시 Cart 또는 Carrier Box에 보관하고 기내 비치용 기물을 제외한 기타 모든 서비스용품은 Galley 선반 등 하기가 용이한 위치에 보관한다.
② Flight Coupon을 인계하고 항공기내 판매대금을 반납하고 공지사항 및 Mail Box를 확인함으로써 비로소 해당 항공편의 업무를 종결한다.

제5절 기내서비스 매너

1. 서비스 기본매너

세계화·국제화에 따른 개방화시대의 개막으로 인하여 2000년대는 기업으로서 성공을 달성하고 생존·유지하기 위해서는 서비스중심의 시장지향적인 접근방법이 더욱 강조될 것이다.

항공승객은 기대하고 있고 항공사가 경쟁상의 확고한 지위를 지키기 위해서도 반드시 필요하다. 또한 서비스에 의해 수익과 성장력을 높일 가능성은 이전에 비해 더욱 확대될 것이다. 그리하여 일부의 선진 항공사는 대성공을 거두고 있고 서비스의식이 강한 기업으로 성장하여 현재 주목을 받고 있다.

따라서 미래 항공사의 승패는 기내 객실승무원의 서비스에 달려 있으므로 항공사 서비스의 표상이라 할 수 있다. 객실승무원이 기본적으로 갖추어야 할 기내서비스 매너(cabin service manner)는 다음과 같다.

1) 표정

표정은 객실승무원뿐만 아니라 관광산업에서 고객과 접하는 종사원 즉 서비스맨들이 갖추어야 하는 가장 중요한 기본예절이다. 그러므로 항상 밝고 세련된 이미지 표출이 필수적이다.

2) 용모와 복장

용모와 복장은 승무원 자신은 물론 항공사의 이미지를 결정하는 중요한 요소이므로 깨끗하고 세련된 분위기를 연출하도록 한다.

3) 자세

① 승객의 정면의 위치에서 등을 곧게 펴고 승객의 눈높이에 맞추어 허리를 굽

혀 응대한다.

② 승객의 좌석에 손을 올려놓거나 기대지 않는다.

③ 복도(aisle)를 걸을 때에는 구두 뒤축으로 인한 진동이 없도록 한다.

4) 시선

승객과 마주칠 때에는 항상 인사를 습관화하고 승객을 응대할 때에는 승객 안면의 양미간 사이를, 남자 승객일 경우에는 가끔씩 넥타이의 매듭과 미간 사이를 번갈아 본다.

5) 언어

① 밝은 음성, 적절한 Tone과 속도, 정확한 발음을 해야 한다.

② 서비스 전문용어는 지양하고 표준어, 경어, 긍정형 대화가 되도록 한다.

③ 외국어의 경우 완전한 문장을 사용한다.

2. 승객에 대한 호칭서비스

호칭은 별도의 투자비용 없이도 상대방의 기분을 좋게 한다. 또한 상대방에게 호감을 줄 수 있는 인적 서비스의 가장 중요한 요소 중 하나이다. 그러므로 객실승무원은 반드시 승객의 직함을 잘 호칭함으로써 항공사 서비스에 대한 승객의 만족도를 제고시켜야 한다.

1) 직위가 파악된 승객의 호칭

① 최초로 호칭할 때 : 성+직함+님

　　예) 김 사장님으로 호칭한다.

② 서비스 중일 때 : 직함+님

　　예) 사장님(성을 생략하고)

2) 직함이 불분명한 승객의 호칭

① 20세 이상의 승객 : 선생님

② 20세 이하의 승객 : 손님

특히 서비스 도중 승객을 호칭할 때 '실례합니다. 손님' 등으로 호칭하지 않으며 서비스할 때마다 남발하지 않도록 한다.

3) 주요 승객의 호칭

주요 승객은 국가수반, 정부 고위공직자, 외교사절, 학계인사, 전문직업인, 종교인 등으로 분류할 수 있다. 구체적인 주요 호칭은 〈표 10-5〉와 같다.

표 10-5 주요 승객의 호칭

승객 분류		호칭법
국가수반 Heads of State	공화국 대통령 : President of Republic	각하 : Mr. President, Your Excellency
	부통령 : Vice President	Mr. Vice President
	수상 : Premier	Your Excellency
	국무총리 : Prime Minister	(국무) 총리님 : Mr. Prime Minister
정부 고위공직자 Government Officials	각료 장관 : Secretary, Minister	장관님 : Mr. Secretary(미), Mr. Minister(영)
	시장 : Mayor	시장님 : Mr. Mayor, Mayor*
	도(주)지사 : Governor	*도지사님 : Governor*
	국회의원 : Senator	*의원님 : (*)Senator
	국회의장 : Speaker	*(국회) 의장님 : Mr. Speaker, Mr.*
	군장성 : Admiral	*장군님 : Admiral*
외교사절 Diplomats	왕족	Your(Royal) Highness
	대사 : Ambassador	*대사님 : Mr. Ambassador
학계인사	대학총장, 단대학장 : President	총장(학장)님 : Dr.*
	대학교수 : Professor	*교수님, 박사님 : Dr.*, Professor*
전문경영인 Miscellaneous Professional	의사 : Dentist, Physician	*박사님, 선생님 : Doctor*
	변호사 : Attorney	*변호사님 : Mr.*
종교인	교황 : Pope	Your Holiness
	신부, 수녀 : Priest Catholic, Priest Episcopal	(*)신부님, (*)수녀님 : Father.*
	기독교 목사 : Clergy	(*)목사님 : Mr.*, Reverend.*
	승려 : Priest Buddhist	*스님 : Reverend.*

주 : *는 성을 표시하며 반복될 때에는 생략할 수 있음.

Airline Service

제**11**장
항공운송관련 기구

제 11 장
항공운송관련 기구

제1절 국제 항공관련 기구

1. 국제민간항공기구(ICAO : International Civil Aviation Organization)

1) 설립배경 및 목적

제2차 세계대전의 영향으로 항공기술은 급속히 발달하였다. 국제민간항공의 수송체계 및 질서를 확립하기 위하여 1944년 11월 1일에 52개국이 참가한 가운데 시카고에서 국제민간항공회의가 개최되었다. 또한 1944년 12월 7일에 국제민간항공협정을 체결함과 동시에 영구적인 기구의 설립 시까지 임시 국제민간항공기구(PICAO)를 설치하였다.

1947년 4월 4일에 국제민간항공협약이 발효됨에 따라 임시 국제민간항공기구(PICAO : Provisional International Civil Aviation Organization)가 정식으로 국제민간항공기구(ICAO : International Civil Aviation Organization)로 창설되었다.

ICAO는 본부를 캐나다 몬트리올에 두고 있으며, 유엔의 경제·사회이사회(Economic and Social Council)의 산하 전문기구로서 국가가 회원이 된다. 회원수는 2007년 12월 현재 189개국이 가입되어 있으며, 민간항공부문에서 가장 중요한 국제기구이며, 설립목적을 다음과 같이 규정하고 있다.

- 국제민간항공의 안전과 발전을 보장한다.
- 평화를 위한 항공기의 설계 및 운송기술을 장려한다.
- 국제민간항공을 위한 항공로, 공항, 항공시설의 발전을 촉진한다.
- 과다경쟁으로 인한 경제적인 낭비를 방지한다.
- 체약국의 공정한 기회 보장 및 차별대우를 방지한다.
- 국제항공에서 비행의 안전을 증진한다.

2) 업무

ICAO의 주요 업무는 국제민간항공협약 부속서에 반영할 국제표준과 권고사항을 채택하는 것이다. 정기 및 부정기 항공운송에 관한 국제협정, 국제항공운송의 간편화, 과세정책, 항공운송과 운임을 규제한다. 또한 항공기 사고조사 및 방지, 항공통신과 정비 등에 관련된 사항에 대한 기술지원과 국제민간항공에 대한 불법적 방해에 관한 문제 등을 수행하고 있다.

3) 조직

ICAO의 주요 기관으로 총회, 이사회, 사무국이 있으며, 이사회의 보조기관으로 항공항행위원회, 법률위원회, 항공운송위원회, 재정위원회, 민간항공불법방해위원회, 항공항행업무공동지원위원회 등 각종 전문위원회를 두고 있다.

(1) 총회(General Assembly)

정기총회는 3년에 1회 이상 개최하며 총회의 의사정족수는 회원국의 과반수이며 의결정족수는 유효투표의 과반수로 결정한다. 총회에서는 이사국의 선출, 의사규칙의 결정, 기구예산 및 회원국의 분담금결정, 협약의 개정안 심의 등의 중요한 문제를 결정하는 역할을 수행하고 있다.

(2) 이사회(Council)

이사회는 33개 체약국으로 선거는 3년마다 행하며 이사국의 자격은 3개의 범주, 즉 항공수송에서 가장 중요한 국가, 국제민간항공을 위하여 시설설치에 최대한으로 공헌한 국가, 세계 주요 지역의 대표가 될 수 있는 국가로 구성된다.

이사회는 총회에 연차보고서 제출, 항공위원회 및 항공운송위원회 등의 설치, 사무총장 임명, 협약의 위반, 부속서에 관한 개정심의 등을 수행하고 있다.

(3) 항공항행위원회(Air Navigation Commission)

항공기술 측면에 자격이 있는 자로서 이사회가 15인의 위원을 임명한다. 위원회는 협약의 부속서의 수정을 심의하고 국제항공에 필요한 정보의 수집 및 체약국에 통지할 내용을 이사회에 조언하는 기능을 하고 있다.

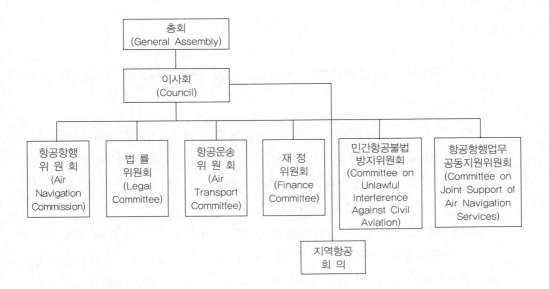

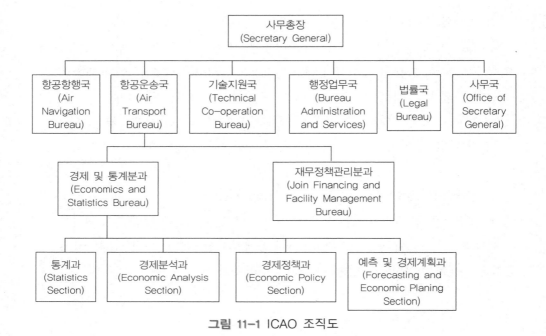

그림 11-1 ICAO 조직도

2. 국제항공운송협회(IATA : International Air Transport Association)

1) 설립배경 및 목적

각국의 항공사가 상업항공의 권익에 관한 문제를 다루기 위하여 1945년 4월 쿠바 하바나에서 세계 32개국의 61개 항공사가 세계항공사회의를 개최하였다. 국제항공사 간의 협조 강화할 목적으로 설립한 민간차원의 국제협력단체로서 항공운임의 결정, 운송규칙의 제정이 주된 임무이다.

회원 수는 2006년 12월 현재 252개의 항공사가 가입되어 있으며 ICAO 가맹국의 국적을 가진 항공사만이 IATA의 회원이 될 수 있다. 국제항공운송을 담당하는 항공사는 정회원, 국내항공운송의 항공사는 준회원이 될 수 있다. 우리나라의 국적기인 대한항공(1989.1.1)과 아시아나(2002.5.1)도 가입하여 활동 중에 있다.

2) 주요 업무

주요 업무로는 항공권의 약관을 포함한 항공권의 규격 및 발권절차를 규정하고 항공사 간의 과다한 경쟁을 방지하기 위하여 운임협정과 서비스내용을 정하고 있다. 또한 기술분야의 협력 내지 통신약호를 통일하고 출입국절차를 간소화하는 일을 관장하고 있다.

3) 조직

IATA의 조직은 연례총회, 이사회, 기술·재정·법무·운송 등 4개의 상설위원회 및 여객운임과 화물운임률 등의 항공운송에 관한 여러 조건을 결정하는 운송회의(traffic conference), 정산소(clearing house), 사무국으로 구성되어 있다.

연례총회(annual general meeting)는 각 항공사의 회장 및 사장이 매년 1회 이상 각 위원회의 활동을 보고받고 예산의 승인 및 위원을 임명하는 기능을 수행하고 있다.

이사회는 회원 항공사의 최고경영자 중에서 선임되며 정책방침을 마련하고 있다. 특히 특별위원회는 항공운송산업에서의 특별하고 중요한 제반 사안에 관하여 조언하고 있다. IATA 운송위원회는 국제항공운송과 관련된 상업적인 제반 사안에 관하여 집행위원회 및 사무국장에게 조언을 하며 각종의 운송회의관련 실무를 감독하고 있다.

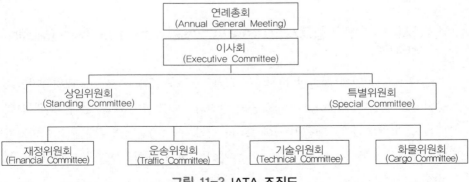

그림 11-2 IATA 조직도

3. 국제공항협회(ACI : Airports Council International)

1991년 1월 1일에 설립된 국제공항협회는 협회의 효율성을 강화하고 항공관련 국제기구와의 유기적인 업무협조와 공항발전에 기여할 수 있는 프로그램 및 서비스를 개발하고 있다. 또한 공항의 안전·이익을 도모함으로써 공항 상호 간의 협력 및 협조체제를 유지하고자 한다.

회원으로는 1,400여 개의 공항을 운영하고 있는 165개국의 550개 공항운영주체가 회원으로 가입되어 있다. 우리나라의 한국공항공사(1991.1.1)와 인천국제공항공사(2001.3.29)가 정회원으로 가입되어 활동하고 있다.

조직의 구성은 총회, 이사회, 집행위원회, 사무국과 경제상임위원회, 보안상임위원회, 환경상임위원회, 출입국간소화상임위원회, 기술 및 안전상임위원회 등 5개의 전문 상임위원회와 지역별(아시아, 아프리카, 유럽, 중남미, 북미, 태평양지역) 국제공항협회로 구성되어 있다.

주요 업무로는 첫째, 공항 상호 간의 협력을 강화하고 개발도상국의 공항에 대한 공항시설, 공항기술, 공항운영을 지원한다.

둘째, 항공관련 국제기구와 유기적으로 협조한다.

셋째, 공항 간의 공동연구활동, 상임 및 특별위원회의 구성 그리고 조사연구를 수행하고 있다.

4. 아시아·태평양항공사협회(AAPA : Association of Asia Pacific Airlines)

1966년 9월 30일에 설립된 아시아·태평양항공사협회는 아시아·태평양지역의 항공산업의 발전을 촉진하고 민간항공의 안전과 편익을 도모하고 있다. 회원 간의 유대를 강화하며 과다경쟁을 방지함으로써 지역 내 항공산업의 발전에 기여하고자 한다. 여기에는 아시아·태평양지역의 17개의 항공사가 회원으로 가입하고 있다.

이외에도 국제항공관련 기구로는 유럽항공사협회(ERA : European Regions

Airline Association), 유럽항행안전기구(EUROCONTROL : European Organization for the Safety of Air Navigation), 국제항공연맹(FAI : Federation Aeronautique International), 미국항공운송협회(ATA : Air Transport Association of America), 미국연방교통안전위원회(NTSB : National Transportation Safety Board) 등이 있다.

제2절 국내 항공운송관련 기관

1. 국토교통부

국토교통부에는 항공정책실, 지방항공청, 항공교통센터 등이 소속되어 있다.

1) 항공정책실

항공정책실의 조직은 항공정책관, 항공안전정책관, 공항항행정책관 등 3관 12개 과 1개 팀으로 구성되어 있으며, 이와 관련된 주요 업무는 〈표 11-1〉과 같다.

표 11-1 항공정책실의 조직 및 주요 업무

부서	주요 업무
항공정책관	• 항공관련 법령 및 제도개선, 공항운영 및 활성화 • 항공협정 체결 개정 및 운수권 배분, 항공자유화 • 항공사업, 항공물류 및 항공보안 등 • 항공사고예방정책 수립 및 항공사 안전지도 • 형식승인, 감항증명 등 항공기 안전성 확보 • 국가공역관리, 항공관제 운영 및 항공전문인력 양성 • 공항, 비행장개발계획수립, 시설확충 및 주변지역 개발 • 공항소음대책, 환경관리 및 공항인증, 안전 관리·점검 • 항행안전시설의 확충, 현대화 및 해외수출 지원
항공정책과, 국제항공과, 항공산업과, 항공보안과, 항행안전팀	
항공안전정책관	
운항정책과, 운항안전과, 항공기술과, 항공관제과, 항공자격과	
공항항행정책관	
공항정책과, 공항안전환경과, 항행시설과	

자료 : 국토교통부(2013), http://www.molit.go.kr을 토대로 정리함.

2) 지방항공청

(1) 서울지방항공청

서울, 인천, 대전, 경기도, 충청도, 전라북도 지역의 공항을 관할하고 있으며, 조직은 4국 13과 및 김포항공관리사무소 등으로 구성되어 있다.

(2) 부산지방항공청

부산, 대구, 울산, 경상남북도, 전라남도, 제주도 지역의 공항 등을 관할하고 있고, 4국과 제주항공관리사무소 및 8개의 출장소를 두고 있다.

한편, 지방항공청의 주요 임무는 우리나라 남부지방에 위치하고 있는 9개 공항(김해, 제주, 여수, 울산, 광주, 대구, 사천, 포항, 무안)의 운항통제 및 항공교통통제, 공항 및 항공보안시설 건설, 항공기 검사, 항공통신, 비행점검, 한국공항공사의 관할공항에 대한 관리운영에 대해 지도와 감독을 담당하고 있다.

2. 한국공항공사

1979년 12월 28일 국제공항관리공단법이 공포된 이래로 1980년 5월 30일에 국제공항관리공단이 설립되었다. 1991년 12월 14일 한국공항공단으로, 2002년 3월 2일에는 한국공항공사로 변경되어 오늘에 이르고 있다.

한국공항공사는 본사(1단, 6실 11처), 1원, 1본부, 13개 지사, 8개 무선표지소로 조직되어 있다.

주요 업무로는 첫째, 항공기의 안전운항 확보이다. 구체적으로는 활주로 이착륙시설의 유지 및 보수, 레이더와 같은 항공보안시설의 유지, 공항시설에 대한 철저한 안전관리 등을 들 수 있다. 둘째, 공항서비스의 향상으로 예를 들면, 공항 여객청사의 효율적인 관리운영과 여객서비스의 향상 및 공항운영의 선진화가 포함될 것이다.

3. 인천국제공항공사

1989년 1월 23일 신공항건설에 대한 필요성이 제기되어 1992년 1월 신공항건설본부가 발족되어 신공항건설 입지선정 등 인천국제공항 건설사업을 담당하였다.

1994년 8월 수도권 신공항건설촉진법 제정, 인천국제공항공사법의 제정 등 여러 과정과 단계를 거침으로써 1999년 2월 1일 인천국제공항공사를 발족하게 되었다. 2001년 3월 29일 인천국제공항을 개항하는 대역사를 이루게 되었다.

인천국제공항공사는 1부사장 1원, 2실, 4본부, 1단 26팀으로 조직되어 있으며, 임직원 933명이 우리나라 항공운송업의 발전을 위하여 힘쓰고 있다. 주요 임무는 인천국제공항의 건설, 인천국제공항의 효율적인 관리운영 및 유지보수 등을 들 수 있다.

4. 한국도심공항터미널

1985년 4월 16일에 설립된 한국도심공항터미널은 기획관리, 총무, 운수사업, 여행사업 등 4팀으로 조직되어 있다.

주요 업무로는 항공여행과 육상교통의 연계수송 차원에서 여객에게 편의를 제공하며 공항의 제반 업무를 분담할 뿐만 아니라 출국심사, 보안검색 및 수하물·탑승수속을 수행하고 있다. 이외에도 항공관련 기관 및 단체로는 한국항공진흥협회, 항공철도사고조사위원회 등이 있다.

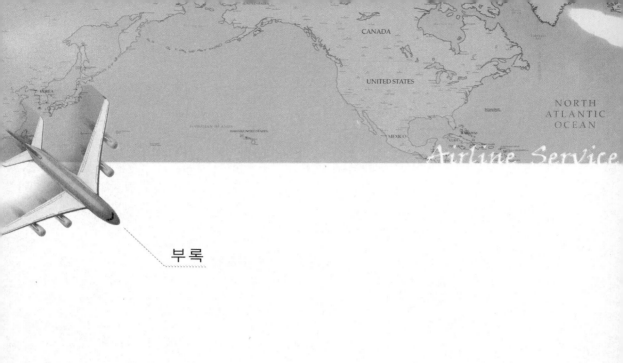

부록

항공사 코드
공항(도시)코드
국내외 항공관련 기관 및 단체 현황
항공용어 및 해설

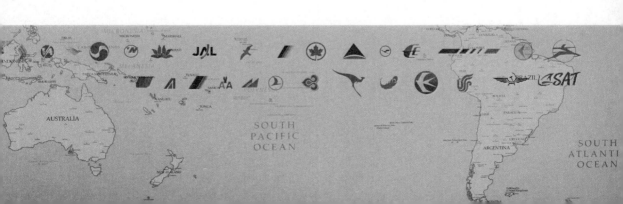

항공사	코드(IATA/ICAO)		국가
Aeroflot Russian Airlines	SU	AFL	Russian Federation
Aerlineas Argentinas	AR	ARG	Argentina
Aeromexico	AM	AMX	Mexico
Air Algerie	AH	DAH	Algeria
Air Canada	AC	ACA	Canada
Air China International	CA	CCA	China
Air India	AI	AIC	India
Air France	AF	AFR	France
Air Gabon	GN	AGN	Gabon
Air Jamaica	JM	AJM	Jamaica
Air Kazakstan	9Y	KZK	Kazakstan
Air Koryo	JS	KOR	Korea, North
Air Macau	NX	AMU	Macao, China
Air New Zealand	NZ	ANZ	New Zealand
Air Pacific	FJ	FJI	FiJi
Air Portugal	TP	TAP	Portugal
Air Senegal International	V7	SNG	Senegal
Air Tahiti	VT	VTA	French Polynesia
Alaska Airlines	AS	ASA	USA
Alitalia – Linee Aeree Italiane	AZ	AZA	Italy
All Nippon Airways	NH	ANA	Japan
Aloha Airlines	AQ	AAH	USA
American Airlines	AA	AAL	USA
American West Airlines	HP	AWE	USA
Ansett Australia	AN	AAA	Australia
Asiana Airlines	OZ	AAR	Korea, South
Atlas Air	5Y	–	USA
Austrian Airlines	OS	AUA	Austria
Bangkok Airways	PG	BKP	Thailand
Blue Oy	KF	BLF	Finland
Blue Panorama Airlines	BV	BPA	Italy
British Airways	BA	BAW	United Kingdom
Cathay Pacific Airways	CX	CPA	Hong Kong, China
Cebu Pacific Air	5J	CEB	Philippines

항공사	코드(IATA/ICAO)		국가
China Airlines	CI	CAL	Chinese Taipei
China Eastern Airlines	MU	CES	China
China Hainan Airlines	HU	CHH	China
China Northern Airlines	CJ	CBF	China
China Northwest Airlines	WH	CNW	China
China Southern Airlines	CZ	CSN	China
China Southwest Airlines	SZ	CXN	China
China Yunnan Airlines	3Q	CYH	China
China Xiamen Airlines	MF	CXA	China
China Xinjiang Airlines	XO	CXJ	China
Continental Airlines	CO	COA	USA
Continental Micronesia	CS	CMI	Guam
Croatia Airlines	OU	CTN	Croatia
Czech Airlines	OK	CSA	Czech
Dalavia Far East Airways Khabarovsk	H8	KHB	Russian Federation
Delta Airlines	DL	DAL	USA
Deutsche Lufthansa AG	LH	DLH	Germany
Dragon Airways	KA	HDA	Hong Kong China
Egyptair	MS	MSR	Egypt
El Al Israel Airlines	LY	ELY	Israel
Emirates Airlines	EK	UAE	Arab Emirates
EVA Airways	BR	EVA	Chinese Taipei
Falcon Air AB	IH	FCN	USA
FedEx	FX	FDX	USA
Garuda Indonesia	GA	GIA	Indonesia
Hainan Airlines	HU	CHH	China
Hong Kong Dragon Airlines	KA	HAD	Hong Kong, China
Iiberia—Lineas Aereas de Espana	IB	IBE	Spain and Canary Islands
Indian Airlines	IC	IAC	India
Iran Air	IR	IRA	Iran
Japan Airlines	JL	JAL	Japan
Japan Air System	JD	JAS	Japan
Jet Airways(India) Private	9W	JAI	India
Kenya Airways	KQ	KQA	Kenya
KLM Royal Dutch Airlines	KL	KLM	Netherlands
Korean Air	KE	KAL	Korea, South
Krasnoyarsk Airlines	7B	KJC	Krasnoyarsk

항공사	코드(IATA/ICAO)		국가
Kuwait Airways	KU	KAC	Kuwait
Kyrgyzstan Airlines	K2	KZK	Kyrgyzstan
Ladeco S.A. dba Ladeco Airlines	UC	LCO	Chile
LAM–Linhas Aereas de Mocambique	TM	LAM	Mozambique
Lauda Air Luftfahrt AG	NG	LDA	Austria
Lineas Aereas Costarricenses S.A.	LR	LRC	Costa Rica
Lithuanian Airlines	TE	LIL	Lithuania
LOT–Polish Airlines	LO	LOT	Poland
LTU International Airways	LT	LTU	Germany
Maersk Air A.S.	DM	DAN	Denmark
Mahan Airlines	W5	IRN	Iran
Malaysian Airline System Berhad	MH	MAS	Malaysia
Malev Hungarian Airlines	MA	MAH	Hungary
Malmo Aviation	6E	SCW	Sweden
Manx Airlines	JE	MNX	United Kingdom
Mexicana	MX	MXA	Mexico
Mongolian Airlines	OM	MGL	Mongolia
Montenegro Airlines	YM	MGX	Yugoslavia
Nigeria Airways	WT	NGA	Nigeria
Northwest Airlines	NW	NWA	USA
Olympic Airways	OA	OAL	Greece
Oman Aviation Services	WY	OAS	Oman
Orient Thai Airlines	OX	OEA	Thailand
Pakistan International Airlines	PK	PIA	Pakistan
Philippine Airlines	PR	PAL	Philippines
Pulkovo Aviation Enterprise	FV	PLK	Russian Federation
Qantas Airways	QF	QFA	Australia
Red Sea Air	7R	ERS	Eritrea
Royal Jordanian	RJ	RJA	Jordan
Royal Swazi National Airways	ZC	RSN	Swaziland
Sat Airlines	HZ	SHU	Russian Federation
Saudi Arabian Airlines	SV	SVA	Saudi Arabia
Scandinavian Airlines System	SK	SAS	Sweden
Shandong Airlines	SC	CDG	China
Shenzhen Airlines	ZH	—	China
Siberia Airlines	S7	SBI	Russian Federation
Singapore Airlines	SQ	SIA	Singapore
Skyways AB	JZ	SKX	Sweden

항공사	코드(IATA/ICAO)		국가
Solomon Airlines	IE	SOL	Solomon Islands
South African Airways	SA	SAA	South Africa
SriLankan Airlines	UL	ALK	Sri Lanka
Swissair	SR	SWR	Switzerland
Thai Airways	TG	THA	Thailand
TNT Airways S.A.	3V	TAY	Belgium
Turkish Airlines	TK	THY	Turkey
United Airlines	UA	UAL	USA
US Airways	US	USA	USA
Uzbekistan Airways	HY	UZB	Uzbekistan
Varig	RG	VRG	Brazil
VASP	VP	VSP	Brazil
Vietnam Airways	VN	HVN	Vietnam
Virgin Atlantic Airways	VS	VIR	United Kingdom
Vladivostok Air	XF	VLK	Vladivostok
Xiamen Airlines	MF	CXA	China
Yemenia—Yemen Airways	IY	IYE	Yemen
Zambian Airways	Q3	MAZ	Zambia

공항(도시)코드

코드	도시/공항명	국가
AAT	Altay	China
ABA	Abakan	Russian
ABD	Abadan	Iran
ACD	Acandi	Colombia
ACY	Atlantic City Int'l	USA
ADD	Addis Ababa Bole	Ethiopia
ADS	Dallas Addison	USA
ADX	St. Andrews Leuchars	UK
AEP	Buenos Aires Newbery	Argentina
AEX	Alexandria Int'l	USA
AFA	San Rafael	Argentina
AFW	Dallas Fort Worth Alliance	USA
AGC	Pittsburgh Allegheny	USA
AHN	Athens	USA
AKD	Akola	India
AKJ*	Asahikawa	Japan
AKL*	Auckland	New Zealand
AKX	Aktyubinsk	Kazakhstan
AKY	Sittwe Civil	Myanmar
ALA*	Alma Ata	Kazakhstan
ALO	Waterloo Municipal	USA
ALX	Alexander City Russell	Egypt
AMM	Amman Queen Alia	Jordan
AMS*	Amesterdam Schiphol	Netherlands
ANC*	Anchorage	USA
AOJ*	Aomori	Japan
ATL*	Atlanta Hartsfield	USA
AUH*	Abu Dhabi Int'l	Arab Emirates
AUS	Austin Bergstrom	USA
AXT*	Akita	Japan
AZN	Andizhan	Uzbekistan

코드	도시/공항명	국가
BAH	Bahrain Int'l	Bahrain
BAK	Baku	Azerbaijan
BAS	Balalae	Solomon Islands
BAX	Barnaul	Russian Federation
BBU	Bucharest Baneasa	Romania
BCN	Barcelona	Spain
BCX	Belorecx	Russian Federation
BGW	Baghdad Al Muthana	Iraq
BIE	Beatrice	USA
BKA	Moscow Bykovo	Russian Federation
BKI*	Kota Kinabalu	Malaysia
BKK*	Bangkok Int'l	Thailand
BLL	Billund	Denmark
BNA	Nashville Metro	USA
BNE*	Brisbane Int'l	Australia
BOM*	Bombay	India
BOS*	Boston Logan	USA
BPU	Beppu	Japan
BQS	Blagoveschensk	Russian Federation
BRU	Brussels	Belgium
BST	Bost	Afghanistan
BTH	Batam/Batu Besar	Indonesia
BTL	Battle Creek Kellogg	USA
BWI	Baltimore Int'l	USA
BWN	B. Seri Begawan Brunei	Brunei Darussalam
CAH	Ca Mau	Vietnam
CAI*	Cairo Int'l	Egypt
CAN*	Guangzhou Baiyun	China
CCD	Los Angeles Century City	USA
CCK	Cocos-Keeling Is	Cocos Island
CCU	Calcutta	India
CDB	Cold Bay	USA
CDG*	Paris De Gaulle	France
CEB*	Cebu Int'l	Philippines
CEI	Chiang Rai	Thailand
CEJ	Chernigov	Ukraine

코드	도시/공항명	국가
CEK	Chel Yabinsk	Russian Federation
CGK*	Jakarta Soekarno	Indonesia
CGN*	Cologne/Bonn Koeln	Germany
CGO*	Zhengzhou	China
CGQ*	Changchun	China
CHC	Christchurch Int'l	New Zealand
CJU*	Cheju	Korea, South
CKG*	Chongqing	China
CLT	Charlotte Douglas	USA
CMB	Colombo Katunayake	Sri Lanka
CMH	Columbus Int'l	USA
CNS	Cairns	Australia
CNX*	Chiang Mai Int'l	Thailand
CPH	Copenhagen	Denmark
CPM	Compton	USA
CPT	Cape Town D.F. Malan	South Africa
CRK*	Luzon Is Clark Fld	Philippines
CRZ	Chardzhou	Turkmenistan
CSX*	Changsha	China
CTS*	Sapporo Chitose	Japan
CTU*	Chengdu	China
CVG	Cincinnati Cin N. Knty	USA
CYI	Chiayi	Taiwan
CYM	Chatham	USA
CZX	Changzhou	China
DAC	Dhaka Zia Int'l	Bangladesh
DAD*	Da Nang	Vietnam
DEL*	Delhi Gandhi	India
DEN	Denver Stapleton	USA
DFW*	Dallas Int'l	USA
DHA	Dhahran	Saudi Arabia
DJE	Djerba Melita	Tunisia
DLC*	Dalian	China
DMA	Tucson Davis Monthan AFB	USA
DMB	Dzhambul	Kazakhstan
DME	Moscow Domodedovo	Russian Federation
DOH*	Doha	Qatar

코드	도시/공항명	국가
DPS*	Denpasar Bali Ngurah Ral	Indonesia
DRW	Darwin	Australia
DTW*	Detroit Wayne Co	USA
DVO	Davao Mati	Philippines
DWN	Oklahoma City Downtown Airpark	USA
DXB*	Dubai Int'l	Arab Emirates
EDF	Anchorage Elmendorf Afb	USA
EIL	Fairbanks Eielson Afb	USA
ESB	Ankara Esenboga	Turkey
EVN	Yerevan	USA
EWR*	New York NY/Newark	USA
FAI	Fairbanks Int'l	USA
FCO*	Rome Da Vinci	Italy
FEG	Fergana	Uzbekistan
FKJ	Fukui	Japan
FKS*	Fukushima	Japan
FNJ	Pyongyang Sunan	korea, North
FRA*	Frankfurt Int'l	Germany
FRU*	Bishkek	Kyrgyzstan
FUK*	Fukuoka	Japan
GAJ	Yamagata Junmachi	Japan
GDA	Gounda	Central African
GDN	Gdansk Rebiechowo	Poland
GDX	Magadan	Russian Federation
GIG	Rio De Janeiro Int'l	Brazil
GMP*	Gimpo Int'l	Korea, South
GRU*	Sao Paulo Guarulhos	Brazil
GUA	Guatemala City La Aurora	Guatemala
GUM*	Guam Agana	Guam
HAM	Hamburg Fuhisbuettel	Germany
HAN*	Hanoi Noibai	Vietnam
HEL*	Helsinki Vantaa	Finland
HFE*	Hefei Luogang Int'l	China
HGH*	Hangzhou	China
HIJ*	Hiroshima	Japan
HIN	Chinju Sacheon	Korea, South

코드	도시/공항명	국가
HKD*	Hakodate	Japan
HKG*	Hong Kong Int'l	Hong Kong
HKT*	Phuket Int'l	Thailand
HND*	Tokyo Haneda	Japan
HNL*	Honolulu Int'l	USA
HOU	Houston Hobby	USA
HRB*	Harbin	China
HTA	Chita	Russian Federation
IAD*	Washington Dulles	USA
IAH	Houston George Bush Int'l	USA
ICN*	Incheon Int'l	Korea, South
IEV	Kiev Zhulhany	Ukraine
IKT*	Irkutsk Int'l	Russia
INB	Indianapolis Int'l	USA
INC*	Yinchuan Helanshan	Yinchuan
ISD	Islamabad/Rawalpindi Int'l	Pakistan
IST*	Istanbul Ataturk	Turkey
IZO	Izumo	Japan
JED*	Jeddah King Abdul	Saudi Arabia
JFK*	New York NY/Newark Kennedy	USA
JHB	Johor Bahru Sultan Ism	Malaysia
JIB	Djibouti Ambouli	Djibouti
JKT	Jakarta Soekarno	Indonesia
JMU*	Jiamusi	China
KAG	Kangnung	Korea, South
KBV*	Krabi	Thailand
KCH	Kuching	Malaysia
KCZ	Kochi	Japan
KHH*	Kaohsiung Int'l	Taiwan
KHI	Karachi	Pakistan
KHV*	Khabarovsk Novy	Russian Federation
KIJ*	Nigata	Japan
KIV	Kishinev	Moldova
KIX*	Kansai Int'l	Japan
KJA	Krasnoyarsk	Russian Federation
KKJ*	Kita Kyushu	Japan

코드	도시/공항명	국가
KLO*	Kalibo	Pillippines
KMG*	Kunming	China
KMI*	Miyazaki	Japan
KMJ*	Kumamoto	Japan
KMQ*	Komatsu	Japan
KNJ	Kindamba	Congo
KOJ*	Kagoshima	Japan
KPO	Pohang	Korea, South
KTM*	Kathmandu Tribhuvan	Nepal
KUA	Kuantan	Malaysia
KUF	Samara	Japan
KUL*	Kuala Lumpur Subang Int'l	Malaysia
KUN	Kaunas	Lithuania
KUV	Kunsan	Korea, South
KWI	Kuwait Int'l	Kuwait
KWJ	Kangju	Korea, South
KWL*	Guilin	China
KXK	Komsomolsk Na Amure	Russian Federation
KZK	Kompong Thom	Cambodia
KZN	Kazan	Russian Federation
LAD	Luanda Fevereiro	Angola
LAH	Labuha	Indonesia
LAO	Laoag	Philippines
LAS*	Las Vegas Mccarran	USA
LAX*	Los Angeles Int'l	USA
LBG	Paris Le Bourget	France
LCK	Columbus Ricknbackr	USA
LED*	St. Petersburg Pulkovo	Russian Federation
LGB	Long Beach Municipal	USA
LGK	Langkawi	Malaysia
LGW*	London Gatwick	UK
LHR*	London Heathrow	UK
LIS	Lisbon lisboa	Portugal
LON	London Heathrow	UK
LUX	Luxembourg Findel	Luxembourg
MAA	Madras Menmbarkam	India
MAD*	Madrid Barajas	Spain

코드	도시/공항명	국가
MAJ	Majuro Int'l	Marshall Islands
MBB	Marble Bar	Australia
MBE	Monbetsu	Japan
MCO	Orlando Int'l	USA
MCX	Makhachkala	Russian Federation
MDC	Manado Samrtulngi	Indonesia
MDG*	Mudanjiang	China
MDW	Chicago Midway	USA
MEB	Melbourne Essendon	Australia
MEL*	Melbourne Tulamarine	Australia
MEM	Memphis Int'l	USA
MFM*	Macau	Macau
MGQ	Mogadishu Int'l	Somalia
MIA	Miami Int'l	USA
MIC	Minneapolis Crystal	USA
MII	Marilia G Vidigal	Brazil
MKE	Milwaukee G Mitchell	USA
MLE*	Male Int'l	Maldives
MMB	Memanbetsu	Japan
MMJ	Matsumoto	Japan
MMK	Murmansk Monkey	Russian Federation
MNL*	Manila Ninoy Int'l	Philippines
MNS	Mansa	Zambia
MQF	Magnitogorsk	Russian Federation
MRG	Mareeba	Australia
MSP	Minneapolis Int'l	USA
MSQ	Minsk	Belarus
MSY	New Orleans Int'l	USA
MTJ	Montrose	USA
MUC*	Munich	Germany
MWX*	Muan Int'l	Korea, South
MXP*	Milan Malpensa	Italy
MYJ*	Matsuyama	Japan
NAL	Nalchik	Russian Federation
NAN*	Nadi Int'l	Fiji
NBO*	Jomo Kenyatta Int'l	Kenya

코드	도시/공항명	국가
NGB*	Ningbo	China
NGO*	Nagoya Komaki	Japan
NGS*	Nagasaki	Japan
NKG*	Nanjing	China
NMA	Namangan	Uzbekistan
NMG	San Miguel	Panama
NOU*	La Tontouta Int'l	New Caledonia
NOP	Mactan Island Nab	Philippines
NOZ	Novokuznetsk	Russian Federation
NPT*	Newport	USA
NRT*	Tokyo Narita	Japan
NVY	Neyveli	India
OAK	Oakland Int'l	USA
OBO	Obihiro	Japan
ODM	Oakland	USA
OIT*	Oita	Japan
OKA*	Okinawa Naha Fld	Japan
OKD	Sapporo Okadama	Japan
OKI	Oki Island	Japan
OKJ*	Okayama	Japan
OKO	Tokyo Yokota Afb	Japan
ONG	Mornington Is	Australia
ONT	Ontario Int'l	USA
ORD*	Chicago O'hare	USA
OSA*	Osaka Int'l	Japan
OSL*	Oslo	Norway
OSS	Osh	Kyrgyzstan
OVB*	Novosibirsk Tolmachevo	Russian Federation
PAR	Paris De Gaulle	France
PDX	Portland Int'l	USA
PEC	Pelican	USA
PEE	Perm	Russian Federation
PEK*	Beijing Capital	China
PEN*	Penang Int'l	Malaysia
PHL	Philadelphia Pa/Wilmton Int'l	USA
PKC	Petropavlovsk−Kamchatsky Apt	Russian Federation
PNE	Philadelphia Pa/Wilmton No. Phil	USA

코드	도시/공항명	국가
PNH*	Phnom Penh	Cambodia
POM	Port Moresby Jackson	Papua New Guinea
PPT	Papeete Faaa	French Polynesia
PRG*	Ruzyne	Czech Republic
PUS*	Pusan Kimhae	Korea, South
PVG*	Pu Dong	China
QPG	Singapore Paya Lebar	Singapore
RAM	Ramingining	Australia
REP*	Angkor Int'l	Cambodia
RGN*	Yangon Mingaladon	Myanmar
ROR*	Koror Airai	Palau
RSU	Yosu	Korea, South
RUH*	Riyadh K. Khaled	Saudi Arabia
SAN	San Diego Lindberg	USA
SAT	San Antonio Int'l	USA
SCW	Syktyvkar	Russian Federation
SDA	Baghdad Saddam	Iraq
SDJ*	Sendai	Japan
SDN	Sandane	Norway
SEA*	Seattle/Tacoma Sea/Tac	USA
SFO*	San Francisco Int'l	USA
SGN*	Ho Chi Minh Son Nhut	Vietnam
SHA*	Shanghai Hongqiao	China
SHD	Shenandoah Valley Airport	USA
SHE*	Shenyang	China
SHJ	Sharjah	USA
SHM	Nanki Shirahama	Japan
SHO	Sokcho Solak	Korea, South
SIA*	Xi An Xiguan	China
SIN*	Singapore Changi	Singapore
SIY	Montague	USA
SJW*	Shijiazhuang	China
SNK	Snyder	USA
SNN	Shannon	Ireland
SOF	Sofia Int'l	Bulgaria
SPL	Schiphol	Netherlands
SPN*	Saipan Int'l	Northern Mariana Islands

코드	도시/공항명	국가
STL	St. Louis Int'l	USA
STN	London Stansted	UK
SVO*	Moscow Sheremetye	Russian Federation
SVX	Ekaterinburg	Russian Federation
SYD*	Sydney Kingsford	Australia
SYO	Shonai	Japan
SYX*	Sanya	China
SZX*	Shenzhen	China
TAE*	Taegu	Korea, South
TAK*	Takamatsu	Japan
TAO*	Qingdao	China
TAS*	Tashkent	Uzbekistan
THR*	Tehran Mehrabad	Iran
TIJ	Tijuana	Mexico
TIP	Tripoli Int'l	Libya
TJM	Tyumen	Russian Federation
TKC	Tiko	Cameroon
TKS	Tokushima	Japan
TLS	Toulouse Blagnac	France
TLV*	Tel Aviv-Yafo Ben Gurion	Israel
TNA*	Jinan	China
TNN	Tainan	Taiwan
TOY*	Toyama	Japan
TPE*	Taipei Shek	Taiwan
TSA*	Taipei Songshan	Taipei
TSE	Tselinograd	Kazakhstan
TSN*	Tianjin	China
TTJ	Tottori	Japan
TUN	Tunis Carthage	Tunisia
TUS	Tucson Int'l	USA
TYN	Taiyuan	China
TYO	Tokyo Narita	Japan
TXN*	Huangshan Tunxi Int'l	China
UAM	Guam Anderson Afb	Guam
UBJ	Ube Yamaguchi	Japan
UFA	Ufa	Russian Federation

코드	도시/공항명	국가
ULM	New Ulm	USA
ULN*	Ulan Bator	Mongolia
ULY	Ulyanovsk	Russian Federation
URC*	Urumqi	China
USN	Ulsan	Korea, South
UTP	Utapao	Thailand
UUD	Ulan-Ude	Russian Federation
UUS*	Yuzhno-Sakhalinsk	Russian Federation
VIE*	Vienna Schwechat	Austria
VTE*	Watty Int'l	Laos
VVO*	Vladivostok	Russian Federation
WAW	Warsaw Okecie	Poland
WKJ	Wakkanai	Japan
WNZ*	Wenzhou Int'l	China
WUH*	Wuhan	China
XIY*	Xi An Xianyang	China
XMN*	Xiamen Int'l	China
YCN	Cochrane	Canada
YEC	Yechon	Korea, South
YEG	Edmonton Int'l	Canada
YGJ*	Yonago	Japan
YKS	Yakutsk	Russian Federation
YMS	Yurimaguas	Peru
YMX	Montreal Mirabel	Canada
YNJ*	Yanji	China
YNT*	Yantai Laishan	China
ZAG*	Pleso	Croatia
YVR*	Vancouver Int'l	Canada
YWG	Winnipeg Int'l	Canada
YXX	Abbotsford	Canada
YYC	Calgary Int'l	Canada
YYZ*	Toronto Pearson	Canada

코드	도시/공항명	국가
YNY*	Yangyang Int'l	Korea, South
ZRH*	Zurich	Switzerland

* : 2013년 10월 현재, 국제선 취항 노선망.

국내외 항공관련 기관 및 단체 현황

구분		명칭	홈페이지
정부 및 산하기관	국가기관	국토교통부물류혁신본부	molit.go.kr
		항공안전본부	casa.go.kr
		서울지방항공청	sraa.go.kr
		부산지방항공청	prao.moct.go.kr
		항공교통센터	acc.moct.go.kr
		항공철도사고조사위원회	araib.go.kr
		항행표준관리센터	fio.go.kr
		항공기상청	kama.kma.go.kr
		외교부	mofa.go.kr
		산업통상자원부	mocie.go.kr
		인천국제공항공사	iiac.co.kr
		한국공항공사	airport.co.kr
		한국관광공사	knto.or.kr
	기관 및 단체	교통안전공단	ts2020.kr
		한국항공진흥협회	airtransport.or.kr
		한국항공우주산업진흥협회	aerospace.or.kr
		한국항공기술협회	user.chol.com
	정보관련	국가교통종합정보센터	its.go.kr
		항공정보포털시스템	airportal.co.kr
		항공물류정보시스템	aircis.kr
민간 항공당국	독일	Civil Aviation Authority	lba.de
	영국	Civil Aviation Authority	caa.co.uk
	노르웨이	Civil Aviation Authority	luftfartstilsynet.no
	스위스	Federal Office for Civil Aviation(FOCA)	aviation.admin.ch
	프랑스	Bureau d'Enquétes et d'Analyses Pour la Sécurité de l'Aviation Civile	bea-fr.org
	호주	Civil Aviation Safety Authority	casa.gov.au
	뉴질랜드	Civil Aviation Authority	caa.govt.nz
	피지	Civil Aviation Authority	caaf.org.fj
	일본	Ministry of Land, Infrastructure & Transport	mlit.go.jp

구분		명칭	홈페이지
민간 항공당국	중국	Civil Aviation Administration of China	caac.gov.cn
	말레이시아	Department of Civil Aviation	dca.gov.my
	싱가포르	Civil Aviation Authority of Singapore	caas.gov.sg
	인도	Ministry of Civil Aviation	civilaviation.nic.in
	대만	Civil Aeronautics Administration	caa.gov.tw
	태국	Department of Civil Aviation	aviation.go.th
	필리핀	Air Transportation Office(ATO)	ato.gov.ph
	캄보디아	Ministry of Public Works and Transport	mpwt.gov.kh
	홍콩	Civil Aviation Department	cad.gov.hk
	러시아	State Civil Aviation Authority	favt.ru
	미국	Federal Aviation Administration(FAA)	faa.gov
	캐나다	Transport Canada	tc.gc.ca
국제기구	국제 민간 항공기구	International Civil Aviation Organization	icao.int
	유럽 민간 항공위원회	European Civil Aviation Conference	ecac-ceac.org
	남미 민간 항공위원회	Comision Latinoamericana de Aviation Civil	clacsec.lima.icao.int
	민간항공국 연합	Joint Aviation Authorities	jaato.com
	국제항공안 전조사기구	International Society of Air Safety Investigation	isasi.org
	국제항공 운송협회	International Air Transport Association	iata.org
	아태지역 항공사협회	Association of Asia Pacific Airlines	aaparlines.org
	유럽항공사 협회	Association of European Airlines	aea.be
	유럽지역 항공사협회	European Regions Airline Association	eraa.org
	세계공항 협회	Airports Council International	aci.aero
	국제공항 운영자협회	International Association of Airport Executives	iaae.org
	국제항공 연맹	Fédération Aéronautique Internationale	fai.org
	국제운송 안전협회	International Transportation Safety Association	itsasafety.org

자료 : 2013년 7월 현재.

A

ABC World Airways Guide : 영국의 ABC Travel Guide Ltd.가 월간으로 발행하는 것으로 항공사의 시간표 및 두 도시 간의 항공사편 및 기타 정보가 수록된 정기노선의 시간표

Acceptance of Baggage : 수하물의 운송조건

Accompanied Baggage : 동반수하물. 승객이 탑승한 항공기로 동시에 운송되는 수하물

Actual Time of Arrival(ATA) : 실제 도착시간

Actual Time of Departure(ATD) : 실제 출발시간

Adult : 성인. 만 12세 이상의 여객

Adult Fare : 성인운임. 만 12세 이상의 승객에게 적용되는 성인요금

Advance Passenger Information(API) : 사전여객정보

Advance Seating Product(ASP) : 사전좌석 배정제도. 항공편의 예약 시 승객이 원하는 좌석을 미리 예약해 주는 제도

Advice Flight Status(AVS) : 항공사와 예약시스템 간 좌석상태의 응답코드

Aeroport De Paris(ADP) : 파리공항공단

Affinity Charter : prorata charter. 여행 이외의 목적을 가진 단체로 최소 비행 6개월 전에 구성된 전세비행의 일종

Air Bridge : 탑승교. 탑승구에서 항공기까지 연결해 주는 승객탑승용 터널형 통로

Air Bus : 에어버스. 유럽항공사들의 컨소시엄으로 제작된 운송용 항공기

Air Coach : 에어 코치. 요금이 저렴한 근거리 통근용 비행기

Aircraft : 항공기. 비행기, 비행선, 활공기 등 민간항공에 사용할 수 있는 기기

Aircraft Carrier : 항공모함. 항공기를 탑재·이착륙시킬 수 있는 시설과 장비를 구비한 함선

Aircraft Maintenance : 항공기 정비

Aircrew : 항공승무원

Air Field : 비행장

Air Freedom : 하늘의 자유

Air Freighter : 화물기

Airline : 항공사

Airline Code : 항공사 코드

Airline Terminal : 항공사 터미널. 탑승권 판매, 수화물 처리, 공항까지의 교통편 등을 제
공하는 공항시설

Airline Ticketing Request(ATR) : 항공권의 경우 agent 자체의 발권은 불가하며 해당 항
공사에 직접 발권을 의뢰함

Air Man : 비행사

Airplane : 비행기. 추진용 동력장치와 고정된 날개를 가진 항공기

Airport : 공항

Airport Revenue : 공항수익

Airport Surveillance Radar : 공항감시 레이더

Airport Terminal : 공항청사

Air Route : 항공로. 항공사가 항공수송을 수행하는 공로

Air Show : 에어쇼. 비행진행구간에 따라 비행속도, 비행고도, 외기온도, 잔여비행시간,
목적지 현지시간 등의 비행정보를 스크린을 통해 안내하는 프로그램

Air Shuttle : 에어 셔틀. 운항시간표를 별도로 짜지 않고, 여객이 많은 노선에서 승객이 일
정수에 달하면 출발하며 연속운항도 가능함

Air Side : 계류장 지역. 정부통제기관이 관할하는 공항통제지역

Air Traffic : 항공교통

Air Traffic Control Holding(ATC Holding) : 공항 혼잡 등의 이유로 관제탑의 지시에 의
해 항공기가 지상에서 대기하거나 공중에서 선회하는 것

Air Traffic Control Service : 항공교통관제업무. 항공기와 항공기 및 장애물 간의 충돌방
지 등의 목적으로 수행하는 업무

Air Traffic Control Unit : 항공교통관제기관. 항로관제소, 접근관제소, 관제탑 등 항공교
통관제업무를 수행하는 기관

Air Traffic Management(ATM) : 항공교통관리

Air Transportation : 항공수송

Air Transportation Business : 항공수송사업

Airway : 항로

Air Way Bill(AWB) : 항공화물운송장. 화물운송을 위한 화주와 운송인 간의 계약증서

Airworthiness : 감항. 항공기가 안전하게 비행할 수 있는 능력

Airworthiness Certificate : 감항증명서

Alternative Reservation : 예비예약. 승객이 원하는 날짜의 항공편 이외의 예약

Apron : 계류장. 일명 Ramp. 승객, 우편물, 화물 등을 승·하기하거나 급유, 주기, 정비를
위한 항공기를 수용하기 위한 비행장 내의 구역

Audio Response System(ARS) : 국제선. 국내선 당일의 정상운항 여부 및 좌석현황을 전
화로 알려주는 음성응답서비스

Authorization(AUTH) : 항공사에서 항공권에 대해 할인이 주어질 경우 할인의 내역과 성
격을 코드화한 것

Automatic Landing System : 자동착륙장치

Automated Ticket Machine(ATM) : 자동발권기

Available Seat Kilometer(ASK) : 유효 좌석 킬로미터. 항공사의 여객 수송력의 단위로서
좌석 수와 수송거리를 곱한 값으로 1좌석이 1km 비행할 경우를 1좌석 킬로미터라 함

Available Ton-Kilometer(ATK) : 유효 톤킬로미터. 여객 및 화물에 대한 항공기의 최대
수송능력의 총합적인 단위

Available Ton-Mile(ATM) : 유효 톤 마일. 여객·화물·우편물에 대한 가용 총 톤 수에
수용능력이 비행한 마일 수를 곱한 값

B

Baby Meal(BBML) : 유아식

Baggage : 수하물. 항공기에 탑재한 여객 및 승무원의 수하물

Baggage Claim Area : 수하물 수취소

Baggage Claim Tag : 위탁수하물의 구별을 위해 항공사가 발행하는 수하물 증표

Baggage Pooling : 수하물 합산. 2명 이상의 여객이 동일편, 동일목적지의 여정일 경우,

무료 수하물 허용량은 전체 합으로 적용

Billing Settlement Plan(BSP) : 항공사와 여행사 간의 항공권 판매대금을 은행에서 대행하는 제도

Birthday Cake(BDCK) : 생일축하 케이크

Blocked-Off Charters : 블록오프차터. 정기편과 동일 또는 유사한 경로와 시간으로 구성되어 운항편 전체가 부정기 판매를 위해 지정된 경우

Block Time : 항공기가 움직이기 시작하여 다음 목적지에 착륙하여 정지할 때까지의 시간

Boarding Pass : 항공기 탑승권

Booking Passenger(BKG) : 예약승객

Break Even Load Factor : 손익분기이용률. 항공사의 수입과 비용의 균등을 나타내는 단위로 여객의 경우 손익분기중량이용률(break even weight load factor)이 사용됨

C

Cabin : 캐빈, 객실. 승객이 탑승하는 항공기의 공간

Cabin Attendant : 비행승무원이 아닌 승무원

Cabin Baggage(CBBG) : unchecked, hand baggage. 여객이 직접 보관하고 있는 수하물

Cabin Crew : 객실승무원. 객실 내 업무를 담당하는 승무원으로서 Stewardess · Steward · Purser 등

Cabotage : 캐버타지. 국내운항을 자국기에 한정하는 운송권의 제한

Cancellation : 결항. 기상불량이나 항공기 고장 등의 여러 요인으로 사전 계획된 운항이 취소된 경우

Cargo : 화물

Cargo Aircraft : 화물기

Captain : 조종사

Cargo Charter Flight : 화물전세기

Cargo Terminal : 화물청사

Cargo Manifest : 화물적재 목록

Carrier : 운송사업자

Catering : 항공기내식. 기내식음료 및 기내용품을 공급하는 업무로서 항공사가 직접 운영

하는 경우도 있으나, 대부분은 Catering 전문회사에 위탁하고 있음

Catering Company : 기내식사업소

Central Information System(CIS) : 여행에 필요한 각종 정보 및 참고사항을 수록한 여행 정보시스템

Charter Flight : 전세편. 공표된 스케줄에 따라 특정구간을 정기적으로 운항하는 정기편 과는 달리 운항구간이나 운항시기, 운항스케줄 등이 부정기적인 항공운항편

Check-In : 탑승수속

Check Flight : 점검비행. 항공기의 작동여부를 위한 항공기 시험비행

Checked Baggage : 위탁수하물. 항공사에 등록된 수화물

Child(CHD) : 소아

Child Fare : 소아운임. 만 2세 이상 12세 미만 승객에게 적용되는 항공요금

City Terminal : 공항 외의 시내에서 이용할 수 있는 공항터미널

Child Meal(CHML) : 어린이용 식사

Civil Aeronautics Board(CBA) : 미국의 민간항공위원회

Civil Aviation of Singapore(CAAS) : 싱가포르민항청

C.I.Q : Customs(세관), Immigration(출입국), Quarantine(검역)을 의미하며 정부기관에 의한 출입국심사

Cockpit Crew : 운항승무원, 조종실 승무원. 기장·부기장·항공기관사

Code Sharing : 공동운항. 노선확장을 위한 항공사 간의 제휴방식으로 항공사 간에 특정 구간의 좌석을 일정부분 공동으로 사용하는 방법

Combination Aircraft : Combi. 화객 혼용기(콤비) 객실의 일부까지 화물 탑재용으로 사용 하는 항공기

Commercial Aircraft : 상용항공기. 여객·화물·항공측량·보도취재·광고선전 등과 같 은 영리사업용 항공기

Commercial Air Transport Operation : 유상으로 화객 및 우편물을 수송하는 항공운항

Commercial Document Delivery Business : 상업서류송달업. 유상으로 수출입에 관한 서류 및 견본품을 항공기를 이용하여 송달하는 사업

Common Use Terminal Equipment(CUTE) : 청사 내에서 체크인카운터와 단말기 등의 장비를 공동 사용하는 시스템

Commuter Aircraft : 커뮤터 항공기. 20~50인승의 단거리용 소형항공기

Communication Navigation Surveillance/Air Traffic Management : CNS/ATM 위성항행시스템. 인공위성을 이용한 통신, 항법 및 운항감시를 할 수 있는 획기적인 시스템

Complimentary Service : 우대서비스. 통과승객에 제공되는 서비스로서 중간기착(Stopover)서비스의 일종

Computer Reservation System(CRS) : 컴퓨터 예약시스템. 항공좌석의 예약과 발권, 운임, 호텔 등 기타 여행에 관한 종합서비스를 제공하는 컴퓨터를 통한 통신시스템

Corporate Mileage Bonus System(CMBS) : 1개 회사에 카드소지자가 10인 이상일 경우 상용고객우대제도의 개인별 혜택에 추가하여 소속기업 및 단체에 혜택을 부여하는 제도

Concord : 콩코드기. 마하 2.04로 비행할 수 있는 거리로서 영국과 프랑스가 제작한 탑승인원 100명의 최초의 초음속 제트여객기

Confirmation : 확인. 항공사의 항공승객의 여정에 대해 행하는 예약의 확인

Conjunction Ticket : 연결항공권

Connecting Flight : 연결운항

Connection Point : 연결지점

Control Tower : 관제탑

Co-Pilot : 부조종사

Convention On International Civil Aviation : 국제민간항공협약

Convertible Aircraft : 화객 겸목적용 항공기. 사용목적에 따라 이용할 수 있도록 설계·제조한 항공기

Creative Fare : 수요창출용 특별운임. Night Travel Fare와 Excursion Fare 등과 같이 계절, 시간대, 노선 등에 따라 설정되는 운임

Curbside : 하차장

Customer Management : 고객관리

Customs : 세관

Customs Airport : 화물의 수출입 및 외국무역기의 출입항을 위한 국제공항

D

Dead Head : 상용기가 여객과 화물을 수송하지 않고 비행하는 복귀비행

Delay : 지연. 연·발착한 운항

Denied Boarding Compensation(DBC) : 해당 항공편의 초과예약 등으로 자사의 사유로 탑승이 거절된 승객에 대한 보상제도

Departure Control System(DCS) : 출국통제시스템

Departure Time : 출발시간

Deportee(DEPO) : 합법 및 불법을 막론하고 일단 입국한 승객이 일정기간이 경과 후에 주재국의 관계당국에 의해 강제추방을 명령받은 승객

Deposit(DEPO) : 연말연시 등 시즌에 무리한 좌석확보 경쟁으로 인한 실수요자의 피해를 방지하고 예약부도율의 최소화를 위해 해당기간 그룹좌석당 체결하는 일정금액의 담보금

Designated Airline : 지정항공사. 항공협정상 정기 국제항공업무 운영허가를 취득한 항공사

Destination : 행선지, 목적지. Point Of Unloading, Point Of Unlanding, Point Of Arrival, Point Of Disembarkation

Destination Airport : 목적지 공항

Diabetic Meal(DBML) : 당뇨병 환자용 식사

Direct Route : 직행노선. 두 지점 사이에 운행되는 가장 짧은 노선

Direct Sales Channel : 직접 판매경로. 항공사가 지점 및 영업소 등의 자사조직을 통한 항공권 판매경로

Discount Fare : 할인운임

Distances : 거리. 국제선 항공편이 운항되는 공항 간의 최단거리(대권거리)

Diversion : 목적지 변경. 목적지 공항의 사정으로 인하여 타 공항으로 운항하는 경우

Domestic : 동일국가의 영토 내 공항에서 수행되는 노선

Domestic Flight : 국내선 운항. 국내 구간만을 비행하는 운항편

Domestic Flight Stage : 국내비행구간. 한 국가에 등록된 항공사의 항공기가 당해 국가의 영토 내에 있는 제 지점 간을 운항하는 것

Domestic Passenger : 국내선 여객

Domestic Scheduled Airline : 국내 정기항공사

Double Booking : Duplicate Reservation 중복예약. 동일한 승객이 동일 항공편에 두 번 이상 중복하여 예약을 하는 경우

Dry Charter : 승무원은 포함하지 않고 항공기만 전세 내는 것

Duty-Free Shop : 면세점

E

Ejection Seat : 긴급 시 승무원 좌석과 함께 탈출하는 장치

Electronic Data Interchange(EDI) : 전자서류 교환

Embargo : 항공사가 특정구간에서 특정 여객 및 화물에 대하여 일정기간 동안 운송을 제한하거나 거절하는 것

Embarkation/Disembarkation Card(E/D Card) : 항공승객의 출입국신고서

Emigration Check : 법무부 출국사열

Endorsement : 배서. 항공사 간의 항공권에 대한 권리의 양도행위

Estimated Time of Arrival(ETA) : 항공기의 도착 예정시간

Estimated Time of Departure(ETD) : 항공기의 출발 예정시간

Estimated Time of En Route(ETE) : 출발지로부터 일정의 지점, 목적지, 비행장에 도착할 때까지 비행에 소요되는 예정 비행시간

Excess Baggage(XBAG) : 초과 수하물. 무료 수하물 허용량을 초과한 수하물

Excess Baggage Charge : 무료 수하물량을 초과할 때 부과되는 수하물 요금

Excursion Fare : 회유운임

Extra : 임시편

Extra Revenue Flight : 임시유상비행. 초과수송량을 수송하기 위한 운항

F

Fare Adjustment : 운임조정

Fare Construction Rule : IATA Construction Rule for Passenger Fare에 의한 여객운임 계산의 규칙

Federal Aviation Administration(FAA) : 미국연방항공국

Ferry Flight : 공기비행. 정비 등 특정조건하에서 특수비행허락하에 수행되는 비행으로 유
　상 탑재물을 탑재하지 않는 비행

Fifth Freedom : Beyond Right, 제5의 자유. 상대국과 제3국 간에 여객과 화물을 수송할
　수 있는 자유

First Aid Kit : 기내에 탑재되는 응급처치함

First Freedom : 영공통과의 자유. 타국의 영공을 무착륙으로 횡단·비행할 수 있는 자유

Five Freedoms of the Air : 다섯 가지 하늘의 자유

Flag Carrier : 국적기

Flight : 항공편

Flight Attendant : 객실승무원. 항공기에 탑승하여 승객을 안전하게 운송하는 승무원

Flight Coupon : 탑승용 쿠폰

Flight Crew : 운항승무원. 항공기에 탑승하여 비행에 관한 임무를 수행하는 승무원(조종
　사, 항공기관사, 통신사, 항법사)

Flight Distance : 운항거리. 실제 비행거리

Flight Information Display System(FIDS) : 운항안내표지판

Flight Information Publication(FLIP) : 항공기 운항에 필요한 계기접근도, 비행장 도면,
　항행안전시설 정보를 기재한 간행물

Flight Number : 편명

Flight Stage : 비행구간

Flight Stage Distance : 구간거리. 이륙공항과 착륙공항 간의 거리

Flight Time : 비행시간

Forth Freedom : 제4의 자유. 상대국의 영역 내에서 여객과 화물을 싣고 자국으로 수송할
　수 있는 자유

Free Baggage Allowance : 무료 수하물 허용량. 여객운임 이외에 별도의 요금 없이 운송
　할 수 있는 수하물의 허용량

Free Boarding System : 자유탑승방식. 사전 좌석예약 없이 탑승 후, 여객이 자유롭게 좌
　석을 사용할 수 있는 탑승방식

Free of Charge(FOC) Ticket : 무료로 제공받은 티켓. 사전에 예약이 인정되지 않고 좌석

이 있을 경우에만 탑승 가능한 SUBLO와 사전에 예약이 가능한 NO SUBLO로 구분된다.
Frequent Flyer Program(FFP) : 상용고객 우대제도

G

Galley : 갤리. Oven, Hot Cup, Coffee Maker 등의 시설을 갖춘 기내식을 위한 조리실
Gap : Surface Segment 승객이 여정 중에 항공기 이외의 교통수단으로 여행하는 여정으로
현 지점과 다음의 탑승지점이 동일하지 않은 경우를 의미함
Gate : 게이트
Gateway : 관문. 항공기가 국내에서 최초로 출발 및 도착하는 곳
General Declaration(G/D) : 항공기 입출항보고서. 항공기가 출항허가를 받기 위해 관계
기관에 제출하는 서류로 항공편의 일반적인 사항, 승무원의 명단, 비행상의 특기사항
등을 기재한 운항허가서
General Sales Agent(GSA) : 항공사의 지점이 없는 지역에 항공사를 대행하는 총판 대리점
Global Indicator(GI) : 정확한 운임을 적용하기 위하여 여행의 방향성을 지표화한 것으로
여정지표라 함
Global Positioning System : 위성 위치 측정시스템
Go Show Passenger(GSH) : 만석(Full)의 이유로 인해 예약할 수 없는 승객이 No Show
가 생길 것을 기대하고 무작정 공항에 나와 탑승을 기다리는 여객
Government Transportation Request(GTR) : 공무로 해외여행을 하는 공무원 및 이에
준하는 사람에 대한 서비스
Greenwich Mean Time(GMT) : 표준시
Ground Crew : 항공기를 수리하고 관리하는 지상요원
Ground Handling : 지상조업
Ground Handling Company : 지상조업사

H

Hand Carried Baggage : 기내반입 수하물, 휴대수하물
Hanger : 격납고. 항공기의 정비를 위해 사용되는 건물
Heliport : 헬리포트

Hindu Meal(HNML) : 쇠고기를 먹지 않는 힌두교인을 위한 식사 .

Honey Moon Cake(HMCK) : 결혼축하 케이크

Hub Airport : 중추공항

Hub & Spoke System : 허브 & 스포크 시스템. 효율적인 노선망 방식

Hydrant Fuel System : 급유전 시스템

Hypersonic Transport(HST) : 극초음속기. 마하 5 이상의 속도로 비행하는 수송기

I

Immigration : 출입국

Inadmissible Passenger(INAD) : 사증미소지. 여권유효기간 경과 등 입국자격결격 사유로 인해 여행목적지 또는 경유지국가에서 입국 또는 상륙이 불허된 승객

Inbound : 인바운드

Independent Charter : 정기편이 아닌 항공기를 전세하는 것

Indirect Route : 두 지점 간의 직항노선에 의한 운항 이외의 다른 노선

Infants(INF) : 유아

Infant Fare : 유아운임

Inflight Entertainment : 기내오락

Instrument Landing System(ILS) : 계기착륙장치. 착륙항공기에 지향성 유도전파를 발사하여 항공기가 활주로에 안전하게 착륙할 수 있도록 활주로 중심선 및 거리정보를 제공하는 시설

Intelligent Transportation System(ITS) : 지능형 교통시스템

Intermediate Point : 경유지. 항공기가 운송상 및 기술상의 목적으로 정기적으로 착륙하도록 지정된 중간지점

Instrument Flight(IFR) : 계기비행. 항공기의 고도, 위치 및 항로의 측정을 계기에 의존하는 비행

Integrated Service Digital Network(ISDN) : 공항 내 전통신망을 하나로 묶어 공항정보를 공동으로 공유하는 시스템

Interline Baggage Tag : 타사기 탑승여객의 위탁수하물에 부착하는 수하물표

Interline Connection : 연계연결

Interline Fare : 2개. 이상의 항공사 노선에 적용되는 운임

Interline Transfer : 다른 항공사의 운항편으로 이어지는 여객, 수하물, 화물, 우편물의 환승, Off-Line

International : 국제선. 한 공항과 다른 국가의 공항 간에 수행되는 수송노선

International Air Carrier Association(IACA) : 국제항공기업협회. Charter 전문 항공사 단체

International Airport : 국제공항

International Air Transport Association(IATA) : 국제항공운송협회. 세계 각국의 민간 항공사의 단체

International Civil Aviation Conference : 국제민간항공회의

International Civil Aviation Organization(ICAO) : 국제민간항공기구

International Date Line : 국제날짜선

International Flight : 국제선 비행

International Flight Stage : 국제선 비행구간

International Non-Scheduled Operator : 국제부정기항공사. 국제선 항공수송을 부정기적으로 제공하는 항공사

International Passenger(baggage, cargo, mail) : 국제여객(수하물, 화물, 우편물)

International Scheduled Airline : 국제선 정기항공사

Invalid Passenger : 운송제한승객. 정신적·육체적 결함으로 타인의 도움이 필요한 승객

Involuntary Down Grade(INV D/G) : A/C Change 등으로 승객의 본의와 달리 Down Grade된 승객

Involuntary Up Grade(INV U/G) : 예약 및 체크인상의 문제로 상위 등급으로 Up Grade 된 승객

Itinerary : 항공승객의 전 여정

J

Joint Fare : 결합운임. 둘 이상의 항공사가 통일된 운임을 공시하는 것

Joint Operation : 항공협정상의 문제나 경쟁력 강화를 위하여 2개 이상의 항공사가 공동운항

Joint Rate : Interline Rate. 결합요율. 2개 이상의 항공사노선의 화물운송에 적용되는 단

일요금으로 공시된 화물요율

Joint Service Flight : 조인트비행. 2개의 항공사가 지정된 코드로 각 소속국가에서 동시
에 수행하는 비행

Jump Seat : 점프 시트. 접개식의 보조석으로 승무원 좌석

K

Kosher Meal(KSML) : 유대교도를 위한 기내식

L

Landing : 착륙

Landing Fee : 착륙료

Landing Permission : 착륙허가

Landside : 청사지역

Large Aircraft : 대형 항공기. 최대 이륙 중량 9톤(20,000Ibs) 이상의 항공기

Late Cancellation : 여행일정의 변경으로 항공편의 출발일시에 임박하여 출발시간 몇 시
간 이내에 취소하는 것

Late Show Passenger : 고쇼 여객. 탑승수속 마감 후에 탑승하기 위해 나타나는 여객

Leased Aircraft : 리스 항공기. 항공사의 공급력을 높이기 위하여 사용하는 임차항공기

Load Factor : 탑승률. 공급좌석에 대한 실제 탑승객의 비율

Load Sheet : 기적확인서

Loading Bridge : 탑승교. 공항터미널빌딩에서 항공기까지를 잇는 통로

Local Time : 현지시간. 항공여행 도착지의 현지시간

Long Haul : 장거리 운항구간

Lost and Found : 공항이나 역에 있는 유실물 취급소

Low Calorie Meal(LCML) : 비만체중 조절용 기내식

M

Machine Readable Travel Documents(MRTDs) : 출입국관련서류의 기계판독

Market Segmentation : 시장세분화

Maximum Certificated Take-Off Mass : 최대이륙중량

Maximum Flying Distance : 최대 항속거리. 항공기가 이륙하여 착륙할 때까지 순항할 수
있는 총비행거리

Maximum Payload Capacity : 최대허용탑재중량. 항공기의 최대 중량 한계탑재량

Mega-Carrier : 초대형 항공사

Mileage : 마일리지

Mileage System : 마일리지 시스템. 비행거리에 의한 여객운임 산출방법

Minimum Connection Time(MCT) : 연결항공편을 이용하는 데 소요되는 최소한의 시간

Miscellaneous Charges Order(MCO) : 제비용청구서. 운송인 또는 그 대리인에 의해 발
행되는 증표로서 증표에 기재된 사람에게 여객 항공권의 발행, 적절한 서비스의 제공
을 요청하는 증표

Mis-Connection : 접속불능. 항공편의 지연 및 회항으로 예정된 항공편에 연결되지 못하
는 것

Moslem Meal(MOML) : 돼지고기를 먹지 않는 이슬람교인의 식사

Multi Mega Carrier : 다국적 초대형 항공사

National Aeronautics and Space Administration(NASA) : 미국항공우주국

National Flag Carrier : 국적기. 국제항공에서 국가를 대표하는 항공사

Night Flight /Flying : 야간비행. 일몰에서 일출 간의 비행

Normal Fare : All Year Fare. 정상운임

Normal Rate : 정상요율. 일반화물요율로 45kg 미만의 화물에 적용되는 요율

Non-Carrying Member : Non-Participant Member. 여객의 운송은 담당하지 않으나 그
여객의 예약수속을 한 항공사

Non-Revenue Flight : 무상비행. 시험운항, 기술운항, Ferry 등 수익과 관련없이 계획된
운항

Non-Revenue Passenger : 무상여객. 무임 탑승여객

Non-Scheduled Airline : 부정기 항공사

Non-Scheduled Airtransport Operator : 부정기 항공운송사업자

Non-Scheduled Freight : 부정기화물

Non-Scheduled Passenger : 부정기 항공여객

Non-Scheduled Service : 부정기 운송. 정기운송 이외의 모든 유상비행

Non-Stop Flight : 직항편

No Record(NOREC) : 여객이 예약된 항공권을 제시했으나 예약받은 기록이나 좌석을 확
    인해 준 근거가 없는 상태

No Show : 접속불능 이외의 이유로 예정탑승명단에 있으나 마감시간까지 공항에 나타나
    지 않는 경우

No Smoking Seat(NSST) : 금연석

No Subject to Load(NOSUBLO) : 무상 또는 할인요금을 지급한 승객으로 일반승객과 같
    이 동일한 권리가 부여되어 좌석예약이 가능함

Number of Flights : 비행횟수

O

Obligatory Service : 필수서비스. 항공사의 잘못으로 인하여 정상적인 운항을 못했을 경
    우에 제공되는 서비스

Official Airline Guide(O.A.G) : 전 세계 항공사의 운항시간표 및 여행관련 정보가 수록되
    어 있으며 세계판(World Wide Edition)과 북미판(North America Edition)이 월단위로
    발간되는 책자

Off Line : 자사 항공편이 취항하지 않는 지점 및 구간

Off Season Late : 비수기 운임. 비수기의 여객확보용 할인운임

On Line : 자사가 운항하고 있는 지점 및 구간(운항노선)

On-Line Connection : 온라인 연결

On Line Fare : 단일 항공사운임. 단일 항공사의 노선상 운송에 적용되는 운임

On the Jab Training(OJT) : 실무훈련

Open Skies Policy : 항공자유화정책

Open Ticket : 예약되어 있지 않은 항공권

Operating Cost : 운항비. 비행기의 운항을 위한 경비

Operational Planning & Utilization System(OPUS) : 항공기상. 특정 비행편의 출·도착 정보 및 항공편의 진행사항, 항공기별 비행계획 등 항공기의 통제업무를 데이터베이스 화한 시스템

Origin : 시발지점. 여정상의 맨 처음 지점으로서 여객과 화물이 해당여정 시초에 항공기 탑승 및 탑재하는 지점. Point of Loading, Point of Departure, Point of Embarkation

Origin Airport : 출발공항. 운항이 처음 시작되는 공항

Originating/Terminating Passenger : 출발/도착여객. 해당 공항에서 여정을 출발 또는 도착하는 여객

Origination Flight : 시작비행

Outbound : 아웃바운드

Out-Bound Carrier : 입국 또는 통과상륙이 거절되었거나 추방을 명령한 국가로부터 INAD를 수송한 항공사

Outsourcing : 아웃소싱. 외부화

Over Booking : 초과예약. 특정 해당 항공편에 판매 가능한 좌석 수보다 예약자의 수가 더 많은 상태

Over Load : 초과탑재. 항공기의 최대중량을 초과하여 운항하는 상태

Over Sale : 초과판매. 특정 해당 항공편에 실제 공급좌석 수보다 더 많은 좌석을 판매한 경우

P

Participating Carrier : 연계수송의 경우 전체 구간 중 일부분을 담당하는 항공사

Passenger : 항공여객, 승객

Passenger Aircraft : 여객기

Passenger Coupon : 승객용 쿠폰

Passenger Name Record(PNR) : 예약된 승객의 예약기록

Passenger-Kilometres : 여객킬로미터. 각 비행구간의 유상여객 수에 해당 구간의 비행 거리를 곱한 값

Passenger Load Factor : 여객탑승률. 유효좌석킬로미터에 대한 유상여객킬로미터의 백 분율

Passenger Manifest : 탑승자 명부

Passenger Traffic & Sales Manual(PTSM) : 대한항공의 여객영업, 운송, 판매에 관한 규정집

Passport : 여권

Payload : 탑재량

Preflight Briefing : 비행 전 브리핑. 임무, 목적 요령 등 비행내용에 대하여 비행 전에 설명하는 것

Preflight Check : Preflight Inspection, 비행 전 점검. 비행 전 조종사가 체크리스트에 따라 기체, 엔진, 연료, 윤활유 등에 관해 점검하는 것

Preliminary Revenue Flight : 예비유상비행. 새로운 항공서비스를 위한 사전 운항

Prepaid Ticket Advice(PTA) : 항공요금 선불제도. 타 도시에 거주하고 있는 승객을 위하여 제3자가 항공운임을 사전에 지급하고 타 도시에 있는 승객에게 항공권을 발급하는 제도

Product Advancement : 상품개선

Public Information Displays : 공공안내시스템

Published Scheduled : 공시스케줄. 기종·출발 및 도착시간을 정한 공식 운항시간계획

Purser : 사무장

Q

Quality of Service Monitor(QSM) : 모니터링제도

Quarantine : 동식물 검역

R

Range : 항속거리. 항공기에 탑재된 연료로 계속 비행할 수 있는 비행거리

Reconfirmation(RCFM) : 항공승객이 여행 도중 어느 지점에서 72시간을 체류하는 경우 늦어도 해당 항공편 출발시간 72시간 전에 좌석예약을 재확인하는 제도

Refund : 환급. 사용하지 않는 항공권에 대해서 전체 또는 부분의 운임을 반환하여 주는 것

Registrated Aircraft : 등록항공기. 고유의 등록기호를 취득한 항공기

Regulation : 항공규제

Removing Intermediaries : 중간매개체 제거

Restricted Item(R/I) : 승객의 휴대수하물 중 보안상 문제가 될 수 있는 Item은 기내반입이 허락되지 않는 품목

Return : 회항

Revenue Flight : 유상비행

Revenue Passenger : 유상여객. 정상운임의 25% 이상을 지급한 여객

Revenue Passenger Kilometer(RPK) : 유상여객킬로미터. 항공사의 수송량을 나타내는 것으로 수송한 여객의 수와 수송한 거리를 곱한 값

Revenue Ton-Kilometer(RTR) : 유상톤킬로미터. 여객을 일정기준에 의거 중량으로 환산하고 화물의 수송량을 합산한 것 : (여객·수하물의 평균적 중량×여객 수+화물총량)×수송거리

Round Trip : 왕복여행

Route : 항공로

Runway : 활주로. 항공기의 이·착륙을 위하여 비행장에 설치된 일정한 범위의 구역

Runway Visual Range(RVR) : 활주로 가시거리. 조종사가 활주로 표면 표시, 등화 등을 눈으로 볼 수 있는 최대거리

S

Safety Belt : 안전벨트

Sales Report : 항공권판매보고서

Scheduled Airline : 정기항공사

Scheduled Air Transportation Business : 정기항공운송사업

Scheduled Flight : 정기편

Scheduled Passenger : 정기여객

Seat Configuration : 좌석배치

Seat-Kilometres Available : 유효좌석킬로미터. 각 비행구간에서 판매 가능한 좌석 수를 구간거리로 곱한 값

Sector Booking : 섹터예약. 여정 중에 여러 개의 항공사가 포함되어 있을 경우, 예약을

한 항공사에 전부 하지 않고 해당 항공사에 별도로 예약하는 것

Security Check : 보안검사

Segment : 항공편의 운항기간 중에 승객여정이 되는 모든 구간

Ship Pouch : R/I, 부서 간 전달서류 등을 넣는 가방. 출발 전 기내 사무장이 공항서비스 직원에게 인수받아 목적지 공항에 인계함

Short Haul : 단거리 운항구간

Short Take Off and Landing(STOL) : 단거리 이착륙기

Simulated Flight : 모의비행. 모의 조건하에서 실시하는 비행

Simulator : 시뮬레이터. 항공기의 비행을 지상에서 모의 재현하여 연구개발이나 조종훈련 등에 사용할 수 있는 장치

Special Fare : 특별운임

Stand By : Go Show. 예약 없이 체크인 카운터에 나타나서 좌석상황에 의해 좌석을 배정받는 여객

Stand-By Aircraft : 예비기

State of Registry : 등록국. 항공기가 등록된 국가

Steward : 남승무원

Stewardess : 여승무원

Stop Over : 중간기착. 여객이 출발지와 종착지 간의 중간지점에서 체류하는 것을 의미하며, 한 도시에 24시간 이상을 중간기착(체류)하는 것

Subject to Load(SUBLO) : 사전 예약이 인정되지 않고 여분의 좌석이 있을 경우, 탑승할 수 있는 제도

Supersonic Transport(SST) : 초음속 수송기. 마하 1.2~5의 운항속도로 비행하는 여객기

T

Take-Off : 이륙

Take-Off Time : 이륙시간

Taxiway(TWY) : 유도로. 항공기의 지상유도를 위하여 육상비행장에 설치하는 통로

Technical Landing : 기술착륙. 급유 및 정비 등 기술적 목적을 위한 착륙

Technical Landing Right : 기술착륙의 자유. 수송 이외의 급유, 정비 같은 기술적 목적을

위하여 상대국가에 착륙할 수 있는 자유

Terminating Flight : 비행종료

Terminating Passenger : 발착여객. 해당 공항에서 항공여행을 끝내거나 시작하는 여객

Test Flight : 시험비행. 항공기의 성능을 확인하기 위한 실제 비행

The Airline Deregulation Act : 항공규제완화법

Third Freedom : Set-Down Right, 자국의 영역 내에서 실은 여객 및 화물을 상대국으로
수송할 수 있는 자유

Through Check-In : 전체구간 통과수속. 환승항공편을 소지한 승객의 수하물을 최종목
적지까지 운송하는 수속절차

Through Fare : 승객의 출발지점과 최종 목적지까지의 합산 운임

Through Flight : 하나 이상의 경유공항을 통과하는 운항

Through Passenger : Local Boarding Passenger에 대하여 직행여객

Through Rate : 전체구간요율

Through Route : 출발지와 목적지까지의 전체노선의 합계

Ticket Point Mileage : 승객이 여행하는 구간의 실제거리

Ticket Time Limit(TKTL) : 항공권 구입시한. 예약 시 일정시점까지 항공권을 구입하도록
하는 항공권 구입시한

Timatic : 승객이 필요한 정보를 Update된 상황에서 신속히 제공할 목적으로 200여 개국의
여권, 비자, 검역 등 해당국 출입국에 필요한 각종 여행정보를 수록한 책자(Tim :
Travel Information Manual)를 전산화한 것

Total Passenger Service System(TOPAS) : 대한항공 예약 전산시스템의 고유명칭

Tonne-Kilometers Available : 유효톤킬로. 이용 가능한 톤수×운항구간의 거리

Transfer : 환승. 여정상 여객이 중간지점에서 특정 항공사의 비행편으로부터 동일 항공사
의 다른 비행편이나 타 항공사의 비행편으로 수송

Transfer Baggage : 환승수하물

Transfer Passenger : 환승여객

Transit : 통과. 여객이 타 비행편으로 갈아타지 않고, 동일 비행편이 중간지점으로 착륙하
였다가 계속 운송하는 상태

Transit Flight : 통과비행. Through Flight

Transit Passenger : 통과여객. Through Passenger

Transit Right : 국제항공운송협정의 제1, 제2 자유를 이름

Transit Station/Airport : 통과공항, 경유지 공항

Transit Without Visa(TWOV) : 항공기를 갈아타기 위하여 단시간 체재하는 경우 비자를 요구하지 않는 경우

Travel Information Manual(TIM) : 해외여행 시에 필요한 정보로 여권, 비자, 예방접종, 세관 등에 관하여 각국에서 요구하는 규정이 국가별로 수록되어 있는 항공여행정보 책자

Turn-Around Time : 운항회전시간. 항공기가 운항을 끝낸 후 다음 운항을 위해 운항을 개시하는 데 소요되는 시간

U

Unaccompanied Baggage : 비동반 수하물

Unaccompanied Minor(UM) : 비동반 소아. 성인이 동반하지 않고 혼자 여행하는 생후 3개월 이상 만 12세 미만의 유아나 소아

Unchecked Baggage : 비위탁 수하물. 위탁수하물 이외의 수하물

Unscheduled Air Transportation Business : 부정기 항공운송사업

Up-Grade : 국제선에서 하급 클래스의 요금을 지급하고 상급 클래스에 탑승하는 것으로 공항카운터에서 결정한다.

Utility Aircraft : 보통비행기. 연락기 등과 같은 일반 목적용 항공기

V

VFR Condition : 시계비행규정하의 기상조건

Vegetarian Meal(VGML) : 종교상의 계율에 따라 육류를 먹지 않는 채식주의자

Vertical Take-Off and Landing Plane : 수직이착륙기

Very Important Passenger(VIP) : 특별히 주의가 필요한 대내외 귀빈

Virtual Airlines : 가상적 항공사

Visual Flight Rules(VFR Flight) : 시계비행. 다른 비행기, 구름, 지표면 등을 조종사가 직접 눈으로 보면서 행하는 비행

V/Stol Aircraft : Vtol과 Stol기의 양쪽 성능으로 설계된 비행기

W

Waiting List : 대기자 명단. 예약이 만석(Full)일 경우에 예약취소나 No Show를 기대하고
　　대기자로 등록하는 것
Weight & Balance : 항공기의 중량 및 중심위치를 실측 또는 산출하는 것
Weight & Balance Sheet : 항공기가 이착륙할 때 항공기의 중심관계를 조사하기 위하여
　　중량배분을 기록한 표
Weight Charge : 중량에 기초하여 부과한 운임
Wheel Chair Passenger(WCHR) : 휠체어 승객

X

X-Ray Inspection : X선 검사. X선을 이용하여 항공기를 검사하는 것

Y

Yield Management : 수입극대화 관리

1. 국내문헌

김경숙(1997). 항공사 선택행동과 경영성과의 결정요인에 관한 연구. 세종대학교 대학원 박사학위논문.

김경숙(2002). 항공사 서비스 평가순위의 시장성과 영향력 분석. 『관광학연구』. 25(4) : 195-208.

대한항공(1985). 「SAS의 의식개혁과 서비스혁신전략」.

대한항공(1997). 『여객 World Tracer』.

대한항공(1997). 『여객운송중급』.

대한항공(1997). 『여객운송초급』.

대한항공(1998). 『객실 Food & Beverage First Class』.

대한항공(1998). 『객실훈련원, 신입전문훈련안전교재』.

대한항공(1998). 『신입전문훈련실무교재』.

대한항공(1998). 『여객예약중급』.

대한항공(1998). 『운송약관』.

대한항공(2007). 『FARE TABLE』.

대한항공(2008). 『여객직무입문』. 1-2.

대한항공(2008). 『항공운송기본』. 2.

박완화(1997). 『항공법』. 명지출판사.

아시아나(2003). 『국제선 직무훈련』.

아시아나항공(2007). 『FARE TABLE』.

안종윤(1985). 『관광용어사전』. 법문사.

애바카스정보(1997). 『항공운임』.

애바카스정보(1997). 『ARTIS II 예약 발권』.

애바카스정보(1997). 『BSP 자동 발권』.

애바카스정보(1997). 『CRS 기본 예약』.

애바카스정보(2003). 『캐빈 신입 직무훈련』.

에어타임스(2003). International & Domestic Timetable. (4)-(6).

월간 투어라인(1996). 동양의 미소 싱가포르 에어라인. 1(7).

월간항공(1994). 국내 첫 항공사로서 초기의 국내항공 수송 전담. (61).

월간항공(1995). 민간 항공산업의 원조 유나이티드 항공사. (75).

유광의(1996). 『항공사 경영론』. 백산출판사.

유나이티드항공(2007). 『FARE TABLE』.

윤대순(1998). 『항공실무론』. 백산출판사.

이광현 외(1991). 『항공운송산업의 구조와 전략』. 박영사.

이선희 외(1994). 『항공수송사업개론』. 기문사.

이영혁(1991). 세계 민항계의 최근 동향과 우리나라 복수 민항체제의 발전 방향. 『대한 교통학회지』, 9(2) : 58.

이영혁(1994년 10월). 세계 항공운송산업의 최신동향과 국적 항공사의 대응방안. 제1회 국제항공운송세미나.

일본항공(2007). 『FARE TABLE』.

전일본공수(2007). 『FARE TABLE』.

정익준(1992). 우리나라 항공사의 국제선 여객 운송서비스 마케팅 전략에 관한 연구. 부산대학교 대학원 박사학위논문.

정익준(1997). 『항공운송관리론』. 백산출판사.

조선일보사(2008. 1. 10). 인천공항도 프리미엄서비스 도입하나.

탑항공(2013. 7). 국제선 항공 운항스케줄.

토파스 여행정보(2007). 『국제선 고급발권』.

토파스 여행정보(2007). 『발권실무』.

토파스 여행정보(2007). 『예약』.

한국공항공사(각연호). 『항공통계』.

한국항공진흥협회(1999-2013). 『항공통계 국내 및 국제편』.

한국항공진흥협회(2000). 『항공연감』.

한국항공진흥협회(2001-2013). 『포켓 항공현황』.

한영규(1994년 10월). 한국 민간항공의 현재와 미래. 제1회 국제항공운송세미나, pp. 124-125.

해운산업연구원(1990년 3월). 『2000년대를 향한 우리나라 항공산업의 중장기 발전방향연구』.

국토교통부 홈페이지(http://www.molit.go.kr)

대한항공 홈페이지(http://kr.koreanair.com)

아시아나 홈페이지(http://www.flyasiana.com)

외교부 홈페이지(http://www.mofo.go.kr)

인천국제공항공사 홈페이지(http://www.iiac.co.kr)

한국공항공사 홈페이지(http://www.airport.co.kr)

한국관광공사 홈페이지(http://www.knto.or.kr)

한국항공진흥협회(http://www.airtransport.co.kr)

항공정보포털시스템(http://www.airportal.co.kr)

Skytrax 홈페이지(http://www.airlinequality.com)

2. 외국문헌

ACI(2003-2013). Worldwide Airport Traffic Statistics.

Airline Business(2005-2013).

Alotaibi, K. F.(1992). An Empirical Investigation of Passenger Diversity, Airline Service Quality, and Passenger Satisfaction. Ph.D. Dissertation, Arizona State University.

Business Traveller(2003-2007).

Etherington, L. D., & Var, T.(1984). Establishing a Measure of Airline Preference for Business and Nonbusiness Travelers. Journal of Travel Research, 22 : 22-27.

Good, W. S., Wilson, M. K., & Mcwhirter, B. J.(1985). Passenger Preferences for Airline Fare Plans. Journal of Travel Research, 24 : 17-22.

Goudin, K. N.(1988). Bringing Quality Back to Commercial Air Travel. Transportation Journal, 28(3) : 23-29.

Green, P. E., & Tull, D. S.(1978). Research for Marketing Decisions. Englewood Cliffs, NJ : Prentice-Hall.

IATA(2004. 7-2007. 7). Air Transport World.

IATA(2005-2013). WATS(World Air Transport Statistics).

ICAO(1990-2000). The Economic Situation of Air Transport, Review and Outlook.

ICAO(1990-2011). Air Transport Reporting Form EF-1.

ICAO(1990-2011). Annual Report of the Council.

ICAO(2013). ICAO Journal, 2(5).

Kaynak, E. & Kucukemiroglu, O.(1993). Successful Marketing for Survival: The Airline Industry. Management Decision, 31(5) : 32-43.

Makens, J. C. & Marguardt, R. A.(1977). Consumer Perceptions Regarding First Class and Coach Airline Seating. Journal of Travel Research, 16 : 16-22.

OAG(2003). OAG Flight Guide Supplement Worldwide.

OAG(2003). OAG Flight Guide Worldwide.

Ostrowski, P. L., O'Brien, T. V., & Gordon, G. L.(1994). Determinants of Service Quality in the Commercial Airline Industry : Difference between Business and Leisure Travelers. Journal of Travel & Tourism Marketing, 3(1) : 19-47.

Ostrowski, P. L., O'Brien, T. V., & Gordon, G. L.(Fall 1993). Service Quality and Customer Loyalty in the Commercial Airline Industry. Journal of Travel Research, pp. 16-24.

Ritch, J. R., Johnston, E. E., & Jones, V. J.(1980). Competition, Fare and Fences-Perspective of the Air Traveler. Journal of Travel Research, 19 : 17-25.

Sampson, R. J., Farris, T., & Shrock, D. L.(1990). Domestic Transportation. Boston Mifflim Company.

Shaw Stephen(1990). Airline Marketing and Management. 3rd ed., Pitman.

Taneja, N. K.(1978). The Commercial Airline Industry : Managerial Practices and Regulatory Policies. Massachusetts Institute of Technology.

Taneja, N. K.(1982). Airline Planning : Corporate, Financial, and Marketing. Massachusetts Institute of Technology and Flight Transportation Associates, Inc.

The Avmark Aviation Economist(1995. 11).

Toh, R. & Hu, M.(Winter 1988). Frequent Flyer Programs : Passenger Attributes and Attitudes. Transportation Journal, pp. 11-22.

Wells, A. T.(1988). Air Transportation. Broward Community College, Second Edition.

Wells, A. T.(1988). Air Transportation : A Management Perspective. 2nd ed., Wadworth Publishing Company.

Wheatcroft, S.(1992). The World Airline Industry in 2000. EIU Travel & Tourism Analyst, 3 : 5-19.

White, C. A.(1994). The Attributes of Customer Service in the Airline Industry. PH.D. Dissertation, United States International University.

저자소개

김경숙

세종대학교 호텔경영학과 졸업
세종대학교 경영대학원 호텔관광경영학과 석사
세종대학교 대학원 경영학과 경영학 박사(관광 전공)
대한항공 근무
강릉원주대학교 학술상
국가자격시험 면접/문제출제위원(관광통역안내사, 호텔관리사, 호텔경영사,
  컨벤션기획사)
강원도 주요업무평가위원회 위원
21세기 강원도도정기획위원회 연구위원
강원도성과평가위원회 위원
강원도 통합관리기금심의위원회 위원
행정안전부 지방자치단체합동평가단 평가위원
(사)한국관광학회 평생회원
(사)한국관광학회 제15대 및 제16대 홍보이사
(사)한국관광학회 제17대 부회장 겸 출판 및 홍보위원장
(사)한국관광학회 제18대 사무국장
(사)한국관광학회 제19대 학술심포지엄위원장
(사)한국관광학회 산하 관광자원개발분과 6대 학회장
(사)한국관광학회 제21대 수석부회장
현) 국립강릉원주대학교 사회과학대학 관광경영학과 교수
    국립강릉원주대학교 사회과학연구소 소장
    (사)한국관광학회 제22대 회장
    한국일반여행업협회 여행불편처리위원회 심의위원
    강릉시 동계올림픽자문위원회 위원
    문화체육관광부 관광진흥개발기금운용위원회 위원

논문)
항공사 선택속성과 경영성과의 결정요인에 관한 연구(박사학위논문)
항공승객의 여행목적별 항공사 선택속성차이에 관한 연구(한국관광학회)
항공사 서비스 평가순위의 시장성과 영향력 분석(한국관광학회)
항공승객수요의 결정요인: 방한 중국인을 중심으로(한국관광학회)
우리나라 관광교통업의 회고, 전망 및 정책적 대응(한국관광학회) 외 다수

저서)
새천년의 감동, 국립강릉대학교 에티켓 가이드(강릉대학교)
항공서비스론: 이론과 실무(백산출판사)
한국현대관광사(공저, 한국관광학회)
관광학총론(공저, 한국관광학회) 외 다수

항공서비스론 Airline Service

2014년 1월 10일 초판 1쇄 인쇄
2014년 1월 15일 초판 1쇄 발행

저 자 김 경 숙
발행인 寅製 진 욱 상

저자와의
합의하에
인지첩부
생략

발행처 █ 백산출판사
서울시 성북구 정릉3동 653-40
  등 록 : 1974. 1. 9. 제 1-72호
  전 화 : 914-1621, 917-6240
  FAX : 912-4438
http://www.ibaeksan.kr
editbsp@naver.com

값 20,000원
ISBN 978-89-6183-813-9